地统计学（现代空间统计学）

郑新奇　吕利娜　主编

科 学 出 版 社

北　京

内 容 简 介

地统计学是以具有空间分布特点的区域化变量理论为基础，研究自然现象或人文现象的空间变异与空间结构的一门学科。它属于研究土地利用变化、土壤理化性状、矿产分布、资源禀赋、生物群落、地貌类型、气象气候监测及社会经济领域有着特定地域分布特征现象的空间统计学范畴。本教材主要介绍地统计学在研究空间分布数据的结构性和随机性、空间相关性和依赖性、空间格局与变异，以及对空间数据进行最优无偏内插、模拟空间数据的离散性及波动性中的应用。读者通过学习本教材，可以掌握基本的地统计学理论、方法和技术，并借助地统计软件工具解决实际问题。

本教材可作为地质学、测绘科学与技术、地理学、环境科学、气象气候学专业的本科生、研究生教材，还可供社会经济领域需要进行空间统计分析的科技工作者阅读参考。

图书在版编目(CIP)数据

地统计学(现代空间统计学)/郑新奇，吕利娜主编. —北京：科学出版社，2018.7

ISBN 978-7-03-056141-1

Ⅰ. ①地… Ⅱ. ①郑… ②吕… Ⅲ. ①地质统计学 Ⅳ. ①P628

中国版本图书馆 CIP 数据核字(2017)第 317797 号

责任编辑：杨 红 程雷星/责任校对：樊雅琼

责任印制：张 伟/封面设计：陈 敬

科学出版社出版

北京东黄城根北街 16 号

邮政编码：100717

http://www.sciencep.com

北京九州迅驰传媒文化有限公司 印刷

科学出版社发行 各地新华书店经销

*

2018 年 7 月第 一 版 开本：787 × 1092 1/16

2023 年11月第四次印刷 印张：11 3/4

字数：300 000

定价：49.00 元

(如有印装质量问题，我社负责调换)

前言

美籍瑞士地理学家、制图学家、加州大学圣塔芭芭拉分校 Waldo Tobler 教授提出了地理学第一定律，即相邻的事物相似，远离的事物相异。正是由于地学现象这一规律，才成就了地统计学。地统计学的基本思想自 20 世纪 50 年代初开始提出，经过广大地质工作者、数学地质研究者、地质统计学学者、矿山地质和采矿设计专家及其他地质统计学应用者和爱好者的不断努力，现在已经形成了一套独立的理论体系，成为在自然科学和社会科学中研究活跃的一个领域。

地统计学，又称地质统计学、空间统计学。它假设空间分布的属性表现出某种程度的连续性，旨在描述地学空间中某一属性的分布。地统计学区别于经典统计学的最大特点即是地统计学既考虑样本值的大小，又重视样本空间位置及样本间的距离，弥补了经典统计学忽略空间方位的缺陷。地质统计学研究的内容主要包括：区域化变量空间变异结构分析、变异函数理论、克里金空间估计及随机模拟，其中变异函数理论和区域化变量的空间变异结构分析等重要内容是进行空间克里金估值的基础和前提。

作者从 2008 年开始在中国地质大学(北京)面向研究生开设“地统计学”课程，中间虽有间断，也历经了近 10 年。“地统计学”从最初的小众研究到现在的自然科学和社会科学通用，越来越走向大众化；地统计学从最初在专业人员和研究生中的高级应用，随着计算机技术的迅速发展，越来越走向普及化。无论是自然科学还是社会科学，应用地统计学的理论和方法解决空间变异和空间插值问题的研究者越来越多，尤其在本科毕业论文写作中日益得到广泛应用。对于理工科学生而言，对空间信息的量化处理方法掌握是一个必需的基本技能。新兴的、发展迅速的地统计学也在多专业得到了广泛应用。目前，“地统计学”也从 GIS 及其相关专业的部分章节内容，尤其是时空插值方法和超级计算的支持，越来越扩展到独立设课。一些理工科行业性高校的本科中独立开设“地统计学”的也越来越多。

全书内容分为三大模块：第 1~3 章为第一模块，是通识基础知识，在写法上不追求面面俱到，而是“点到”为止，与本书内容密切的部分则适当进行了扩展。读者可以借助现在互联网和泛在学习环境，对有关的知识进行拓展学习。第 4~6 章为第二模块，是本书的重点理论和原理部分。通过较为详细的内容阐述，告诉读者解决实际问题时的思路、方法选择和注意事项，避免可能由对方法原理等理解不全面而导致对结果的误判。第 7 和第 8 章为第三模块，是实践部分。读者通过介绍的主要软件特点及常用和相对流行的软件(ArcGIS、Surfer 等)作为主要工具进行上机学习。读者通过软件操作可以基本掌握软件的使用。

考虑已有的地统计学(地质统计学)教材偏理论而轻实践的情况，本教材在兼顾和保留尽可能多的理论知识的基础上，重点强化了利用地统计学进行实践的内容，让读者在了解基本理论和原理的前提下，可以快速解决实际问题。总之，本书全面梳理了国内外研究的新进展，对地统计学的学科进行了重新定位。在继承已有研究成果的基础上，将新的理论、方法、技术、应用写入教材，以反映本领域的最新成果，其中包括作者的研究和教学成果。同时兼顾了自然科学和社科科学研究领域；理论和实践密切结合，以应用引导理论学习，提高读者的动手能力。整本书构成了了解进展与发展特点—理解基本知识和基本理论—掌握基本方法及限制条件—

提出解决问题的思路和途径—通过技术手段解决问题—决策服务的体系。通过系统的培训，使一般工作者达到会用，为高级工作者提供开放探索空间。

本书是集体智慧的结晶：一是按照作者多年从事教学这个课程的体会和思考，拟定了编写提纲；二是编写过程中，让参与学习和培训的部分研究生参与了资料的整理和编写工作；三是主要内容让不同专业的同学进行阅读试用，最后形成目前这个版本。参与本书编写的人员有：高晓晨、罗广芳、李国勇、李红涛、吕慧敏、董芳玢、范丽娜、王洪丹、施园园、秦倩、李胜男、王平安、段晓燕、姚思瑶、陈宇琛、陈学砧、徐阳、王林、张月恒等。郑新奇、吕利娜参与了全部书稿的编写，最后由郑新奇、吕利娜统稿、定稿。

本书成稿过程中，获得教育部本科教学改革与教学质量工程试点项目“地理信息科学专业综合改革”、教育部首批新工科项目“地学特色新工科计算机通识课程体系优化设计与实践探索”资助，尤其是得到王家耀院士等专家的指导，同时受到中国地质大学(北京)教务处、信息工程学院 GIS 教研室老师们在讨论过程中的启发。在此表示衷心感谢！

本书写作过程中参阅了大量文献，除了书中已经标注的文献外，可能还有一些没有标注出来。在这里对已标注的和给我启发帮助的文献的作者一并表示感谢。

限于时间和作者水平，书中还存在这样或那样的问题，敬请读者批评指正。

郑新奇
2017 年 12 月

目　录

第 1 章　绪　论

1.1　地统计学概念及发展

现实中常遇到这样的场景：农作物施肥时，需要采用测土配方施肥技术有针对性地按需按量补充作物所需的营养元素，实现各种养分平衡供应，满足作物的需要。常规做法是采集土壤样本进行土壤养分检测，大致了解每块土地的养分情况。但是这样得到的结果实际上只代表土壤样本的情况，若样本相距较远，则了解样本和样本之间的情况也很重要。例如，环保工作者希望了解 $PM_{2.5}$ 浓度在城市中的空间连续分布情况；地貌学家需要知道地形在空间的连续起伏变化情况。也就是说，人们关心的不仅是空间采样点的情况，同时关心自然现象在空间上的分布状况。因此，此类问题可归结为“如何将离散的空间采样点转化为连续表面”的问题。那么如何做到这一点呢？以获取地形分布数据为例，一种解决方法是增加高程点采集密度，然而由于人力、物力、财力等客观因素的限制，采集数量不可能无限增多，事实上也不可能做到在无限多的点上进行数据采集；另一种方法是通过已有的高程值来估计其他未取点位上的高程值，从而得到地形在空间的连续分布情况，即空间插值。

空间插值常用于将离散点的数据转换为连续的数据曲面，其方法很多，如反距离加权插值法、全局多项式插值法、径向基函数插值法等，这类方法往往直接通过周围观测点的值内插或者通过特定的数学公式来内插，而较少考虑观测点的整体空间分布情况。相较于前述方法，地统计插值法则是基于空间自相关分析，依据数据的空间变异规律进行插值得到最优无偏估计量及相应插值结果的精度。相比于经典概率论和数理统计学，地统计学在空间预测和不确定性分析方面具有明显的优势，其应用领域从最初的地质、采矿领域，已逐步拓展到农业、环境、生态、社会科学等多个领域。

1.1.1　地统计学的起源

地统计学(geostatistics)，又称地质统计学，形成于 20 世纪 50 年代，由南非矿产地质工程师克里金(Kriging)和西舍尔(Sichel)等在估计南非金矿储量时提出，是一种根据样品的空间位置、相关程度及样品品位权重，进行滑动加权平均，从而估计未知样点上样品平均值的方法，即克里金法。该方法克服了经典统计学将地质变量看成纯随机变量而忽略其空间相关性的不足，能够降低估计误差。随后，法国著名统计学家 G.Matheron 教授在克里金和西舍尔两人工作的基础上，于 1962 年提出“地统计学”概念，并在出版的《应用地统计学论》(*Traitéde Géostatistique Appliquée*)专著中阐明了地统计学原理，采用随机函数来描述地质变量的结构性和随机性，将地质统计学与传统的统计学分开，提出了区域化变量、简单克里金、普通克里金、泛克里金的概念，将早期的零散科研成果理论化和系统化，奠定了地统计学的理论基础。从此，地统计学作为一门新兴的边缘学科诞生了。随后地统计学理论与方法得到了进一步的完善和改进，特别是在实践应用中获得了快速的发展，形成了两种类型的理论体系：一类是有参数的克里金方法，另一类是没有参数的克里金方法，有参数的克里金方法是指所研究的数据必须符合正态分布，如析取克里金；而没有参数的克里金方法对所研究的变量的分布没有特殊要求，如指示克里金和概率克里金。20 世纪 90 年代三维和时空地统计学得以发展，并出现了大量的相关软件，地统计学进入成熟阶段。2000 年至今，地统计学进入创新性的二次开发阶段，在原有基础上开发出不确定性的和新型的地统计方法与模型，使其应用领域得到进一步扩展。

地统计学在我国的发展起源于 20 世纪 70 年代后期。随着 1977 年美国福禄尔采矿金属有限公司(Flour Mining & Meta Incorporation)的 H.M.Parker 博士的来华访问，我国的数学地质研究者及勘探、矿山设计人员系统地了解学习了地统计学的基本概念和内容，将其深化到了我国地质矿业的应用领域，并编译了一系列著作与教材，如侯景儒编著的《矿业地质统计学》《实用地质统计学》，王仁铎和胡光道编著的《线性地质统计学》，孙洪泉编著的《地质统计学及其应用》，张仁铎的《空间变异理论及应用》等，为我国的地质统计学理论与应用研究打下了坚实的基础。

1.1.2 地统计学的概念

地统计学是 20 世纪 60 年代由法国著名统计学家 G.Matheron 创立的一门新的统计学分支，并应用与发展于采矿学、地质学等地学领域。G.Matheron(1962) 首先采用了“地统计学”一词，并将其定义为：“地统计学即以随机函数的形式在勘查与估计自然现象中的应用”。之后，随着地统计学的发展，他又将地统计学定义修改为：“地统计学是区域化变量理论在评估矿床上的应用(包括采用的各种方法和技术)”。然而，地统计学发展至今，不仅在地质学，而且在土壤、农业、气象、海洋、生态、环境等各学科领域都得到应用和发展。因此，一些地统计学工作者将这一概念修订为：“地统计学是以区域化变量理论为基础，以变异函数为主要工具，研究在空间分布上既有随机性又有结构性，或空间相关和依赖性的自然现象的科学”。

1.1.3 地统计学的内容

从定义来看，地统计学主要包含三方面内容。

1. 理论基础——区域化变量(regionalized variable)理论

自然科学研究中的许多变量都具有空间分布的特点，它们通常随所在空间位置的不同表现出不同的数量特征，如降水量、气温、海拔、土壤有机元素含量等，这些变量称为区域化变量，其所描述的现象称为区域化现象。区域化变量也称为区域化随机变量，是根据其在一个区域内的位置不同而取值，即它是与位置有关的随机函数。因此，区域化变量具有两个最显著也最重要的特征，即随机性和结构性。一方面，区域化变量是随机函数，它具有局部的、随机的、异常的特征；另一方面，区域化变量具有结构性，即在空间位置上相邻的两个点具有某种程度的自相关性。

2. 主要工具——协方差函数和变异函数

区域化变量的结构性和随机性需要一种合适的函数和模型来表述，使其两者均能兼顾，这就是协方差函数和变异函数。协方差函数和变异函数是地统计学中以区域化变量理论为基础建立的两个最基本函数，是描述区域化变量的主要工具。

3. 主要内容——克里金插值

克里金插值法，又称空间局部估计法或空间局部插值法，是地统计学的主要内容之一。克里金法建立在变异函数理论及结构分析的基础之上，其实质是利用区域化变量的原始数据及其相应变异函数的结构特征，对未知点的区域化变量取值进行线性无偏最优估计。该方法最初由南非矿产工程师克里金应用于寻找金矿，因此 G.Matheron 就以“克里金”的名字命名了该方法。

1.1.4　地统计学的发展

当前，地统计学的理论体系不断完善和发展，与其他学科的相互渗透也促进了地统计学理论体系与应用水平的不断提高。地统计学的发展趋势主要表现在以下四个方面：①注重学科交叉，发展旧理论与探索新方法并行。例如，探寻替代估计变异函数的模型方法，发展不确定性地统计学；研究机理模型与地统计学之间的耦合，发展基于地统计学的不确定性决策；加强地统计学与专家系统、地理信息系统、神经网络及人工智能等的结合与应用。②加强时空地统计学的研究，真正实现在时间-空间域上的动态估值。③完善地统计学软件功能，着重加强软件的可视化研究及图形输出质量。④注重实际应用，拓宽应用领域。进一步加强与拓宽地统计学与其他学科的相互渗透，研发新的空间数据估值应用领域，如健康与公共卫生、社会科学等。

1.2　地统计学学科定位

1.2.1　地统计学的学科分支

基于概率统计视角，地统计学可以说是应用统计学的一个新分支；基于地质应用视角，地统计学是数学地质的一个独立分支；基于空间信息统计分析的视角，地统计学又是地理信息科学的一个重要分支。因此，地统计学是统计学、地质学、地理学等的一个交叉学科。

1.2.2　地统计学的研究内容

1. 空间估值

空间估值是根据在空间上分布的离散采样点值估求出未知点值，或将离散的空间数据点转化为连续的空间数据曲面。地统计学领域中将这种估值方法统称为克里金法。它是一种以得到无偏最优估计量为目标的广义的最小二乘回归算法，即估值误差的数学期望值为 0，方差达到最小。

2. 局部不确定性预测

克里金无偏最优估计量存在两个假设条件：①假设估计误差的频率分布是对称的；

②克里金误差只与数据构型相关，而与具体数值无关。但是实际情况中，数据往往会存在低值高估、高值低估的问题，或者出现待估点被一个大值和小值所包围的估值误差往往大于被两个同等规模小值包围时的误差的情况。因此，在进行未知点估值时还应考虑待估点周围样本点的影响，利用条件概率模型来推断局部不确定性。局部不确定性预测法有参数法(如众高斯方法)和非参数法(如指示克里金法)两种。

3. 随机模拟

根据随机变量的定义，每个变量可以有多个实现(relization)。也就是说，在总体趋势是正确的前提下，每个未知点上的变量估值可以有多种情况，这种方法称为随机模拟。随机模拟可以利用各种类型数据(如“硬”的采样点测量数据，“软”的各种类型的间接测量数据)生成众多的实现，每一个实现采用不同的表现方式展现同一种空间格局。随机模拟方法有高斯序列模拟、LU 分解模拟、高斯指示模拟、P-field 模拟、模拟退火算法等。但是，克里金法所获得的估值是唯一的，它虽然完成了对空间格局的认知，但没能使其再现。

4. 多点地统计学

传统地统计学利用变异函数来量化空间格局，但是变异函数只能度量空间上两个点之间的关联，即在二阶平稳或内蕴假设下空间上任意两点之间的相关性，而难以表征复杂的空间结构和再现复杂目标的几何形态。例如，不同弯曲河道的变异函数在同一方向上可能是十分相似的，因而不能通过变异函数加以区分。对于关联性很强的情况或者研究对象有较为明显的曲线特征时，要想量化其空间格局就需要包含多个空间点。多点地统计学则可以通过多个点的训练图像来取代变异函数从而有效反映目标的空间分布结构。该方法产生并主要应用于石油领域。

1.2.3　地统计学的应用领域

涉及空间分布数据的结构性和随机性、空间相关性与依赖性及空间格局与变异的研究，以及对这些数据进行无偏最优内插估计或数据离散性、波动性的模拟，均可考虑采用地统计学的理论与方法。

1. 地统计学在地质学中的应用

地统计学传统应用于地质、采矿领域，属于地质学领域中数学地质的一个分支，在应用中积累了较多的资料和经验，主要集中在以下三个方面。

(1)矿产资源储量计算及平均品位估计。地统计学从地质、采矿的实际出发，根据矿床地质变量的特点，最大限度地利用勘探工程所提供的各种信息，进行储量的整体估计和局部估计，并能够在开采前定量地给出储量的估计精度。同时，该方法能够与计算机相结合，实现储量计算的自动化。相比于传统储量计算方法，地统计学对于矿产资源储量计算及平均品位估计等问题具有无可比拟的优势。目前，应用地质统计学的企业公司也相继增多，世界上已经有 200 多个矿山成功地应用地统计学计算储量，涉及的矿种有铁、铜、金、银、钨、锡、铅、锌、铀、铬等金属矿产及煤气、煤田、磷矿等非金属矿床。

(2)矿产资源预测及找矿勘探。地统计学可以利用泛克里金法、对数正态克里金法等进行地质数据处理；利用估计方差进行储量分级、矿床勘探类型的定量分析；利用变异函数及其参数研究地质变量空间分布规律；采用泛克里金法进行成矿预测发现异常远景区；利用变异函数和估计方差进行勘探网度的优化与评价。

(3) 石油勘探开发。随着地统计学在石油勘探开发中的应用日益广泛与深入，逐渐发展形成了一门新兴学科——石油地质统计学，主要包括地质建模、地震数据反演及生产数据整合三方面。①地质建模：主要利用多点地质统计学进行储层规模模拟，估计地层的埋深、层厚、孔隙度、渗透率和含油饱和度等地质和地球物理参数的空间分布，绘制各种地质图件；利用变异函数研究储层的非均质性及各向异性；实现储层预测。②地震数据反演：主要是基于井数据及变差函数模拟波阻抗值，利用估值转换为合成地震记录以便与真实地震对比预测。③生产数据整合：整合地震、测井、钻井和露头等各种信息并进行建模。

2. 地统计学在土壤学中的应用

许多自然现象在空间上是连续变化的，空间上相近的点相较于距离较远的点在理化性质等方面具有更大的相似性，即统计学意义上的相互依赖性，这与区域化变量和地统计学应用的前提是一致的。目前，土壤特性的空间变异研究是土壤科学热点之一，地统计学在其中的应用主要集中在以下四个方面。

(1) 土壤物理性质空间变异。主要是利用地统计学在土壤物理参数、状态参数等方面进行空间变异研究探索，如土壤颜色、颗粒组成、土壤水分、土壤水力传导度、团聚体大小、饱和水压、孔径等土壤物理性质方面的空间变异研究。

(2) 土壤化学性质空间变异。主要是利用地统计学对土壤化学性质进行空间变异性研究，如针对氮、磷、钾、钙、镁、土壤 pH 等土壤养分的空间相关性研究。利用变异函数及其模型和克里金插值方法，从不同空间尺度、不同时间尺度、不同景观尺度及不同环境因素条件对土壤养分等化学性质的空间变异性进行大量探索，描述和归类土壤化学性状的空间属性，从而为土壤养分管理、土壤环境背景制图等提供必要的数据和方法。

(3) 土壤学试验设计和采样方法。地统计学方法能够分析土壤特性的空间变异规律，指导土壤采样数目、采样密度、样点分布及采样方法的确定，从而有效解决野外采集数据不具备统计意义的问题。

(4) 土壤质量管理。土壤质量是全球生物系统赖以持续发展的关键因素之一。利用地统计学方法可以通过已知取样点的数据去估测未知采样点土壤特性指标，判读其是否超过某一阈限，为制定管理规范、确定经营策略等土壤质量管理工作提供重要参考指标。近年来，地统计学在土壤质量管理上的应用主要集中在土壤养分管理和土壤污染研究方面。

3. 地统计学在生态学中的应用

生态学是研究生物之间及生物与非生物环境之间相互关系的学科，不同物种在不同时间、不同地点的分布是该学科重要的研究内容之一。在生物体分布和环境因素之间的空间变化分析中，空间依赖性分析尤其重要。但是，传统的统计分析方法认为样本间是相互独立的，因而忽略了这个问题。鉴于地统计学的特点及在土壤空间变异性和格局研究中的优越性，生态学研究者将其引入生态学领域，并广泛应用到昆虫生态学、水生态学、景观生态学和植被生态学等多个专业方向。地统计学为生态学家提供了一个非常有效的分析和解释空间数据的方法，具体如下。

(1)生态学变量空间变异性的定量描述和解释。通过分析变量空间格局的尺度、几何形状、变异方向等信息，将空间格局与生态学过程联系起来，有助于更好地理解研究对象的空间格局特征，给出合理的生态学解释。例如，通过对气候、地形、土壤、植被等蝗虫生境因子的研究，以及解释蝗虫空间分布特征的成因，进一步分析生境因子和蝗虫之间的关系，为蝗虫防治和蝗灾预测模型的研究提供科学依据。

(2)生物特征的估计。基于采样点数据反映的空间结构特征，估计未知点的密度、数量等生物特征，以获取研究对象的空间分布格局。

(3)生态学研究对象的时空变化规律分析、不同相关研究对象的时空动态及耦合关系分析。分析研究某一物种在不同时期的空间变异性和空间分布特征，发现该物种发展过程中的时空变化规律。分析研究不同物种的时空分布，探究其样本之间的时空相关性及依赖性，说明其时空动态及耦合关系。

同时可将地统计学与地理信息系统、遥感、全球卫星导航定位系统结合起来以快速准确地获取生物环境信息，并对信息进行有效的管理和分析使用。

4. 地统计学在环境科学中的应用

环境是一个时空连续体，其样本具有空间相关性的特征，难以利用经典的统计分析方法全面描述和探究环境变量自身的空间变异特征及不同环境因子之间的空间相关关系。地统计学则能够有效地解决这一问题，其在环境科学研究中的应用主要表现在以下三个方面。

(1)土壤环境研究。土壤重金属污染是目前土壤环境治理的重要内容与研究热点之一。通过利用地统计学中的变异函数和克里金插值技术进行重金属空间结构分析、模拟和估值，从而描述和模拟污染物的空间分布特征及估算未采样点的取值，揭示污染物在空间上的分布迁移趋势。此外，结合现有的污染背景资料，还可以识别出各种可能的污染源。

(2)水环境研究。地统计学在水环境研究中的应用主要包括：利用半方差函数分析和克里金插值分析等进行地下水位埋深异质性分析及预测；利用地统计学优化环境监测网点的位置和数目，分析预测水环境污染物浓度、研究水质参数的估算及变异性，从而考察植物生长、土地利用等对水质的影响。

(3)其他相关领域研究。地统计学在优化大气质量评估中采样位置、大气污染物分布、声环境评价研究中也取得了很好的效果。

5. 地统计学在气象学中的应用

数值天气预报和日常气象分析经常需要将不规则的站点资料插值到规则的网格进行分析，常采用以距离函数为权重的插值方法，如反距离加权插值法和逐步订正法等。随着地统计学方法的兴起，克里金法已经逐步应用于气象学领域，对气温、降水、光合有效辐射量、蒸发量等气象数据，通过构建变异函数进行了空间、时空插值分析，得到了较高的精度。

目前，地统计学除在传统的地质、采矿领域及土壤学、生态学、环境科学、气象学领域应用外，在其他空间相关领域中也崭露头角。例如，将地统计学引进园艺和农业领域，研究作物长势；将地统计学应用于临床医学，利用对偶克里金法重建了脊椎侧突的三维影像；将地统计学引入遥感领域，结合时间和空间信息，用克里金法处理时间序列为 30 年的地面覆盖物遥感图像，提高地面覆盖物变化预测准确率。此外，地统计学在公关卫生、社会科学等领域也有所涉足，显示出越来越强大的生命力。

1.3 本书目的与内容安排

地统计学是以具有空间分布特点的区域化变量理论为基础，研究自然现象或人文现象的空间变异与空间结构的一门学科。它是针对像土地、土壤、矿产、资源、生物群落、地貌，以及人类活动等有着特定的地域分布特征的空间统计方法。本书主要目的是在介绍经典统计学方法与空间统计学方法的基础上，重点阐述地统计学区域化变量、变异函数、协方差函数等基础理论与概念，并对常用的克里金插值方法与应用条件进行描述。同时，本书也对地统计学建模的新方法进行了论述，并为学习者介绍了目前主流地统计软件及工具的使用流程。读者通过阅读学习可以掌握基本的地统计学方法和技术，以及借助地统计软件工具解决实际问题的基本技能。

考虑已有的地统计学（地质统计学）教材偏理论而轻实践的情况，本教材则在兼顾和保留尽可能多的理论的基础上，重点强化了利用地统计学进行实践的内容，让读者在了解基本理论和原理的前提下，可以快速解决实际问题。

1.4 地统计学学习要点

1.4.1 学习地统计学课程总体要求

1. 打好数理统计基础

地统计学的理论基础是区域化变量理论，主要研究那些分布于空间并显示出一定结构性和随机性的自然现象；而协方差函数和变异函数是以区域化变量理论为基础建立起来的，是地统计学的两个最基本的函数；地统计学的主要方法之一的克里金法，就是建立在变异函数理论和结构分析基础之上的，因此，打好数理统计基础是掌握地统计学知识的前提。

2. 融会贯通地统计分析基本理论

地统计学是一门理论性很强的学科，具有一套较完整的理论体系，具有完善的分析方法、实用的程序系统和数据库。因此，在学习中一定对地统计学的每个要点都要逐步融会贯通，如对空间变异与结构分析不够理解，那么对空间局部估计的分析也就不会正确，甚至空间插值出来的结果是完全错误的。

3. 用一种编程语言实现地统计分析

地理信息科学专业的学生，必须掌握一门编程语言。C#在继承 C 和 C++强大功能的同时，又去掉了它们的一些复杂特性，具有简单的可视化操作、高效的运行效率、强大的操作能力、优雅的语法风格、创新的语言特性及便捷的面向组件编程支持等优势，成为.NET 开发的首选语言。同时，可以很好地结合地理信息系统二次开发平台(ArcGIS Engine)，实现地统计的空间变异与结构分析、空间局部估计两大功能，不但可以加深对地统计分析的理解与认识，还可以激发学生对编程的热情，使他们从中得到乐趣。

1.4.2　明确地统计学的落脚点

1. 揭示空间数据的相关规律

空间统计分析方法假设研究区中所有的值都是非独立的，在空间或时间范畴内其相互之间存在一定的相关性，即自相关性。根据空间数据之间自相关性，可以利用已知样点值对任意未知点进行预测。但事实上，空间数据之间的相关性在预测之前是未知的，因此揭示空间数据的相关规律是空间统计分析的重要任务之一，即在考虑样本点位置、方向和彼此之间距离的基础上，直接测定空间数据结构的相关性和依赖性，研究具有一定随机性和结构性的各种变量的空间分布及变异规律。

2. 利用相关规律进行未知点预测

空间统计下的另一重要任务就是利用空间数据相关规律对任意未知点进行预测。地统计学中的空间预测方法为克里金法，是建立在变异函数理论及结构分析基础上，在有限区域内对区域化变量的取值进行无偏最优估计的一种方法；在估计未知点位数值时，它不仅估计样点与邻近已知样点的空间位置，还考虑了各邻近样点彼此之间的位置关系，同时利用已知观测值空间分布的结构特征，从而使这种估计比其他传统的估计方法更精确，更符合实际。

1.4.3　学习地统计学课程的捷径

1. 理论学习与软件应用相结合

地统计学是一门涉及统计、地理空间分析理论的课程，学生需要在系统学习地统计学理论的基础上，结合地统计学专用软件进行大量的上机操作练习，这样既能强化、巩固地统计理论知识，又能够使学生灵活地运用地统计分析方法，为解决实际问题奠定基础。

2. 课程学习与实践应用相结合

地统计学既是一门方法论学科，又是一门实践性很强的学科，要想真正地掌握地统计分析方法，必须在实践中运用。通过实际案例，将抽象、枯燥的理论与生动的生产实践活动相结合，以利于对地统计理论知识的理解和升华，起到举一反三、触类旁通的作用。

1.4.4　能熟练使用软件工具

随着计算机技术的发展，目前国内外已开发出一些公共领域地统计软件及模块，如GS+、ArcGIS 地统计模块、GeoDa、GSLIB、Surfer、Geo-EAS、SGeMS 等。

GS+(Geostatistics for the Environmental Sciences)软件由美国 Gamma Design 软件公司制作，是目前业界常用的专业地质统计分析软件。GS+软件涉及几乎所有的地统计分析功能，包括三维条件下数据的基本统计分析、分形分析、协方差分析、变异函数分析及普通克里金法、协同克里金法、条件模拟等地统计学常用的空间分析与估值方法。相较于其他地统计学软件，GS+的亮点之处在于能够根据输入的数据自动拟合包括高斯、椭圆和指数模型在内的实验变异函数。同时，GS+能够导入导出 Surfer、ArcGIS Grid 等常用的网格文件，并具有强大的绘图、输出功能，可以将计算结果直接绘图输出。

ArcGIS 地统计分析模块是嵌入于美国环境系统研究所(Environmental Systems

Research Institute，ESRI)研发的 ArcGIS 软件中的一个扩展模块。此模块的优势是能够充分利用 GIS 强大的空间分析功能，实现探索性空间数据分析、空间插值分析及结果检验、高斯地统计模拟等功能，以及地统计学与 GIS 的融合。

GeoDa 是一个基于栅格数据探求性空间数据分析(ESDA)的软件工具集合体。该软件向用户提供一个友好的和图示的界面用以描述空间数据分析，如自相关性统计和异常值指示等。

GSLIB(Geostatistical Software Library)是由美国斯坦福大学应用地球科学系 C.V.Deutsch 和 A.G.Journel 开发的地统计程序工具箱。该工具箱能够完成大部分地统计学功能计算，包括变异函数拟合、克里金估计、随机模拟及相应的空间制图。

我国学者也根据研究的需要自行开发了其他应用软件，并取得了很好的效果。例如，北京科技大学侯景儒教授领导研制了地统计学方法研究程序集，能够实现二维地统计学分析(普通克里金法、对数正态克里金法、泛克里金法等)、二维非参数地统计学分析(指示克里金法)、二维多元地统计学分析(协同克里金法、因子克里金法、空域中的多元地统计学)及三维地统计学(三维普通克里金法、三维协同克里金法)。中国地质大学(武汉)王仁铎、胡光道教授领导编制的地统计学软件包，包括常用克里金插值和条件模拟。浙江大学唐启义研发的 DPS 数据处理系统，包含地统计模块，可完成变异函数估计、分析，克里金插值，IDW 插值等。中国林业科学研究院资源信息研究所开发的统计之林(ForSat)，包含了遥感数据的地统计分析，在区域遥感分析中得到应用。原武警黄金指挥部黄金地质研究所的 CGES(Chinese Geology and Exploration System)系统、李裕伟教授领导研制的 KPX 固体矿产勘查评价自动化系统，均含有地统计学的相关内容。

地统计学理论上的发展、应用要远远超过其软件的发展，使得新方法的推广由于软件的局限性受到了很大的限制。现有软件对地统计分析的理论热点涉及仅限于极少数，且大多数基于 DOS 或者 UNIX 系统开发，通用性较低。此外，作为一种空间数据的分析工具，地统计学软件在高质量图像表达与可视化方面还远远不够。地理信息系统(geographic information system，GIS)是对空间数据进行搜集、存储、检索、转换、显示及分析的一门技术。作为一个强大的数据库系统，它可以存储、编辑、操作具有同样空间范围的多种专题信息。但对空间数据分布格局进行建模，抽取其特征还很欠缺。地统计学近年来在国际上发展迅猛，特别是 GIS 的发展，对空间分析功能提出了一个新的要求，使得地统计学成为多个学科关注的焦点。但目前为止，二者之间的结合还很少，或非常欠缺。例如，大型软件 ArcGIS，从 8 版本以后加入了地统计学扩展模块，但内容仅限于克里金系列方法，而对于模拟方法还是一片空白。所以，未来将两者结合起来将是一种必然的趋势。

第 2 章　数理统计基础

2.1　经典统计学方法

2.1.1　经典统计学的起源

原始社会后期，最原始的统计产生了，这个时期的统计主要是一些简单的计数活动。奴隶社会时期，奴隶主为了控制奴隶而进行一些较复杂的统计是很有必要的，这一时期随着需求的增加统计的地位也日显重要。封建社会时期，因为国家这个社会形态的存在更为普遍，统治者们为了更好地维护自己的统治，需要对各方面进行统计，所以统计的地位更显重要。随着资本主义的兴起，统计已经深入社会的方方面面。

虽然统计的起源很早，但是统计学作为一门系统的学科只有 300 多年的历史。统计学的发展分为三个主要的时期，分别是萌芽期、近代期、现代期。

萌芽期(17 世纪中叶~18 世纪)，这一时期主要有国势学派和政治算术学派两个学派。国势学派，以德国的 H.Conring 和 G.Achenwall 为代表，主要是对国家的重要事项进行记录，而忽视了量的分析，因此又称为“记述学派”。但这一学派的研究对象和研究方法都不符合统计学的方法。政治算术学派，以英国的“政治经济学之父”W.Petty 为代表，该学派并不满足于社会经济现象的数量登记、列表、汇总、记述等过程，还要求把这些统计经验运用分类、制表及各种指标来加以全面系统地总结，并从中提炼出某些理论原则，同时它第一次运用度量的方法，依靠数字解释与说明社会经济现象。

近代期(18 世纪末~19 世纪)，这一时期主要有数理统计学派和社会统计学派。法国的 P.S.Laplace 作为数理统计学派的代表人物之一，第一个把概率论引进统计学领域。他对统计学的贡献是阐明了统计学的大数法则和进行了大样本推断的尝试。数理统计学派的另一代表人物比利时的天文学家、数学家、统计学家 A.Qutelete 实现了统计学和概率论的结合，使统计学开始进入更为丰富发展的新时期。他的主要贡献是发现了大量现象的统计规律性和开创性地应用了许多统计方法。他把统计学发展中的三个主要源泉：国势学派、政治算术学派、古典概率学派加以统一、改造并融合成具有近代意义的统计学。可以说，A.Qutelete 是古典统计学的完成者，也是近代统计的先驱者，又是数理统计学派的奠基人，在统计发展史上具有承上启下、继往开来的地位。19 世纪后半叶，由德国大学教授 K.G.A.Knies 首创，并以 C.L.E.Engel 等为代表，兴起了社会统计学派。该学派认为，统计学的研究对象是社会现象，研究目的在于明确社会现象内部的联系和相互关系；统计应包括资料的收集、整理及其分析研究。同时，本学派还认为包含人口普查、工业普查、农业普查等的全面调查在社会统计中处于重要地位。

现代期(20 世纪初至今)。19 世纪末~20 世纪初的统计学主要是描述统计学，20 世纪 30 年代统计学逐渐进入现代统计学的范畴，20 世纪 60 年代以后统计学逐步发展成现代意义上的统计学。统计学的发展主要有三个明显的趋势：①随着数学的不断发展和完善，统计学对数学的依赖越来越强，吸收的数学方法也越来越多；②统计学不断向其他科学领域渗透，以统计学为基础的边缘学科不断形成；③随着计算机的普及和统计学应用的日益广泛及深入，统计学发挥的功效日益增强。

2.1.2　经典统计学中的基础知识

1. 经典统计学的概念

经典统计学就是人们所说的传统意义上的统计学，上文中所说的统计学指的就是经典统计学。很多人认为统计学是一种科学的数学分支，是关于收集、分析、解释、陈述数据的科学(Moses，1986)。另一些人认为它是数学的一个分支，因为统计学是关于收集、分析数据的(Lee，1973)。因为它基于观测、重视应用，常常被看做是一门独特的数学学科，而不是一个数学分支。统计是指统计资料、统计工作的总称，而统计学是指对资料的收集、整理、加工和展示的全过程，统计学是理论与方法的结合。所以，经典统计学的定义就是对数据进行收集、整理、加工、分析并得出结果的一门学科。

2. 经典统计学中的基本概念

1) 总体与样本

统计总体是统计研究所确定的客观对象，是具有共同性质的许多单位组成的整体(范玉妹等，2009)。依据范围统计总体可分为两类，分别是无限总体和有限总体。无限总体含有无限多个单位，如手机厂要确定某种新型手机的销量，想知道哪些人群喜欢，哪些人群不喜欢，这些个体的数目是无法确定的，由此构成的总体称为无限总体。有限总体中含有有限个单位，如某家制衣厂每年生产的衣服的数量是可以知道的，这样的总体称为有限总体。总体中的元素总是具有某种相同的性质，并且总体中总是包含大量的个体，这两种特性称为同质性和大量性。

总体中包含样本，样本是从总体中随机抽出的一部分元素所构成的集合。从样本的概念中可以看出样本具有如下特点：①样本必须取自所要研究的总体；②从一个总体中可以取出多个不同的样本，因此样本具有不唯一的特性；③样本必须具有客观性，样本是从总体中随机取得，而不是主观取得。

2) 参数与统计量

用来描述总体特征的概括性数字度量称为参数，它是研究者想要了解到的总体的某种特征值。统计学中常用的参数有总体的平均数(μ)、总体的标准差(σ)等。

进行统计时，总体数据往往是未知的，所以总体的参数也就不确定，如人们不知道一批电视的合格率、不知道一个地区所有人口的平均年龄等。正是由于这种情况，才进行样本抽样，根据样本的数据计算统计量来估算总体的参数。

统计量是用来描述样本特征的概括性数字度量。统计量是根据样本的数据计算出来的，它是样本的函数。样本的统计量一般有样本平均数($\bar{x}$)和样本标准差(s)。因为样本是人们通过抽样技术抽取出来的，所以样本统计量是可以计算出来的。目的就是根据样本统计量去估计总体的参数，如用样本平均数$\bar{x}$估计总体的平均数μ、用样本的标准差s估计总体的标准差σ等。

3）标志与指标

标志是说明总体单位特征的名称(钱伯海和孙秋碧，1997)。根据其性质表现为品质标志与数量标志。品质标志表明总体单位的属性特征，可以采用文字描述等，但不能用数量表示，主要是作为分组的依据。数量标志表明总体单位的数量特征，采用数量表示，具有可计算性。

指标有两种理解和使用方法：一种观点认为统计指标是反映总体现象数量特征的概念，适用于统计理论与统计设计；另一种观点认为统计指标是反映总体现象数量特征的概念和具体数值，适用于实际统计工作。

指标与标志的区别：指标是说明总体特征的，而标志是说明总体单位特征的；指标有不能用数值表示的品质标志和能用数值表示的数量标志两种，而指标都必须是能用数值表示的。

4）变量

变量是说明现象某种特征概念的名称(钱伯海和孙秋碧，1997)。

变量的分类方法有多种，如根据变量性质，可以分为名称变量、顺序变量、等距变量和比率变量四种。

名称变量是指一种事物与其他事物在类别、属性上的不同，如颜色、性别、成绩及格与否，如果类别只有两种则为二分名称变量。名称变量用数字表示时不能说明事物之间的大小，只能表示事物之间的不同，如用 1 表示产品合格，0 表示产品不合格，这里的 1，0 不能说明事物之间的差异大小，只是作为区分而已，说明事物之间是相同还是不同。名称变量的统计方法主要有次数计算、检验、相关、百分比等。

顺序变量是指事物某一属性的多少或大小按顺序排列起来的变量。例如，奥运会中运动员的排名：1，2，3 等，这一系列的数据表明运动员之间的水平，即第 1 高于第 2，第 2 高于第 3 等，但是相邻两个等级的间隔不一定是等距，所以它们只有等级上的差别。顺序变量的常用统计方法有中位数、百分位数、秩次检验和等级相关等。

等距变量是一种有相等单位但没有绝对零点的变量，因此它只能做加减运算，不能做乘除运算。在某次数学考试中，甲得了 90 分，乙得了 45 分，在进行比较时可以说甲比乙多得 45 分，却不能说甲的得分是乙的两倍。这是因为这类数据只具有相等的单位没有绝对的零点。例如，丙得了零分，这个零分是人为确定的，虽然丙得了零分，但是不能说他没有一点数学知识。等距变量常用的统计方法有平均数、标准差等。

比率变量是一种既有相等的单位，又有绝对零点的变量，如距离、时间、身高、体重等。例如，甲做这件事用了 2 小时，乙做同样的事用了 1 小时，在进行比较时，不仅可以说甲比乙多用了 1 小时，还可以说甲用的时间是乙的 2 倍。比率变量常用的统计方法有几何平均数、相对差异数等。

根据变量的连续性可以将变量划分为连续变量和离散变量。

连续变量是指可以在某个区间内任意取值的变量，如长度和质量。连续变量以量尺的直观性来看，在量尺上任何两点之间都有取值的可能性。应当注意，单位是否可以无限细分，是由单位所标志的客观事物本身所决定的，而不是使用上的需要和习惯所决定的。

离散变量是指单位之间不能再细分的变量，其数字形式常取整数，如运动员的名次

1，2，3 等，名次之间是不可再分的。

根据变量之间的关系可将变量划分为自变量和因变量。自变量是在实验中由实验者控制的因素，因变量是实验中由自变量引起的被测量的变化量。

5)统计中常见的几种分布

(1)正态分布。正态分布又称高斯分布，它在统计学的许多方面都有着重大的影响。若随机变量 X 服从一个数学期望为 μ、方差为 σ^2 的高斯分布，记为 $N(\mu,\ \sigma^2)$。其概率密度函数为正态分布的期望值 μ 决定其位置，标准差 σ 决定了分布的幅度。人们常说的标准正态分布是 $\mu=0$，$\sigma=1$ 的正态分布。

正态分布的定义：若随机变量 X 服从一个位置参数为 μ、尺度参数为 σ 的概率分布，且其概率密度函数为

$$f(x)=\frac{1}{\sqrt{2\pi}\sigma}\exp\left(-\frac{(x-\mu)^2}{2\sigma^2}\right) \tag{2-1}$$

则这个随机变量就称为正态随机变量，正态随机变量服从的分布就称为正态分布，记作 $X\sim N(\mu,\ \sigma^2)$，读作 X 服从 $N(\mu,\ \sigma^2)$，或 X 服从正态分布。

当 $\mu=0$，$\sigma=1$ 时，正态分布就称为标准正态分布：

$$f(x)=\frac{1}{\sqrt{2\pi}}\exp\left(-\frac{x^2}{2}\right) \tag{2-2}$$

正态分布的概率密度函数曲线呈钟形，因此常被称为钟形曲线。

正态分布是一种概率分布，也称为“常态分布”。正态分布是具有两个参数 μ 和 σ^2 的连续型随机变量的分布，第一参数 μ 是随机变量的均值，第二个参数 σ^2 是随机变量的方差。服从正态分布的随机变量的概率规律为：取与 μ 邻近的值的概率大，而取与 μ 远的值的概率小；σ 越小，分布越集中在 μ 附近，σ 越大，分布越分散。

正态分布的密度函数的特点是：关于 μ 对称，并在 μ 处取最大值，在正(负)无穷远处取值为 0，在 $\mu\pm\sigma$ 处有拐点，形状呈现中间高两边低。图像是一条位于 X 轴上方的正态曲线。

正态分布中的 3σ 原则：正态曲线下，在横轴区间($\mu-\sigma$，$\mu+\sigma$)内的面积为 68.3%；在横轴区间($\mu-2\sigma$，$\mu+2\sigma$)内的面积为 95.4%；在横轴区间($\mu-3\sigma$，$\mu+3\sigma$)内的面积为 99.7%，曲线与横轴间的面积总和等于 1(图 2-1)。

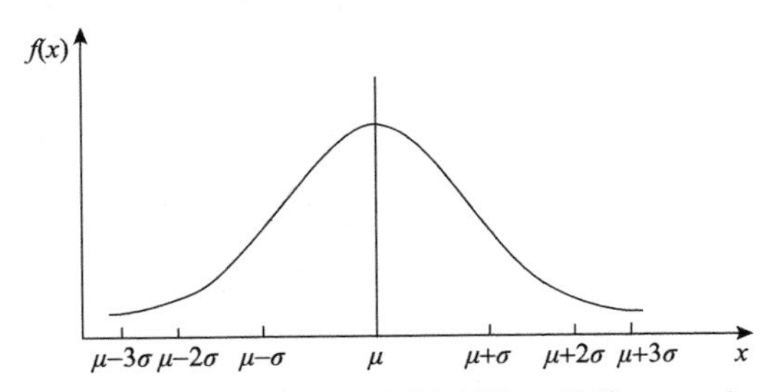

图 2-1　正态分布 3σ 示意图(范玉妹等，2009)

(2) χ^2分布。χ^2分布是一种连续型随机变量的概率分布。它是正态分布派生出来的，主要用于列表检验。

定义：若 $X_1, X_2, \cdots, X_n$ 相互独立，且都服从标准正态分布 $N(0,1)$，则 $\chi^2=\sum_{i=1}^{n}X_i^2 \sim \chi^2(n)=\Gamma(1/2,n/2)$，称为自由度为 n 的 χ^2分布。

$\chi^2(n)$分布的性质：

性质 1：$E(\chi^2(n))=n, D(\chi^2(n))=2n$。

性质 2：若 $X_1=\chi^2(n_1), X_2=\chi^2(n_2)$，$X_1, X_2$ 相互独立，则 $X_1+X_2\sim\chi^2(n_1+n_2)$。

性质 3：$n\to\infty$ 时，$\chi^2(n)\to$正态分布。

性质 4：设 $\chi^2\sim\chi_\alpha^2(n)$，对给定的实数 $\alpha(0<\alpha<1)$，若 $P\left\{\chi^2>\chi_\alpha^2(n)\right\}=\int_{\chi_\alpha^2(n)}^{+\infty}f(x)\mathrm{d}x=\alpha$，则称 $\chi_\alpha^2(n)$ 为 $\chi^2(n)$分布水平 α 的上侧分位数，简称为上侧 α 分位数(图 2-2)。

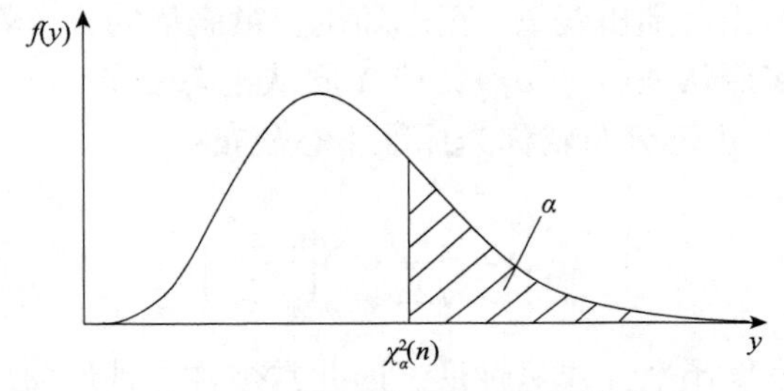

图 2-2　$\chi^2(n)$ 分布的上 α 分位数

(3) t 分布。定义：设 $X\sim N(0,1)$，$Y\sim\chi^2(n)$，X，Y 相互独立，$T=\dfrac{X}{\sqrt{Y/n}}$，则称 T 服从自由度为 n 的 t 分布，记为 $T\sim t(n)$。

t 分布的性质：

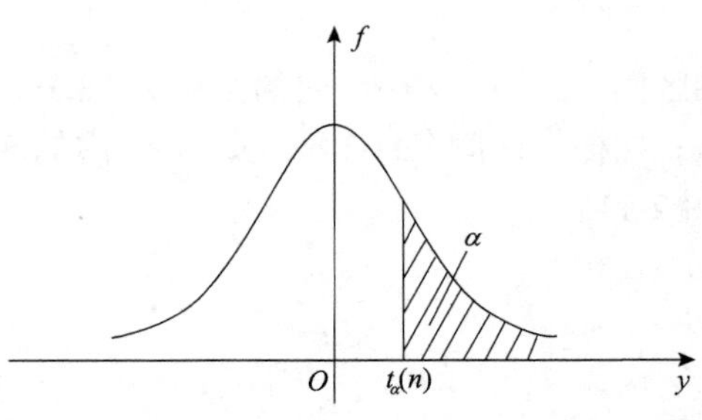

图 2-3　$t(n)$ 分布的上 α 分位数(范玉妹等，2009)

性质 1：$f_n(t)$ 是偶函数，$n\to\infty$, $f_n(t)\to\varphi(t)=\dfrac{1}{\sqrt{2\pi}}\mathrm{e}^{-\frac{t^2}{2}}$。

性质 2：设 $T\sim t_\alpha(n)$，对给定的实数 $\alpha(0<\alpha<1)$，若 $P\{T>t_\alpha(n)\}=\int_{t_\alpha(n)}^{+\infty}f(x)\mathrm{d}x=\alpha$，则称 $t_\alpha(n)$ 为 $t(n)$ 分布的水平 α 的上侧分位数。由密度函数 $f(x)$ 的对称性，可得 $t_{1-\alpha}(n)=-t_\alpha(n)$。类似的，可以给出 t 分布的双侧分位数 $P\{|T|>t_{\alpha/2}(n)\}=\int_{-\infty}^{-t_{\alpha/2}(n)}f(x)\mathrm{d}x+$

$\int_{t_{\alpha/2}(n)}^{+\infty} f(x)\mathrm{d}x=\alpha$，显然有 $p\{T>t_{\alpha/2}(n)\}=\frac{\alpha}{2}$，$p\{T<-t_{\alpha/2}(n)\}=\frac{\alpha}{2}$。对不同的 α 与 n，t 分布的双侧分位数可以从 t 分布的附表查得(图 2-3)。

(4) F 分布。F 分布是随机变量的另一种重要的小样本分布，可用来检验两个总体的方差是否相等、多个总体的均值是否均等。F 分布还是方差分析和正交设计的理论基础。

定义：设 $X\sim\chi^2(n), Y\sim\chi^2(m)$，$X,Y$ 相互独立，令 $F=\frac{X/n}{Y/m}$，则称 F 服从第一自由度为 n、第二自由度为 m 的 F 分布。

F 分布的性质：

性质 1：若 $F\sim F(n,m)$，则 $1/F\sim F(m,n)$。

性质 2：若 $X\sim t(n)$，则 $X^2\sim F(1,n)$。

性质 3：设 $F\sim F_\alpha(n,m)$，对给定的实数 $\alpha(0<\alpha<1)$，若 $P\{F>F_\alpha(n,m)\}=\int_{F_\alpha(n,m)}^{+\infty} f(x)\mathrm{d}x=\alpha$，则称 $F_\alpha(n,m)$ 为 $F(n,m)$ 分布水平 α 的上侧分位数。F 分布的上侧分位数可通过查表得到。

性质 4：$F_\alpha(m,n)=\frac{1}{F_{1-\alpha}(n,m)}$，此式常用来求 F 分布表中没有列出的某些上侧分位数(图 2-4)。

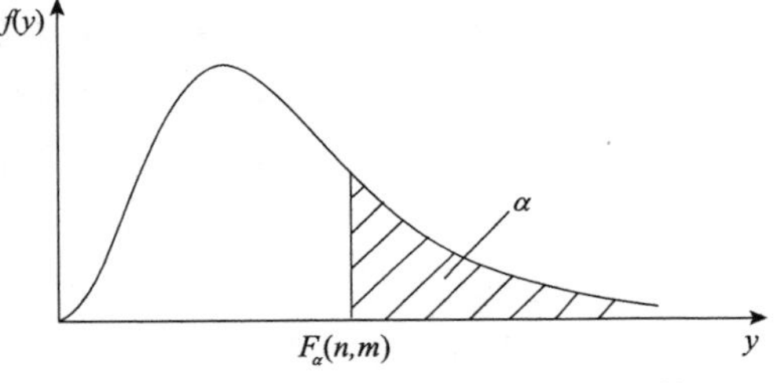

图 2-4　$F(n,m)$ 分布的上 α 分位数(范玉妹等，2009)

2.1.3　经典统计学的研究对象和方法

1. 研究对象

统计学的研究对象是客观现象(客体)总体的数量特征和数量关系，以及通过这些数量反映出来的客观现象的发展变化规律。总的来说，客观现象总体的数量特征和数量关系不论是在自然领域还是在社会经济领域都是统计学所要分析和研究的对象。

2. 统计学研究对象的特点

(1) 数量性。数量性是统计学研究对象的基本特点，数字是统计学的语言，数据资料是统计学的原料。事物存在质与量两方面，质是事物之间区分的标志，量变会引起质变。统计分析的目的就是研究客观现实中事物量的变化，以及获取通过量变所产生的对质的认识。

(2) 总体性。统计学的研究对象是自然、社会经济领域中数量方面的问题(阮红伟，2014)。统计的数量研究是对总体普遍存在的事实进行大量观察和综合分析，进而总结出反映总体数量的特征和规律(贲雪峰和李征，2013)。自然和社会经济领域中现象的数量对比关系是在一系列综合复杂的因素下形成的。这些因素中，有主要的因素，也有次要的因素，相同的因素在不同的个体中作用往往不同。因此，对于每个个体来说具有一定的随机性，而对于有足够多个体的总体来说又具有相对稳定的共同趋势，显示出一定的规律性。

(3) 具体性。统计学所研究的数量，是客观存在的，不以人的主观意志为转移（吴思莹和邢小博，2013）。正是因为如此，只有如实地反映客观事实，才能进行可靠的统计分析研究。

(4) 变异性。统计研究对象的变异性是指构成研究对象的总体各单位，除了在某一方面必须是同质的，在其他方面具有一定的差异性，这些差异不是主观上给定的，而是客观存在的。也就是说，统计研究的对象不仅具有相同点，也要有不同，如果事物都相同是没有必要研究的。

3. 经典统计学方法

经典统计学作为一门方法论科学，具有自己完善的方法体系。统计研究方法众多，从大的方面看，其基本方法如下。

1) 大量观察法

大量观察法是统计调查阶段的基本方法，主要用于数据资料的收集阶段，对所研究现象总体中的足够多的个体进行观察和研究，掌握其具有规律性的总体数量特征（李庆东和战颂，2013）。大量观察法的数理依据是大数定律。大数定律是指虽然个体受偶然因素的影响不同而在数量上存有差异，但对总体而言可以相互抵消，呈现出稳定的规律性，因此只有对足够多的个体进行观察，观察值的综合结果才会趋向稳定，建立在大量观察法基础上的数据资料才会给出一般的结论。统计学的各种调查方法都属于大量观察法。

2) 统计分组法

统计所研究的现象具有复杂性、差异性和多层次性，因此需要分组或分类研究，实现在同质的基础上探求不同组或类之间的差异性的目的。统计分组在整个统计活动过程中占有重要的地位。统计调查阶段，通过统计分组法搜集不同类的资料，提高抽样调查的样本代表性；统计整理阶段，通过统计分组法分门别类地加工处理和储存各种数据资料，为编制分布数列提供基础；统计分析阶段，通过统计分组法可以划分现象类型、研究总体内在结构、比较不同类或组之间的差异性，以及分析不同变量之间的相关关系。常用的统计分组法有传统分组法、判别分析法和聚类分析法等。

3) 综合指标法

统计研究现象的数量特征是通过统计综合指标来反映的。综合指标，是指从总体上反映所研究现象的数量特征和数量关系的范畴及其数值，常见的综合指标包括总量指标、相对指标、平均指标、标志变异指标等。综合指标法是描述统计学的核心内容，在统计学特别是社会经济统计学中具有重要地位。真实客观的记录、描述和反映所研究现象的数量特征和数量关系是统计指标理论研究的一大课题。

4) 统计模型法

在描述研究现象数量特征的同时，还需要研究相关现象之间的数量变动关系，以了解不同现象之间数量变动的关系及影响程度。在研究数量变动关系时，根据具体的研究对象和一定的假设条件，用合适的数学方程进行的模拟研究称为统计模型法。

5) 统计推断法

统计的研究目的是研究总体的数量特征，但统计认识活动研究的只是现象总体中的一部分个体，即具有随机性的样本观测数据。这就需要根据概率论和样本分布理论，运用参数估计或假设检验的方法，由样本观测数据来推断总体数量特征（李庆东和战颂，2013），这种由样本来推断总体的方法称为统计推断法。目前，统计推断法应用领域广泛，常见方法包括总体指标推断、统计模型参数的估计和检验、统计预测中原时间序列的估计和检验等。统计推断法在实践中是一种经济有效的方法，是现代统计学的基本方法。

2.2　空间统计学方法

空间统计学起源于矿业领域，其目的是克服经典统计学应用于空间数据处理时存在的一些问题。空间统计学最初由南非学者克里金提出，后经法国数学家 G.Matheron 以随机过程的理论为基础进行改造和完善，其应用领域不断扩展（李德仁和马洪超，2001；Watson et al.，1980；王仁铎和胡光道，1988）。

统计学的目的是利用具有一定意义的统计量，简化大量繁杂的信息和数据，对试图了解的事件或现象形成简洁印象和反映事物的本质。其中一个重要概念是统计量（statistic），按功能分，统计量有描述性统计量（descriptive statistics）和推断性统计量（inferential statistics）。前者是从一组数据中计算出来，用来描述各数值在这组数据中分布情况的指标，如一组数据的最大值、最小值、极差和均值都属于这类统计量，反映了事物的概要信息；后者是从样本数据中计算出来的，用于推知总体的情况，或是对两组数据进行比较。随着传统统计方法的应用，经典统计量（classical statistics）在某些领域的实践中得到了拓展和应用，形成了新的统计量纲，如经济计量统计量、心理计量统计量、生物统计量、地统计量等，它们仍然是以经典统计量为基础，但又经过了拓展，并属于空间统计范畴，成为空间统计学的重要内容。

空间统计学是以区域化变量理论（theory of regionalized variable）为基础，以变异函数（variogram）为基本工具，研究分布于空间并呈现出一定的随机性和结构性的自然现象的科学。显然，凡是研究某些变量（或特征）的空间分布特性并对其进行最优估计，或模拟所研究对象的离散性、波动性或其他性质时都可应用空间统计学的理论与方法（侯景儒，1997）。

2.2.1　空间统计的几个概念

1. 尺度

1）计量尺度

空间数据的计量尺度效应明显，尺度的大小取决于收集数据的目的和所要进行的分析，地理对象的属性信息可以不同的计量尺度来测度和表示，如城市群可视为包含信息的组点。在这种情况下，人们只知道不同的点代表不同的城市，而不知道具体哪个点代表哪个城市。同样一张地图以同样的线状符号表示多条街道时，人们也许可以根据名称辨识不同的街道，但无法知道哪条街道的交通更为拥挤，详细内容则更无法知晓了。所有这些局限都源自于人们在收集和准备数据时所使用的不同计量尺度。计量尺度通常分为定类尺度（norminal scale）和定序尺度（ordinal scale），前者度量的数据可以数字的形式存在，但无法向数字变量那样进行有意义的比较。例如，邮政编码看起来像是数字，但实际上是定类数据；遥感影像中的像元属性可以划分城市、植被、道路、水体、土地类型，其实均为定类数据。定序尺度度量的数据可以按照预定的标准进行排序，如人群中身高可以划分为高、中、低三种。

2) 地理尺度

处理地理数据时，不仅要考虑属性数据的计量尺度，还要考虑空间数据的地理尺度。因为所有的地理数据都有空间维度，所以为了正确分析空间数据，地理尺度的选择非常关键。地理尺度包含两方面的含义：一是粒度，即研究对象的最小可辨识单元；二是幅度，即研究对象的持续范围。

2. 范围

相对而言，比例尺越大，地理范围越小，反映的地理特征越详细，大比例尺地图，可以显示地形或要素的细节，但只能覆盖相对较小的区域；比例尺越小，地理范围越大，反映的地理特征则显概略。例如，一个大比例尺地图上的村庄是个有着位置、形状和面积大小的斑块，在小比例尺地图上则可能只是一个点。

3. 投影

显示地理对象的分布时，必须考虑地图的投影问题。由于地球是三维球体，而地图却是二维的，投影到二维地图中地理空间必然导致要素之间的空间关系被扭曲。由此产生了多种不同的方式将要素之间的空间或几何关系从地球上转换到地图上。这种利用一定数学法则把地球表面的要素转换到平面上的理论和方法称为地图投影。不同投影会对要素之间的空间关系造成不同的扭曲，涉及地理对象的面积、形状、方向和距离等。在空间统计中，选择合适的投影方式至关重要，如果研究区域很小，那么使用不同的投影可能不会对面积或距离的测度产生较大影响；但是如果研究范围涉及全国或更大区域，那就必须通过对比投影的效果和影响，慎重使用所选择的投影类型。

2.2.2 空间统计学特点

1. 空间统计学与 GIS 的联系

空间统计学主要是用于分析具有空间坐标变量数据的空间特征，并进行过程模拟及空间插值的一门学科，其主要方法包括空间结构分析、克里金分析、空间自相关分析及空间模拟等技术。

地理信息系统(GIS)是对地理信息进行获取、存储、显示、分析、输出等处理的技术，主要采用图形图像处理与空间建模等方式对具有空间特性的地理信息及其属性进行空间分析。不同于一般意义上的 GIS 空间分析功能，空间统计分析以数学模型模拟为主，如空间结构分析、空间自相关分析、空间内插技术等空间模型模拟，而 GIS 空间分析以图形操作为主，如叠置分析、缓冲区分析、邻近分析、空间联结、网络分析等。

GIS 在存储、查询和显示地理数据方面发展迅猛，但在空间分析方面则发展较慢，使得 GIS 在解决某些空间问题的效果上受到很大限制，未来 GIS 技术的发展将在很大程度上依赖于和功能强大的空间分析模型的结合。

2. 空间统计学与经典统计学的异同

经典统计学是以概率论为基础的一门研究随机现象统计规律的应用数学学科，而空间统计学是以变异函数为基础的一门研究区域化变量空间分布特征的空间分析学科。空间统计学与传统统计学都是在大量采样的基础上，通过对样本属性值的频率分布或均值、方差关系及其相应规则的分析，确定其分布格局与相关关系。两者之间也存在着一定的不同之处，具体差异如下。

(1)研究变量的性质不同：经典统计学研究的变量必须是纯随机变量，取值依据某种概率分布而变化，而空间统计研究的变量是区域化变量，非纯随机变量，取值根据其在某个域内的空间位置而定，它是随机变量与位置有关的随机函数。

(2)采样重复性不同：经典统计学所研究的变量理论上可进行大量重复或无限次重复观测试验，而空间统计学研究的变量则不能进行重复试验。因为区域化变量一旦在某一空间位置上取样后，就不可能在同一位置再次取样，区域化变量值在空间维度上仅有一次。

(3)采样独立性不同：经典统计学每次抽样必须独立进行，要求样本中各个取值之间相互独立，而空间统计学的区域化变量是在空间不同位置取样，因而，两个相邻样品的值不一定保持独立，可能具有某种程度的空间相关性。

(4)研究的侧重点不同：经典统计学是以频率分布图为基础研究样本的各种数字特征。空间统计学除了要考虑样本的数字特征外，更主要的是研究区域化变量的空间分布特征。

空间统计学并不是将传统统计方法简单地应用于各领域，而是突破传统统计学难以考虑样品点空间分布的不足，从实际出发，对传统统计学原有的数学理论与方法加以选择、创新，使之更有效地解决空间统计实际问题。空间统计的研究主要是围绕着区域化变量的空间分布理论和估计方法，在运用传统的统计学方法的同时充分利用变量在空间或时间上的连续性，使得其统计方法更合理，所得的结果也更精确，比传统的统计学方法更具有优越性，从而使其在实践中得到迅速的发展。

2.2.3　空间统计学方法

空间统计学的目的是描述事物在空间上的分布特征(随机性、聚集性等)，以及确定影响空间格局的相关关系。空间统计学方法众多，如空间自相关分析(spatial autocorrelation analysis)、趋势面分析(trend surface analysis)、谱分析(spectral analysis)、半方差分析(semivariance analysis)及克里金(Kriging)空间插值法等。本节将重点讨论空间自相关分析和半方差分析，其他方法只作简略介绍。

1. 空间自相关分析

空间自相关分析是研究空间中某位置的观察值与其相邻位置的观察值是否相关及相关程度的一种空间数据分析方法。其目的是确定某一变量在空间上是否相关且其相关程度如何，常用空间自相关系数来定量地描述事物在空间上的依赖关系。若某一变量的值随着测定距离的缩小而变得更相似，则称变量呈空间正相关；若所测值随距离的缩小而更为不同，则称变量呈空间负相关；若所测值不表现出任何空间依赖关系，则称变量表现出空间不相关性或空间随机性。

空间自相关分析一般涉及以下三个步骤(Cliff et al.，1981；Goodchild，1992)：①取样；②计算空间自相关系数或建立自相关函数；③自相关显著性检验。空间自相关系数有数种，最常用的有 Moran 的 I 系数和 Geary 的 C 系数。不同的自相关系数分别适合于不同的数据类型(Griffith，1988；Upton and Fingleton，1985，1989；Legendre，1993；Legendre and Fortin，1989)，如共邻边统计量(join-count statistic)适用于类型变量(如各种类型图)，而 Moran 的 I 系数(Moran，1950)和 Geary 的 C 系数(Geary，1954)，严格地讲，只适用于数值型变量。此外，还有 Mantel 检验可用来研究多变量数据中的自相关性。本节着重讨论 Moran 的 I 系数和 Geary 的 C 系数。

Moran 的 I 系数和 Geary 的 C 系数的计算公式分别是

$$I=\frac{n\sum_{i=1}^{n}\sum_{j=1}^{n}w_{ij}\left(x_i-\overline{x}\right)\left(x_j-\overline{x}\right)}{\sum_{i=1}^{n}\sum_{j=1}^{n}w_{ij}\sum_{i=1}^{n}\left(x_i-\overline{x}\right)^2} \tag{2-3}$$

$$C=\frac{(n-1)\sum_{i=1}^{n}\sum_{j=1}^{n}w_{ij}\left(x_i-x_j\right)}{2\sum_{i=1}^{n}\sum_{j=1}^{n}w_{ij}\sum_{i=1}^{n}\left(x_i-\overline{x}\right)^2} \tag{2-4}$$

式中，x_i 和 x_j 为变量 x 在相邻匹配空间单元的取值；$\overline{x}$ 为变量的平均值；w_{ij} 为相邻权重(通常规定，若空间单元 i 和 j 相邻，则 $w_{ij}=1$，否者 $w_{ij}=0$)；n 为空间单元总数。I 系数的取值在−1~1：小于 0 表示负相关，等于 0 表示不相关，大于 0 表示正相关。C 系数的取值一般在 0 ~ 2：大于 1 表示负相关，等于1表示不相关，小于 1 表示正相关。不同格局的空间自相关系数举例如图 2-5 所示。

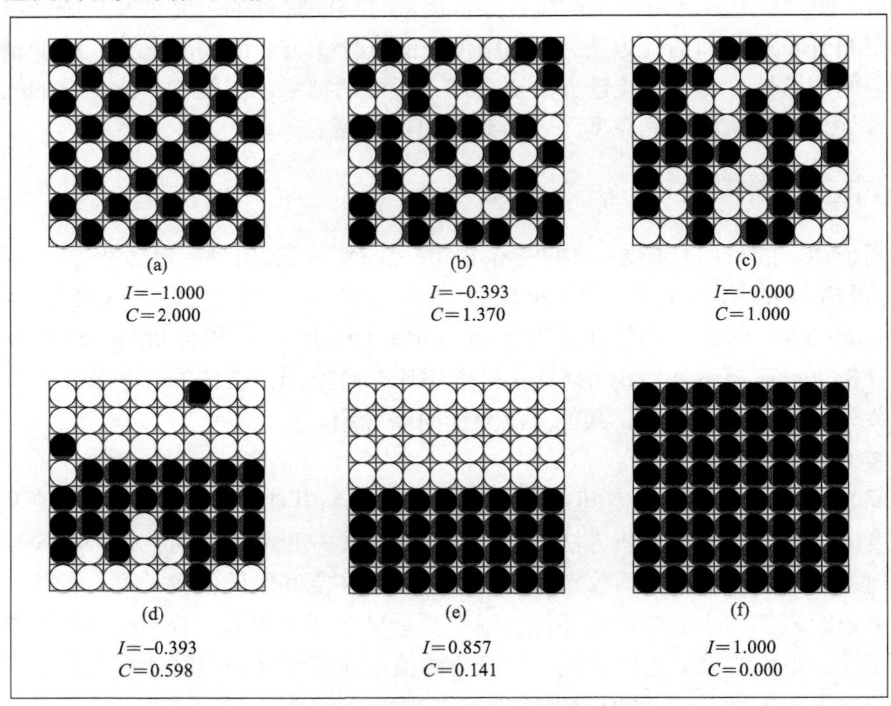

图 2-5　不同格局的空间自相关系数举例(根据 Goodchild，1986 改绘)

以自相关系数为纵坐标，样点间隔距离为横坐标所作的图称为自相关图(correlogram)。以 Geary 的 C 系数为纵坐标，样点间隔距离为横坐标所作的图称为方差图(variogram)。自相关图可用来分析研究对象的空间结构特征，判别斑块的大小及某种格局出现的尺度。空间自相关系数随着分析尺度或观察尺度的改变而变化（Qi and Wu，1996；Fortin，1999a）。因此，在进行空间自相关分析时，最好在一系列不同尺度上计算自相关系数，以揭示所研究变量的自相关程度随空间尺度的变化规律。

2. 半方差分析

地统计学(geostatistic)是一系列检测、模拟和估计变量在空间上的相关关系及空间格局的统计方法(Srivastava and Isaaks，1989；Goovaerts，1999)，通常被认为是空间统计学的一部分，它的一个独特之处就是有很强的应用性。地统计学是以区域化变量理论(regional variable theory)为基础发展起来的。该理论强调距离相近的观察值比距离较远的观察值要更相似，即方差较小(Matheron，1963)。

半方差分析，又称变异距或变异函数分析，是地统计学研究内容中的一个重要组成部分。半方差分析有两方面用途：一是描述和识别格局的空间结构；二是用于空间局部最优化插值，即克里金插值。

统计学中有三种二阶矩，即方差、协方差(或自协方差)和半方差(Burrough，1995)。方差的定义为

$$\mathrm{Var}\, z(x) = E[(z(x)-\mu)^2] \tag{2-5}$$

实际应用时估值计算如下：

$$\hat{c}(0) = \frac{1}{n}\sum_{i=1}^{n}\left[z(x_i) - \overline{z}\right]^2 \tag{2-6}$$

式中，z 为代表某一系统属性的随机变量；x 为空间位置；μ 为数学期望值；n 为抽样指数；$\overline{z}$ 为样本平均值。自协方差的定义为

$$c(x_1, x_2) = E\left\{\left[z(x_1) - \mu\right]\left[z(x_2) - \mu\right]\right\} \tag{2-7}$$

式中，x_1，x_2 为空间上两个抽样点。对于一维空间数据来说，自协方差的实际计算公式可表达为

$$\hat{c}(h) = \frac{1}{n(h)}\sum_{i=1}^{n(h)}\left[z(x_i + h) - \overline{z}\right]\left[z(x_i) - \overline{z}\right] \tag{2-8}$$

式中，h 为配对抽样间隔距离；$n(h)$ 为抽样间距为 h 的样点对的总数；$z(x_i)$ 和 $z(x_i+h)$ 分别为变量 x_i 和 x_i+h 的取值。显然，当 h=0 时，自协方差与方差相同，即 $\hat{c}$ (h)=$\hat{c}$ (0)。空间自相关则可以用自协方差与方差之比来表示，即

$$r(h) = \hat{c}(h) \Big/ \hat{c}(0) \tag{2-9}$$

半方差表达式为

$$r(h) = \frac{1}{2}\mathrm{Var}\left[z(x_1) - z(x_2)\right] \tag{2-10}$$

或

$$r(h) = \frac{1}{2}E\left\{\left[z(x+h) - z(x)\right]^2\right\} \tag{2-11}$$

其相应的实际计算公式应为

$$r(h) = \frac{1}{2n(h)}\sum_{i=1}^{n(h)}\left[z(x_i + h) - z(x_i)\right]^2 \tag{2-12}$$

式中，各变量定义与前面几个公式相同。显然，半方差是从另一方面来描述和估测空间数据的自相关关系。

以半方差 $y(h)$ 为纵坐标，抽样间距 h 为横坐标绘图即半方差图(semivariogram，或称变异距图)。为保证半方差图的有效性，通常每个抽样间距上至少要有 30～50 个样点对，或者使抽样间距不超过所研究对象幅度的 1/2。相比自相关图，半方差图是通过样对变异程度随样对间隔距离增加的变化来刻画变量的空间自相关特征的(图 2-6)。半方差图包含 3 个重要参数：半方差基台值(sill)、块金方差(nugget variance)和自相关阈值(range)。若数据存在空间依赖性，半方差值随抽样间距的增加而增大，逐渐达到一个最大值，即基台值。基台值为块金方差和结构方差(structural variance)之和，表示某变量在研究系统或地区中总的变异程度。块金方差是小于最小抽样距离时的空间异质性(或变量的变异性)和测量及分析误差的综合反映。

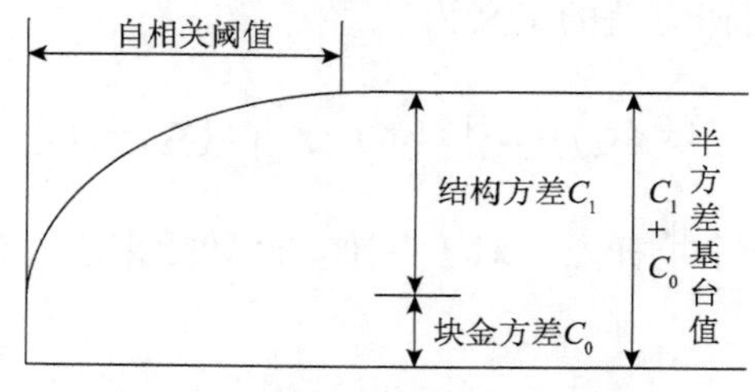

图 2-6　一个典型的半方差图

在理论上块金方差应该为 0，这是由于当样对在间距趋于零时应反映为百分之百的空间自相关。但实际应用中，采样间距既不可能无限小，测量及分析误差也不可能完全杜绝，因此块金方差往往是大于零的。块金方差占系统总体方差的比例可用来估计空间异质性中随机因素的相对重要性(李哈滨等，1998)。结构方差反映了空间非随机结构造成的变异，体现了变量的空间自相关变化特征。结构方差占系统总体方差(基台值)的比例，即 $C_1/(C_1 + C_0)$，是对变量在空间上的可预测性的一个重要度量。自相关阈值表征了变量的某一特征在空间上具有空间自相关性的幅度，在大于该阈值的空间尺度上该特征不再具有空间自相关性。根据半方差图，可以某一变量特征的空间格局，判断格局是否具有何规律性，以及格局的尺度特征（Robertson and Gross，1994）。

半方差与分维的关系可用下式表示：

$$D=\frac{4-m}{2} \tag{2-13}$$

式中，D 为分维数；m 为半方差与抽样间距双对数线性回归的斜率（Phillips，1986；Dale，1999）。可见，分维数随着半方差对数曲线斜率的增加而减小，斜率越陡，分维数就越小，空间格局的空间依赖性就越强。因此，半方差图可用来确定变量某一特征空间相关性的尺度范围，而分维数可用来比较不同变量间空间依赖性的强度（Bian and Walsh，1993）。

半方差的另一个重要用途是应用于克里金插值，主要为克里金空间插值法提供必要的、有关变量空间变异的信息。空间插值在进行空间数据统计分析的过程中不可缺少，无论是野外测量还是实验研究，获取的数据往往是有限个采样点。那么，为了获取未测地点的变量值，就需要采用某种空间内插值法。但传统的内插方法难以准确地描述变量的空间自相关性特征，从而不能准确地估计出在不同空间位置上的未测点值。克里金插值法通过半方差函数进行空间自相关分析，在获取变量某一特征的自相关程度基础上进行插值，因此可以对未测点给出最优无偏估计，而且能同时提供估计值的误差和精确度。克里金空间插值法包括两个步骤：①计算半方差函数；②根据克里金算法估计未测点的值。

2.2.4　空间统计学软件概述

空间统计学的研究对象是在空间维度内具随机变化性的自然对象。在实际应用中会涉及大量的测试数据，复杂的统计、插值计算，以及多维度的时空模拟。面对庞大的数据量和复杂计算量，空间统计学的实际应用离不开计算机。正是由于这种依存关系，空间统计学软件的研发进程大体与空间统计学理论的发展同步。随着空间统计学应用领域的不断拓展，相应的软件市场需求也不断扩大，极大地推动了空间统计学专业应用软件的研制和开发。在一些研究与应用空间统计学较早的国家，相关的专业应用软件开发已具有较长的历史，且较为成熟。目前，空间统计学领域的软件多数为集数据库、空间统计学算法和图形处理技术于一体的多功能交互式大型组合软件。这些软件系统，虽然基本功能组成大体相同，但因其适用的环境与应用领域差异而各具特色。

1.　当前主流空间统计学软件对比分析

1) ArcGIS 中 Geostatistical Analyst 模块

该模块是在 ArcGIS 软件平台系统下研发的，提供了空间统计分析的大部分功能，包括简单克里金、普通克里金、泛（漂移）克里金、指示克里金、概率克里金和协同克里金等克里金插值方法，其变异函数模型的拟合能够自动与手工相结合。同时，由于该模块是内嵌于 GIS 平台的，其插值结果具有良好的可视化效果。但该模块尚未提供条件模型功能，且仅能对连续变量进行处理，不能处理分类变量。图 2-7 是 Geostatistical Analyst 模块中变异函数模型拟合界面。可以看出，Geostatistical Analyst 模块中的变异函数的结构分析功能很好地实现了自动与手工拟合的有机结合，基本可以满足各专业研究的需要。

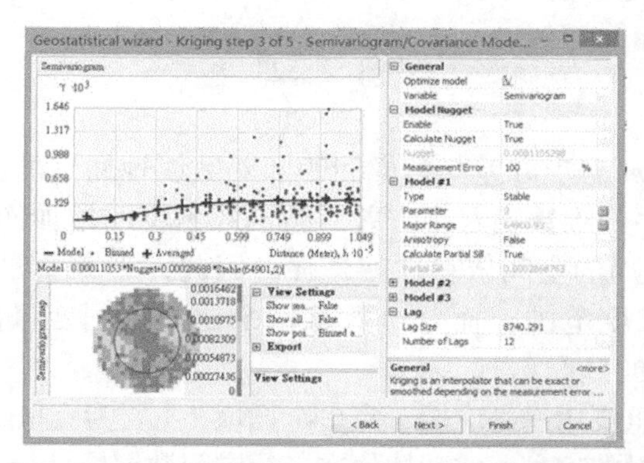

图 2-7　Geostatistical Analyst 模块中变异函数模型拟合界面

2) Variowin 软件

Variowin 是 Lausanne 大学矿物研究所研发的一款地统计软件，主要具有数据预处理、方差处理、栅格显示和模型计算模块，能够实现原始数据预处理与准备、变异函数求解、数据的二维显示及变异函数模型拟合等功能。模块之间相互独立，以文件形式进行数据传输，且数据传输具有严格执行顺序。该软件变异函数模型拟合需要完全手工反复调整，这对用户的专业知识要求非常高；并且软件只能进行变异函数的结构分析，插值方法与图形可视化均比较弱，不具有条件模拟功能，也不能处理分类变量(图 2-8)。

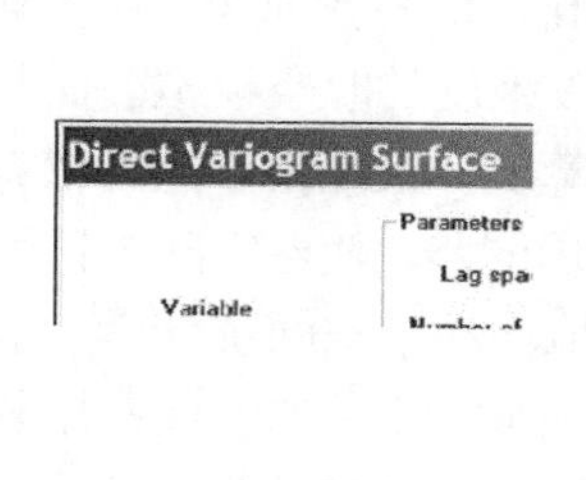

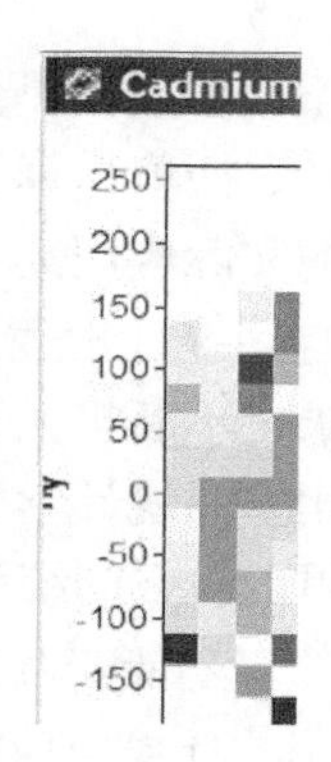

图 2-8　Variowin 变异函数计算模拟

3) Surfer 软件

Surfer 软件是美国 Golden Software 公司研发的一款制作三维图形的软件，该软件具有强大的插值功能和绘制图件能力。因为该软件能够很好地绘制等值线图、三维线框图及三维立体图等，所以它是一个功能强大的空间统计图形展示软件，很多空间统计软件的图形展示都把运算结果存储为 Surfer 软件可调用的. Grd 格式，然后交由 Surfer 软件来显示。Surfer 软件本身也提供了强大的克里金插值功能，但没有变异函数的求解、变异函数模型的拟合及结构分析，因此其克里金插值的可信度有待进一步研究(图 2-9)。

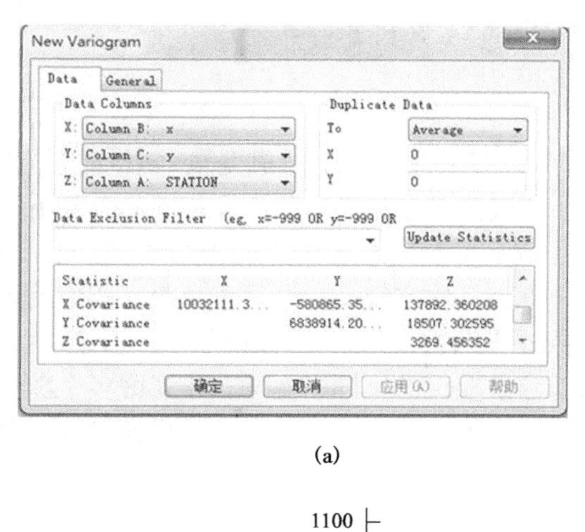

(a)

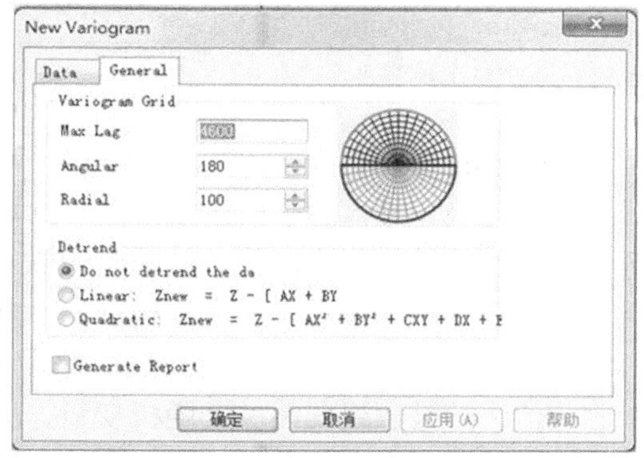

(b)

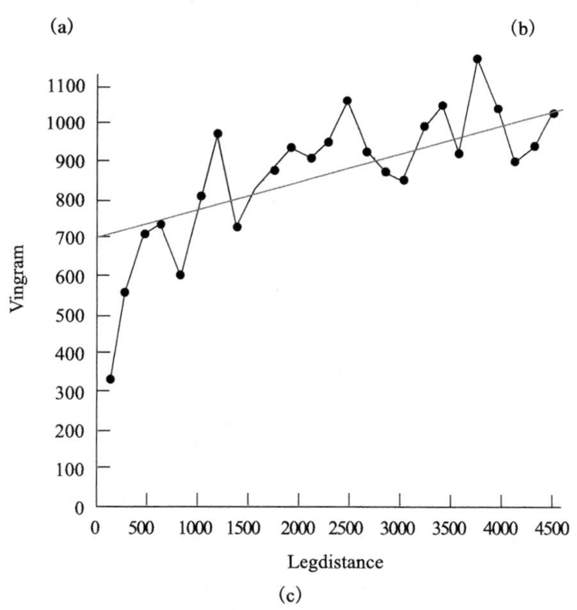

(c)

图 2-9　Surfer 软件变异函数计算模拟

2. 问题

当前，从事空间统计学软件开发与应用的机构包含各行各业。软件系统的基本组成虽大体相似，但因其适用环境与应用领域的差异而各具特色，其工作模式与流程也各不相同。特别是专业应用类软件系统，由于是严格按照行业或专业的技术规范或技术标准设计的，软件的掌握使用难度较大，为软件的学习带来了不便。

第 3 章　地统计学理论基础

3.1　地统计学的基本假设

3.1.1　随机过程

在概率论中研究随机现象时会采用一个随机变量或有限个随机变量(随机向量)来描述其统计规律性。为了描述某个随机运动，一般要求在一段时间内及相同的条件下进行多次重复试验。每次的试验结果是包含一个或多个参数的函数，如以时间、空间、时间和空间为参数的函数。通常把这样的函数，称为一次实现或一个样本函数，相应的图形称为样本曲线。所有可能的试验结果为一族样本函数，称为随机过程。对于参数的每个固定值，随机过程便是一个随机变量，随着参数取值的不同，便得一族无穷多个随机变量。一般情况下，它们是相互关联的，又称一族无穷多个相互关联的随机变量的集合为随机过程。实际应用中，样本函数的一般定义在时间域或者空间域，语音信号、视频信号、股票和汇率的波动、体温的变化等都是一个随机过程。

与经典统计学相同的是，地统计学也是在大量样本的基础上，通过对样本间规律的分析，探索其分布规律，并进行预测。地统计学认为，研究对象的所有样本值都不是相互独立的，而是遵循一定的内在规律，是随机过程的结果。因此，地统计学的目的就是揭示研究对象的内在规律，并进行预测。

3.1.2　正态分布

正态分布(normal distribution)是一种连续型随机变量的概率分布。正态分布具有两个参数 μ 和 σ^2，参数 μ 是遵从正态分布的随机变量的均值，参数 σ^2 是此随机变量的方差，记作 $N(\mu, \sigma^2)$。

正态分布的概率规律特征为：随机变量取邻近 μ 的值的概率大，而取远离 μ 的值的概率小；σ 越小，分布越集中在 μ 附近，σ 越大，分布越分散。正态分布的密度函数的特点是：关于 μ 左右对称，位于 x 轴上方，中间高两边低，呈钟形，在 μ 处达到最大值，在正(负)无穷远处取值为 0，拐点在 $\mu\pm\sigma$ 处。当 $\mu=0$，$\sigma^2=1$ 时，称为标准正态分布，记为 $N(0, 1)$，即通常所指的位置参数、尺度参数的正态分布。

当 μ 维随机变量具有类似的概率规律特征时，称此随机变量服从多维正态分布。多维正态分布的边缘分布仍为正态分布，它经任何线性变换或线性组合得到的随机变量仍为多维正态分布。

在地统计分析中，同样要求样本是服从正态分布的。若所获取的数据不符合正态分布的假设，则需要对数据进行变换处理，尽可能选取可逆变换模型将数据转为符合正态分布假设的形式。

3.1.3　平稳性

地统计学认为随机函数中的变量在不同位置具有不同的分布。然而在自然现象中，这些变量的分布形式通常又是未知的，由于仅能获取变量的一个或几个实现，难以由此来推断随机函数的整体分布。在这样的情况下，对随机函数做一些假设是必要的。

统计学认为，从大量重复的观察中可以进行预测和估计，并获取估计的变化性和不确定性。对于大部分的空间数据而言，平稳性的假设是合理的。这其中包括两种平稳性：一类是均值平稳，即假设均值不变且与位置无关；另一类是与协方差函数有关的二阶平稳和与半变异函数有关的内蕴平稳。二阶平稳是假设具有相同的距离和方向的任意两点的协方差是相同的，协方差只与这两点的值相关而与它们的位置无关。内蕴平稳假设是指具有相同距离和方向的任意两点的方差(即变异函数)是相同的。二阶平稳和内蕴平稳都是为了获得基本重复规律而作的基本假设，通过协方差函数和变异函数可以进行预测和估计预测结果的不确定性。

由数理统计知识可知，在计算变异函数时，必须要有若干对 $Z(x)$ 和 $Z(x+h)$ 区域化变量。但地统计学处理的区域化变量在某个空间位置上只有一对观测数据，不能重复观测。为解决这一问题，人们提出了地统计学的平稳假设及内蕴假设。

1. 平稳性

平稳性表示当将一个既定的 n 个点的点集从研究区域内的某一处移向另一处时，随机函数的性质保持不变，这也称为平移的不变性。

详细地说，如果对任意 n 个点 $x_1,\cdots,x_n$ 和任一向量 h，有下式成立：

$$F_{x_1,\cdots,x_n}(z_1,\cdots,z_n)=F_{x_1+h,\cdots,x_n+h}(z_1,\cdots,z_n) \tag{3-1}$$

也就是说，随机函数 $Z(x)$ 的多元分布不随在一个既定的距离上点的结构的变化而变化，即随机函数分布的规律性不因位移而改变，这时就称随机函数 $Z(x)$ 是严格平稳的，具有平稳性。

随机函数 $Z(x)$ 中所有变量的分布函数在平移后不改变，具有严格的平稳性。通过放宽对平稳条件的限制，就产生二阶平稳、本征平稳、准二阶平稳、准本征平稳等平稳性。

2. 二阶平稳性假设

二阶平稳性假设(second-order stationary assumption)，又称弱平稳性假设(weak stationary assumption)，认为随机函数的均值存在且为一常数，任何两个随机变量之间的协方差依赖于它们之间的距离和方向，而不是它们的确切位置，用数学表达可以表示为

条件 1：

$$E\left[Z(x)\right]=m \quad (x\in D) \tag{3-2}$$

条件 2：
$$\begin{aligned}&\mathrm{Cov}[Z(x),\ Z(x+h)]\\&=E\Big[\big\{Z(x)-E[Z(x)]\big\}\big\{Z(x+h)-E[Z(x)]\big\}\Big]\\&=E\Big[\big\{Z(x)-m\big\}\big\{Z(x+h)-m\big\}\Big]\qquad (x,\ x+h\in D)\\&=E[Z(x)Z(x+h)-m^2]\\&=C(h)\end{aligned}\tag{3-3}$$

式中，E 为数学期望。

由条件 2 可以看出，协方差函数仅仅是一个关于距离 h 的函数，描述了变量 $Z(x)$ 之间的相关性随步长 h 的变化。因为它仅表达了变量 $Z(x)$ 本身的协方差性，所以也称为自协方差函数(auto-covariance function)，简称为协方差函数。

协方差函数依赖于对随机变量实测的尺度，若将其转换为自相关函数(correlogram)会更便于理解：

$$\rho(h)=C(h)/C(0)\tag{3-4}$$

式中，$C(0)$ 为 $h=0$ 时的协方差，即先验方差 σ^2。

3.2 区域化变量的概念及性质

地统计学是以区域化变量理论为基础，研究分布于空间中并显示出一定结构性和随机性的自然现象。当变量随所处空间位置的不同表现出不同的特征，呈现一定的空间分布时，这些变量称为区域化变量或区域化随机变量，其所描述的现象称为区域化现象。自然科学中许多变量都具有一定的空间分布特征，如气温、降水量、海拔、土壤有机质含量等，这些变量实质上都是区域化变量。不同于普通的随机变量，区域化变量具有一定的特征。随机性和结构性是区域化变量最显著、最重要的特征。

3.2.1 区域化变量概念

当某一个变量呈现为空间分布时，称为区域化。以空间点 x 的三个直角坐标 x_u，x_v，x_w 为自变量的随机场 $Z(x_u,\ x_v,\ x_w)=Z(x)$，称为区域化变量，或区域化随机变量。从定义可以看出，区域化变量是用以描述某种现象的空间分布特征的变量，用区域化变量描述的现象称为区域化现象。

在对所研究的空间对象进行一次抽样或随机观测后，就得到它的一个实现 $Z(x)$，它是一个空间的点函数，具有空间三元实值的函数。区域化变量 $Z(x)$ 在观测前是一个随机场，依赖于坐标 x_u，x_v，x_w，观测后是一个空间的点函数，具有空间三元实值的函数，且在每一个具体的坐标点上都有一个具体的数值。相似于概率统计中的随机变量，抽样前是一个随机变量，抽样后则是具体的实数值。G. Matheron 在早期给区域化变量下的定义为：区域化变量是一种在空间上具有数值的实函数，它在空间的每一个点取一个确定的数值，即当由一个点移到下一点时，函数值是变化的。

不同于普通的随机变量符合某种概率分布的特点，区域化变量根据其所处空间位置不同而取值不同。也就是说，区域化变量是普通随机变量在区域内确定位置上的特定取值，它是随机变量与位置有关的随机函数。区域化变量有二维的，也有三维的，如气温、降水量、海拔、大气污染浓度、矿体厚度等是二维区域化变量，添加时间维度的气温、降水量等就是三维区域化变量。

3.2.2　区域化变量性质

图 3-1 显示了一个红土型矿床含镍品位的垂直变异特征，从三个相邻钻孔镍品位数据的剖面图可以看出相似之处：镍含量自上而下先是缓慢增大，后快速降低，然后又增大，这反映了镍品位具有某种程度的空间自相关。同时也可以看出三个剖面图的不同之处：相同深度处的镍品位是不同的，这说明镍品位在具有相关性的同时也具有随机性。

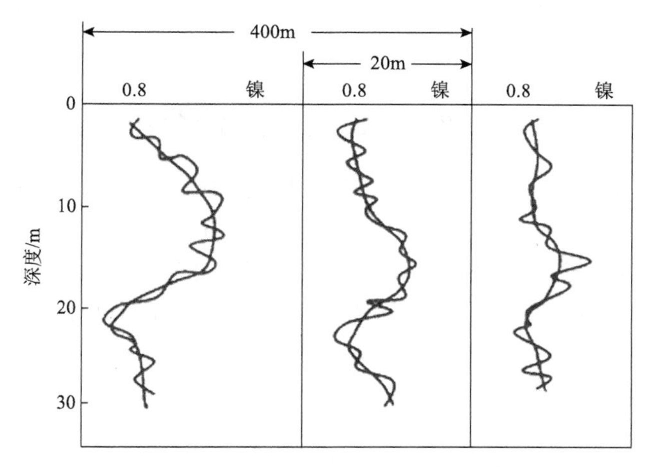

图 3-1　镍品位的垂直变异性

由上例可知，区域化变量具有两个似乎自相矛盾的性质：①结构性。区域化变量具有一般的或平均的结构性质，即变量在空间任意两点 x 及 $x+h$（h 为向量）处的数值 $Z(x)$ 与 $Z(x+h)$ 具有某种程度的相关性，这种相关性依赖于两点间的向量 h 及变量特征。②随机性。区域化变量是一个随机场，具有局部的、随机的、异常的性质。当空间一点 x 固定之后，$Z(x)$ 就是一个随机变量。

区域化变量的结构性和随机性往往是数学或统计学意义上的特性。具体研究时，区域化变量还具有空间的局限性，不同程度的连续性和不同类型的各向异性。

(1) 空间局限性：区域化变量往往只存在于一定的空间范围内，这一空间称为区域化变量的几何域。几何域内，变量的属性表现最明显；几何域外，变量的属性表现不明显或无表现，如矿石品位只存在于矿化空间内；树木种子散布的空间范围、群落的某一林分类型只存在于具体的某一空间范围内等。区域化变量是按几何域定义的。

(2) 不同程度的连续性：不同的区域化变量具有不同程度的连续性，连续性可通过相邻样点之间的变异函数来描述。有些变量连续性较强，有些则较弱，只具有平均意义下的连续性，或连这种平均意义下的连续性都不存在。例如，矿体厚度具有较强的连续性；大气中的某种污染物含量只具有平均意义下的连续性；金品位即使在两个非常靠近的样品中也表现出不连续，这种不连续现象称为“块金效应”（nugget effect）。

(3)不同类型的各向异性：区域化变量如果在各个方向上的性质变化相同，则称为各向同性；若在各个方向上的性质变化不同，则称为各向异性。各向同性或各向异性主要通过区域化变量的自相关程度进行判断，常采用变异函数、协相关函数等分析数据的空间分布。实际工作中，各向同性是相对的，而各向异性则是绝对的。

正是由于区域化变量具有以上这些不同于纯随机变量的特殊性质，仅用经典概率统计方法对其进行研究是不够的，需要探索一种既能兼顾区域化变量的随机性又能反映它的结构性的函数或模型来描述。具体做法就是提出简单的空间变异性的表达式，并导出求解问题的相容条件和运算方法。为此，G. Matheron 在 20 世纪 60 年代提出了空间协方差函数(covariance function)和变异函数(variograms)。特别是变异函数，它能同时描述区域化变量的随机性和结构性，为从数学上严格地分析区域化变量提供了有用工具。

3.3 变异函数与结构分析

地统计学是在经典统计学的基础上，充分考虑区域化变量的结构性和随机性的空间变化特征，以变异函数作为工具，研究区域化现象中的各种问题。因为变异函数能够通过其随机性反映区域化变量的空间变异结构，所以，变异函数也称为结构函数。

在一维条件下变异函数定义为：当空间点 Z 在一维 x 轴上变化时，区域化变量 $Z(x)$ 在点 x 和 $x+h$ 处的值 $Z(x)$ 与 $Z(x+h)$ 差的方差的一半为变量 $Z(x)$ 在 x 轴方向上的变异函数，记为 $\gamma(h)$，即

$$\begin{aligned}\gamma(h)&=\frac{1}{2}\mathrm{Var}\left[Z(x)-Z(x+h)\right]\\&=\frac{1}{2}E\left[Z(x)-Z(x+h)\right]^2-\frac{1}{2}\left\{E\left[Z(x)\right]-E\left[Z(x+h)\right]^2\right\}\end{aligned}\tag{3-5}$$

3.3.1 变异函数的性质

区域化变量 $Z(x)$ 满足二阶平稳或本征假设条件，则变异函数存在且平稳，计算公式为

$$\gamma(h)=\frac{1}{2}E\left[Z(x)-Z(x+h)\right]^2\quad\forall x\quad\forall h\tag{3-6}$$

变异函数有如下性质：

(1) $\gamma(0)=0$，即在 $h=0$ 时，变异函数为 0。

$$\gamma(0)=\frac{1}{2}E\left[Z(x)-Z(x+0)\right]^2\tag{3-7}$$

(2) $\gamma(h)=\gamma(-h)$，即 $\gamma(h)$ 对 $h=0$ 的直线对称，是一个偶函数。

证：
$$\gamma(-h)=C(0)-C(-h)=C(0)-C(h)=\gamma(h) \tag{3-8}$$

(3) $\gamma(h)\geqslant 0$，即研究现象的变异性只能大于或等于 0。

证：
$$\gamma(h)=-\frac{1}{2}E\left[Z(x)-Z(x+h)\right]^2\geqslant 0 \tag{3-9}$$

(4) $|h|\to\infty$时，$\gamma(h)\to C(0)$，或写作$\gamma(\infty)=C(0)$，即当空间距离很大时，变异函数值接近先验方差。

证：
$$\gamma(\infty)=C(0)-C(\infty)=C(0)-0=C(0) \tag{3-10}$$

(5) $[-\gamma(h)]$必须是一个条件非负定函数，即由$\left[-\gamma(x_i-x_j)\right]$构成的变异函数矩阵必须是条件非负定矩阵。

若条件$\sum_{i=1}^{n}\lambda_i=0$成立，则矩阵$\left[-\gamma(x_i-x_j)\right]$为非负矩阵。

区域化变量 $Z(x)$二阶平稳，其数学期望为 m，协方差为 $C(h)$，变异函数为$\gamma(h)$，令 Y 是该类型区域化变量的任意有限线性组合，即 $Y=\sum_{i=1}^{n}\lambda_i Z(x_i)$，权系数 λ_i 满足条件（$\sum_{i=1}^{n}\lambda=0$）：

$$\begin{aligned}\mathrm{Var}(Y)&=\sum_{i=1}^{n}\sum_{j=1}^{n}\lambda_i\lambda_j C(x_i-x_j)\\&=\sum_{i=1}^{n}\sum_{j=1}^{n}\lambda_i\lambda_j\left[C(0)-\gamma(x_i-x_j)\right]\\&=C(0)\sum_{i=1}^{n}\lambda_i\sum_{j=1}^{n}\lambda_j+\sum_{i=1}^{n}\sum_{j=1}^{n}\lambda_i\lambda_j\left[-\gamma(x_i-x_j)\right]\\&=\sum_{i=1}^{n}\sum_{j=1}^{n}\lambda_i\lambda_j\left[-\gamma(x_i-x_j)\right]\geqslant 0\end{aligned} \tag{3-11}$$

即由$-\gamma(x_i-x_j)$ $(i,j=1,2,\cdots,n)$组成的矩形为条件$\left(\sum_{i=1}^{n}\lambda=0\right)$非负定矩阵，或者说函数$-\gamma(h)$为非负定函数。

变异函数通常采用以变异值$\gamma(h)$及其滞后距 h 为对应的变异曲线表征。图 3-2 是一个理想化的变异曲线图，C_0为块金值，表示采样点间距 h 很小时两点间的品位变化，理论上方差函数曲线穿过原点，但实际工作中由于存在测量误差和空间变异，即使距离 h 很近，样品间也存在一定的差异，即块金效应。当变异函数的取值由初始的块金值达到基台值时，采样点的间隔，称为变程 a，它反映了研究对象中某一区域化变量的空间自相关性作用范围。变程是变异函数中重要的参数，它描述了在该间隔内样点的空间相关特征。在变程内，两点越接近，则空间上的相关性越强。若某点与已知点距离大于变程，则这两点不存在空间相关性，那么该点数据不能用于数据内插或外推。C 称为总基台值，随着采样点间的距离 h 增大，变异函数值从初始的块金值达到一个相对稳定的常数，该常数称为基台值 C($C=C_0+C_1$)，它是系统或系统属性中最大滞后距的可迁性变异函数的极限值，反映了某区域化变量在研究范围内变异的强度。

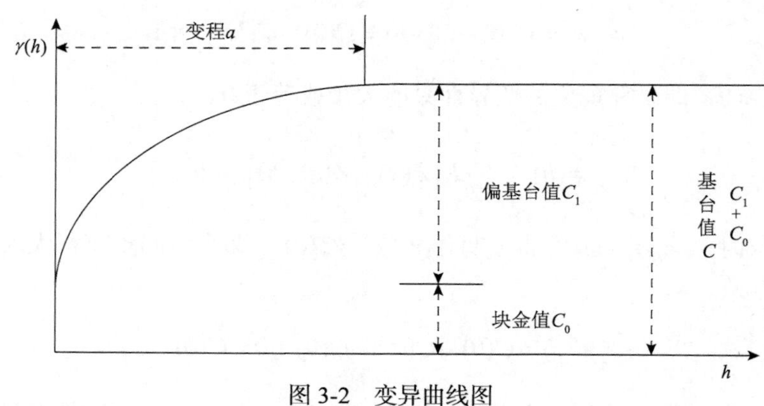

图 3-2　变异曲线图

3.3.2　变异函数的理论模型

尽管通过变异函数能够获取某区域化变量的结构形状及变化特征，但获取的仅是一个数据的概括，只有配以相应的理论模型才能获得最后的结论。地统计学将变异函数理论模型分为三大类，有基台值模型，包括球状模型、指数模型、高斯模型、线性有基台值模型和纯块金效应模型；无基台值模型，包括幂函数模型、线性无基台值模型、对数模型；孔穴效应模型。

1. 有基台值模型

若模型满足二阶平稳假设，且存在有限先验方差，$\gamma(h)$值随 h 的变大而增大，当 h 达一定值($h>a$)时，$\gamma(h)$达到一定值——基台值，则称此类模型为有基台值模型。

1) 球状模型

$$\gamma(h)=\begin{cases} 0 & h=0 \\ C_0+C(3h/2a-h^3/2a^3) & 0<h\leqslant a \\ C_0+C_1 & h>a \end{cases} \tag{3-12}$$

式中，C_0 为块金值；C_1 为偏基台值（拱高）；C_0+C_1 为基台值；a 为变程。

如图 3-3 所示，当 $C_0=0$，$C_1=1$ 时，称为标准球状模型，原点处切线的斜率为 $3/2a$，与基台值线交点的横坐标为 $2a/3$。许多区域化变量的理论模型都可以用球状模型来拟合，因此，球状模型是地统计学中应用最为广泛的理论模型。

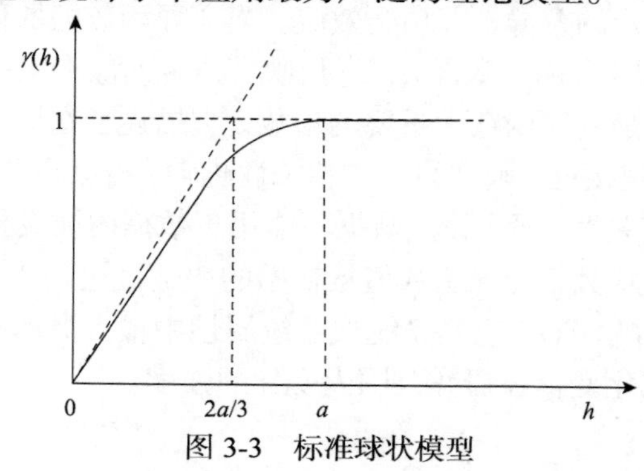

图 3-3　标准球状模型

2) 指数模型

指数模型一般公式为

$$\gamma(h)=\begin{cases}0 & h=0\\ C_0+C_1\left(1-\mathrm{e}^{-h/a}\right) & h>0\end{cases} \tag{3-13}$$

式中，C_0，C_1意义同前。该模型的变程为 $3a$。当 C_0=0，C_1=1 时，称为标准指数模型，如图 3-4 所示。

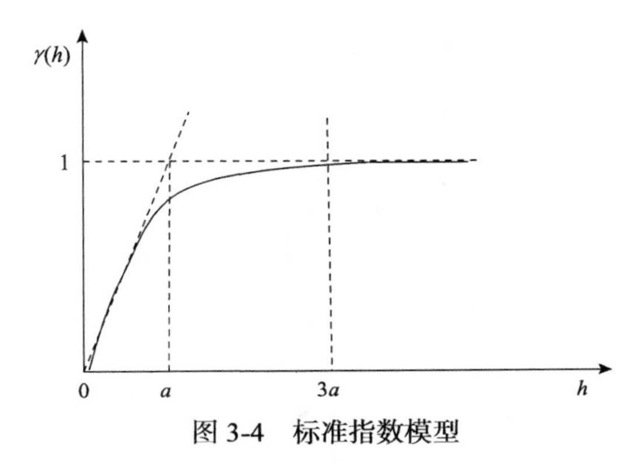

图 3-4　标准指数模型

3) 高斯模型

高斯模型一般公式为

$$\gamma(h)=\begin{cases}0 & h=0\\ C_0+C_1\left(1-\mathrm{e}^{-h^2/a^2}\right) & h>0\end{cases} \tag{3-14}$$

式中，C_0，C_1意义同前；$\sqrt{3}a$为变程。当 C_0=0，C_1=1 时，称为标准高斯函数模型，如图 3-5 所示。

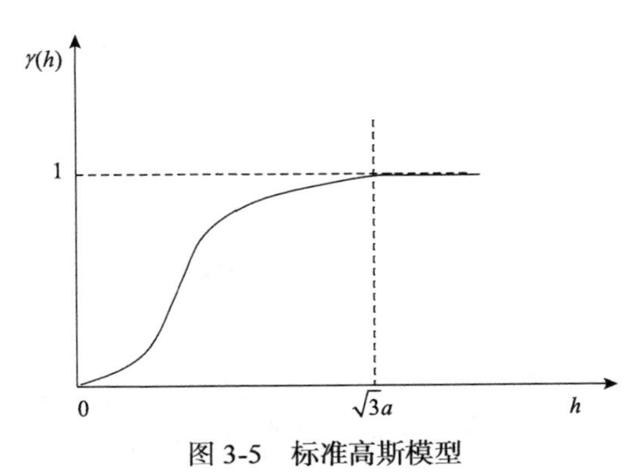

图 3-5　标准高斯模型

4) 线性有基台值模型

线性有基台值模型一般公式为

$$\gamma(h)=\begin{cases} C_0 & h=0 \\ Ah & 0<h\leqslant a \\ C_0+C_1 & h>a \end{cases} \tag{3-15}$$

式中，C_0，C_1 意义同前；A 为常数，表示直线的斜率；a 为变程，如图 3-6 所示。

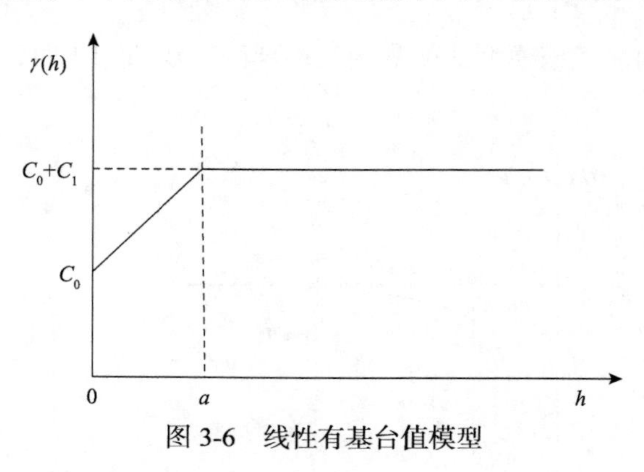

图 3-6 线性有基台值模型

5) 纯块金效应模型

$$\gamma(h)=\begin{cases} 0 & h=0 \\ C_0 & h>0 \end{cases} \tag{3-16}$$

该模型意味着区域化变量为随机分布，样点之间的协方差函数对于所有距离 h 均等于 0，即区域化变量之间不存在空间相关性，如图 3-7 所示。

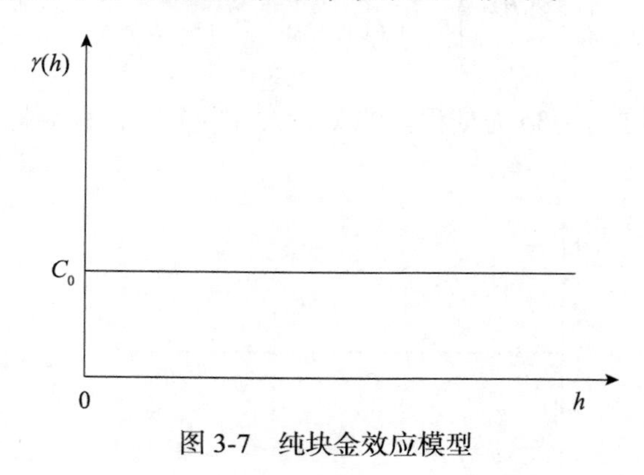

图 3-7 纯块金效应模型

2. 无基台值模型

如果与模型相应的区域化变量不满足二阶平稳假设，仅满足本征假设，也就是说，$\gamma(h)$ 值随 h 的增加而变大，但不能达到一定值，即无基台值，则称此类模型为无基台值模型。

1) 幂函数模型

幂函数模型一般公式为

$$\gamma(h) = h^{\theta} \qquad 0 < \theta < 2 \tag{3-17}$$

当改变参数 θ 时，可以表示原点处的各种性状，如图 3-8 所示。

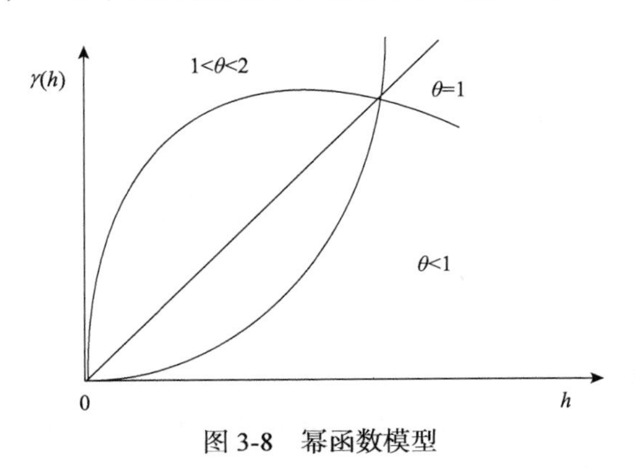

图 3-8　幂函数模型

2) 线性无基台值模型

线性无基台值模型一般公式为

$$\gamma(h)=\begin{cases} C_0 & h=0 \\ Ah & h>0 \end{cases} \tag{3-18}$$

线性无基台值模型的基台值不存在，没有变程，如图 3-9 所示。

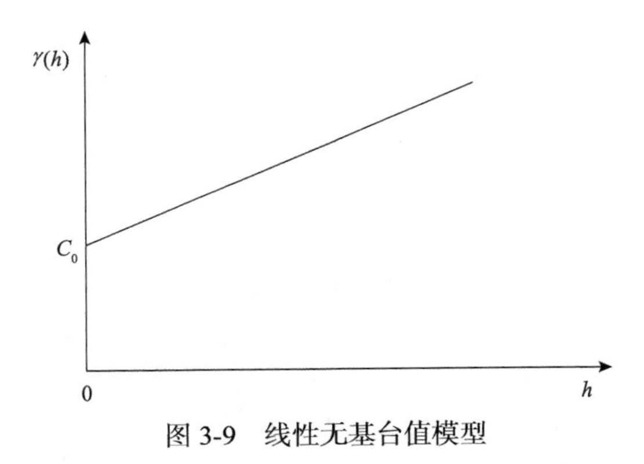

图 3-9　线性无基台值模型

3) 对数模型

对数模型一般公式为

$$\gamma(h)=\lg h \tag{3-19}$$

显然，当 $h \to 0, \lg h \to -\infty$ 时，与变异函数 $\gamma(h) \geqslant 0$ 的性质不符，因此，对数模型不能描述点支撑上的区域化变量的结构，如图 3-10 所示。

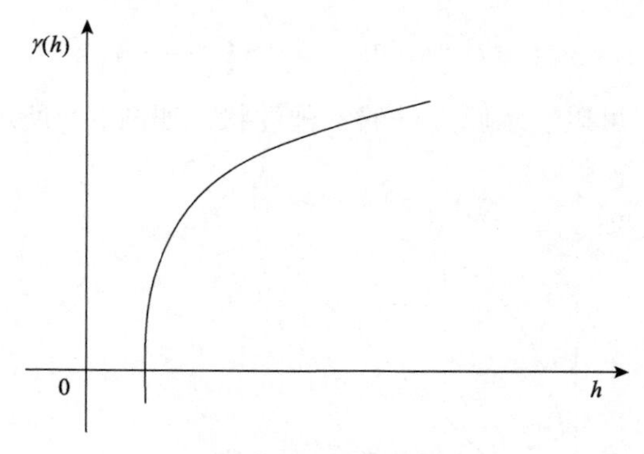

图 3-10　对数模型

3. 孔穴效应模型

当变异函数 $\gamma(h)$ 在大于一定距离后，并非单调递增，而具有一定周期波动，此种模型称为孔穴效应模型，如图 3-11 所示。

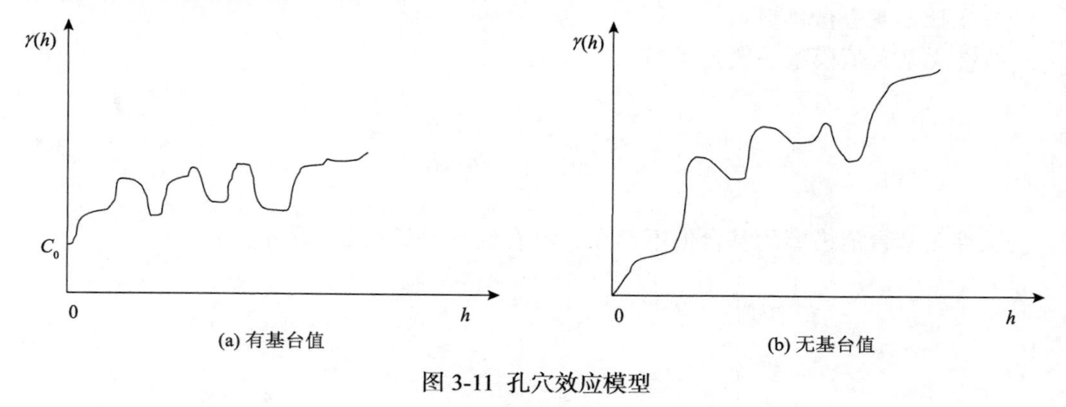

图 3-11　孔穴效应模型

3.3.3　结构分析

计算出试验变异曲线就可以采用合适的理论变异函数进行拟合及分析。然而，现实中区域化变量的变化性很复杂，可能在不同方向上有不同的变化性，或者在同一个方向上包含着不同尺度上的多层次的变化性，因而难以用一种理论模型来拟合它。若要全面地掌握区域化变量的变异性，就需要进行结构分析。

结构分析是指通过构造一个变异函数模型对全部有效的结构信息作定量化的概括，以表征区域化变量的主要特征。结构分析主要通过套合结构的方法实现，即将分别出现在不同距离 h 和(或)不同方向 α 上同时起作用的变异性组合起来。

套合结构可表示为多个变异函数之和，每一个变异函数代表一种特定尺度上的变异性，其表达式为

$$\gamma(h)=\gamma_0(h)+\gamma_1(h)+\cdots+\gamma_n(h)=\sum_{i=0}^{n}\gamma_n(h) \tag{3-20}$$

1. 某一个方向上的套合结构

每个变异函数代表同一方向上一种特定尺度的变异，并可采用不同的变异函数理论

模型在不同尺度上进行模拟，就是单一方向上的套合结构。例如，以土壤某一性质为区域化变量进行研究，在某一方向上的变异性由$\gamma_0(h)$、$\gamma_1(h)$及$\gamma_2(h)$组成，$\gamma_0(h)$表示微观上的变化性，如取样和测定的误差，其变程 a 极小，可近似地看成纯块金效应：

$$\gamma_0(h)=\begin{cases}0 & h=0\\ C_0 & h>0\end{cases} \tag{3-21}$$

其次是某些因素的影响，如水分的影响，变程为 a_1 的球状模型：

$$\gamma_1(h)=\begin{cases}C_1(\dfrac{3h}{2a_1}-\dfrac{h^3}{2a_1^3}) & 0\leqslant h\leqslant a_1\\ C_1 & h\geqslant a_1\end{cases} \tag{3-22}$$

再次是另外的影响因素，如地形的影响，变程为 a_2 的球状模型($a_2> a_1$)：

$$\gamma_2(h)=\begin{cases}C_2(\dfrac{3h}{2a_2}-\dfrac{h^3}{2a_2^3}) & 0\leqslant h\leqslant a_2\\ C_2 & h\geqslant a_2\end{cases} \tag{3-23}$$

于是，该方向上的总的套合结构是

$$\gamma(h)=\gamma_0(h)+\gamma_1(h)+\gamma_2(h) \tag{3-24}$$

其中，$a_1<a_2$，而具体表达式就是分段函数叠加表达式：

$$\gamma(h)=\begin{cases}0 & h=0\\ C_0+\dfrac{3}{2}(\dfrac{C_1}{a_1}+\dfrac{C_2}{a_2})h-\dfrac{1}{2}(\dfrac{C_1}{2a_1^3}-\dfrac{C_2}{2a_2^3})h^3 & 0<h\leqslant a_1\\ C_0+C_1+C_2(\dfrac{3h}{2a_2}-\dfrac{h^3}{2a_2^3}) & a_1<h\leqslant a_2\\ C_0+C_1+C_2 & h>a_2\end{cases}$$

2. 不同方向上的套合结构

上述讨论的是某单一方向上结构的套合，研究区域化变量时可能涉及几个方向，当某变量在各个方向上性质相同时称各向同性，反之称各向异性，这就需要研究各个方向上的变异函数或协方差函数。各向异性按性质分为几何异向性及带状异向性两种。

1) 几何异向性

区域化变量在不同方向上表现出变异程度相同而连续性不同，这种变异称为几何异向性。几何异向性可以通过简单的几何图形变换将其转化为各向同性。几何异向性的区域化变量的变异函数具有相同的基台值 C_0，设 C_0=0，不同方向的变程为 a_i，如图 3-12 所示，不同方向上变异性之差可通过变程之比 K 来表示 $K=a_1/a_2$，K 称为各向异向比，它表示 a_1 在方向上距离为 h 的两点间的平均变异程度与在 a_2 方向上距离为 kh 的两点间的平均变异程度相同。

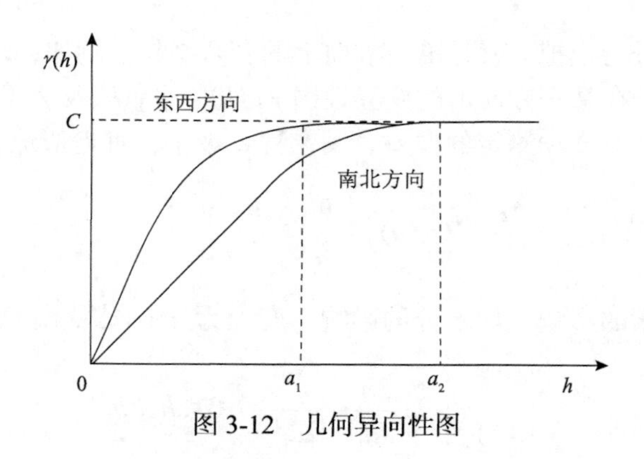

图 3-12　几何异向性图

2）带状异向性

当区域化变量的变异函数在不同方向上具有不同的基台值，且在不同方向上变异性之差不能用简单几何变换获得时，就称为带状异向性，这时$\gamma_i(h)$虽然基台值不同，但变程可以相同也可以不同，如图 3-13 所示。

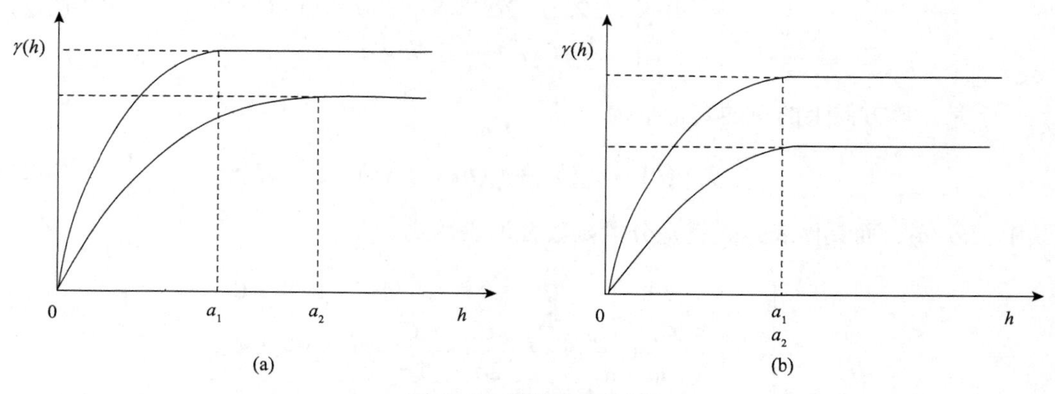

图 3-13　带状异向性图

例如，研究某多层状矿区，矿层及夹层组成变化显著，垂直方向上的变异除包含了与水平方向相同的那部分变异外，还包含在该方向上特有的变异部分。也就是说，垂直矿层面方向的矿化品位变异既有各向同性变异，又具有各向异性变异，因此其变异要比沿矿层面方向的大。那么，矿区的某一个区域化变量$Z(x)$的变异性可归纳如下。

沿矿层方向为各向同性变异：

$$\gamma_1(|h|)=\gamma\left(\sqrt{{h_u}^2+{h_v}^2}\right) \tag{3-25}$$

垂直方向上的变异为$\gamma(h_w)$，其中由多层性引起的变异性：

$$\gamma_2(h_w)=\gamma(h_w)-\gamma_1(|h|) \tag{3-26}$$

即垂直方向的变异性可以看成是各向同性部分与多层引起的变异性之和，其套合结构为

$$\gamma(h_w)=\gamma_1(h)+\gamma_2(h_w) \tag{3-27}$$

其变异见图 3-14。

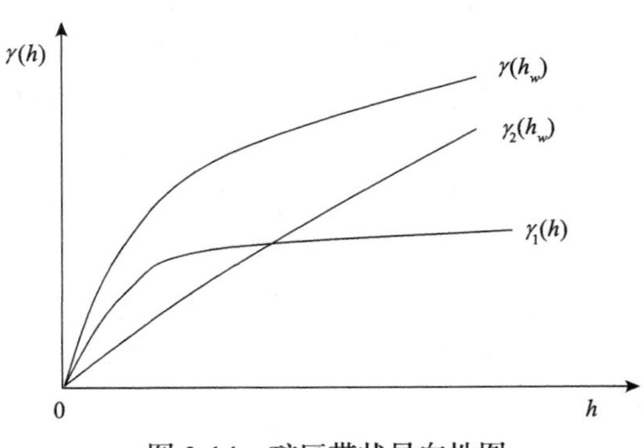

图 3-14　矿区带状异向性图

3. 变异函数理论模型的最优拟合

在地统计学中，为了定量地描述整个区域的变量特征，必须给实验变异函数曲线配以相应的理论模型，而要使该理论模型精确、真实地反映变量的变化规律，就需要在建立理论模型过程中对模型进行最优拟合，即根据实验变异函数值，选择合适的理论模型来拟合一条最优的理论变异函数曲线。最优拟合的过程实质是拟合最优模型的过程。在变异函数理论模型中，除线性模型外，其余都是曲线模型，因此，可以说地统计学中变异函数最优拟合主要是曲线拟合。

1) 人工拟合

人工拟合是在对研究的空间现象有一定了解的基础上，根据实验变异函数曲线的特征，选择合适的变异函数理论模型，并初步确定拟合变异函数的一些参数(如块金值、变程、基台值等)，然后根据拟合的情况反复调整参数，直到获得满意的变差函数曲线。人工拟合的缺点是需要深入了解研究的空间现象，同时拟合过程耗时、费力，获取的结果主观性强，因人而异，缺乏统一的、客观的标准。

2) 自动拟合

地统计分析可以参照传统统计回归模型中通过自变量与因变量之间的关系来确定模型类型的方法，根据距离 h 和实验变异函数 $\gamma(h)$ 之间的关系来确定变异函数模型形态。确定曲线类型一般可从两方面考虑：一方面是根据专业知识从理论上推断，或根据以往的经验来确定曲线类型；另一方面是通过假设对不同的 h 计算出实验变异函数值，根据 h_i 与 $\gamma(h)$ 的散点图表现出的趋势判断曲线类型，估计曲线参数来拟合。曲线参数的估计方法主要有最小二乘法拟合和加权回归法拟合。

(1) 最小二乘法拟合。地统计学中变异函数最优拟合主要是曲线拟合，因此可将曲线模型先变换为线性模型，然后采用最小二乘法原理估计模型参数。由于参数拟合模型是用样本数据建立的，还必须对其进行显著性检验，才能使变异函数理论模型有意义。最小二乘法拟合的优点是简单方便，缺点是得到的变异函数理论模型的曲线有时并不十分满意，这是因为对实验变异函数曲线中头几个点(即原点附近的几个点)的重要性认识不足。实际上，实验变异函数曲线上头几个点在反映变量的空间自相关方面极为重要，其可靠性比后面尾部的点强得多，不应该把这些点与其他点平等对待。在实际应用中，已经有很多地统计学专家注意到此问题，并采用加权回归法来解决。

(2) 加权回归法拟合。回归分析是经典统计学中应用较为广泛的一种参数拟合方法，采用回归拟合法能够获取变异函数理论模型。但在实际的空间数据采样工作中，数据采样步长较小时样本点对数较多，同时采样点之间的距离各不相等，而变异函数曲线原点附近的几个点都在变程范围内，在反映变量的空间异质性方面极为重要，拟合曲线时的可靠性不同；若同等对待，则无法反映出变异函数曲线前面几个点的重要性，难以反映出实际情况。因此，为克服这个问题而提出了加权回归法。不同的变异函数理论模型，采用不同的回归法拟合，如对于指数和高斯模型(有基台)、幂函数和对数模型(无基台)，可用一元加权回归法拟合。

4. 结构分析的实施

进行结构分析的具体步骤可归纳如下。

(1) 选择合适的区域化变量。根据研究的目的选择合适的区域化变量，如进行矿产储量研究时，可选品位、厚度及其相互组合等；进行大气污染研究时可选总悬浮微粒、二氧化硫、氮氧化物等含量值。必须指出的是区域化变量在选取时要特别注意选择合理的支撑尺度及形状，同时要充分考虑取样方法及测试方法的一致性，以免引起系统偏差影响结构分析。

(2) 审核数据。因为地质统计学研究要求有效数据必须确定在定长的支撑上，所以进行分析前需要对研究数据认真审议，若不满足数据分析要求则可采用一些数据加工处理方法进行处理。例如，岩心样品的切割与分析并不均一时，最好使其均一，可以用实际样品品位的加权平均将原始数据改组为定长的岩心样品品位。

(3) 进行数据的统计分析。进行数据统计分析的目的是了解数据的分布特征，从而决定对数据是否进行必要的预处理。通常采用数据的均值、方差、变化系数等，也常采用直方图这种最简单、直观而又有效的统计方法。

(4) 计算半变异函数。

(5) 进行不同方向的套合。其目的是构造代表区域化变量变异特征的结构模型。

(6) 结构模型的检验。模型的检验通常有以下两种方法：①交叉验证法，即将实测值与用结构模型计算出的估计值进行比较，若其误差的均值趋于 0 且方差最小，表征该结构模型最优。②离差、方差检验，离差能够反映估计量与真实值之间的差距，方差能够反映误差的分布情况。

3.4 协方差函数

3.4.1 协方差函数的概念

协方差分析是一种建立在方差分析和回归分析基础之上的统计分析方法。方差分析是从可控制的定性变量角度探讨不同水平因素对指标影响的差异。回归分析是从不可控的定量变量的角度出发，通过建立回归方程来研究指标与因子(一个或多个)之间的数量关系。若两个随机变量 X 和 Y 相互独立，则 $E\left[\left(X-E(X)\right)\left(Y-E(Y)\right)\right]=0$，若上述数学期望不为零，则 X 和 Y 必不是相互独立的，即它们之间存在着一定的关系。随机过程中，将随机变量 X 和 Y 的协方差函数定义为 $E\left[\left(X-E(X)\right)\left(Y-E(Y)\right)\right]$，记作 $\mathrm{Cov}(X, Y)$，即

$$\mathrm{Cov}(X,\ Y)=E\left[\left(X-E(X)\right)\left(Y-E(Y)\right)\right]$$

协方差与方差之间有如下关系：

$$\begin{aligned} D(X+Y)&=D(X)+D(Y)+2\mathrm{Cov}(X,\ Y) \\ D(X-Y)&=D(X)+D(Y)-2\mathrm{Cov}(X,\ Y) \end{aligned} \tag{3-28}$$

因此，$\mathrm{Cov}(X,\ Y)=E(XY)-E(X)E(Y)$。

3.4.2　协方差函数的性质

假设区域化变量 $Z(x)$ 满足二阶平稳假设，数学期望为 m，即 $E[Z(x)]=m$，其协方差函数 $C(h)$ 存在且平稳，具有以下性质。

(1) $C(0)\geqslant 0$，即先验方差不能小于零。

证明：

$$\begin{aligned} C(0)&=E\left(\left\{Z(x)-E\left[Z(x)\right]\right\}\left\{Z(x)-E\left[Z(x)\right]\right\}\right) \\ &=E\left\{\left[Z(x)-m\right]^2\right\} \\ &=\mathrm{Var}\left[Z(x)\right]\geqslant 0 \end{aligned} \tag{3-29}$$

(2) $C(h)=C(-h)$，即 $C(h)$ 关于 $h=0$ 的直线对称，是一个偶函数。

因为 x 和 $x+h$ 处的点构成一个样点对，同样 $x+h$ 和 x 处的点也构成一个样点对，只是方向相反，影响 $C(h)$ 计算的数据对没有发生变化。所以，当 $C(h)$ 中向量 h 方向相反时，值不变。

证明：

$$\begin{aligned} C(-h)&=E\left(\left\{Z(x)-E\left[Z(x)\right]\right\}\left\{Z(x-h)-E\left[Z(x-h)\right]\right\}\right) \\ &=E\left\{\left[Z(x)-m\right]\left[Z(x-h)-m\right]\right\} \end{aligned}$$

令 $x-h=y$，则 $x=y+h$，代入上式得

$$C(-h)=E\left\{\left[Z(y+h)-m\right]\left[Z(y)-m\right]\right\}=C(h) \tag{3-30}$$

(3) $|C(h)|\leqslant C(0)$，即协方差函数绝对值小于等于先验方差。

证明：

因为

$$E\left(\left\{\left[Z(x)-m\right]\pm Z(x+h)-m\right\}^2\right)\geqslant 0$$

所以

$$E\left\{\left[Z(x)-m\right]^2\right\}+E\left\{\left[Z(x+h)-m\right]^2\right\}\pm 2E\left\{\left[Z(x)-m\right]\left[Z(x+h)-m\right]\right\}\geqslant 0$$

有

$$C(0)+C(0)\pm 2C(h)\geqslant 0$$

即

$$\begin{aligned}C(0)\pm C(h)&\geqslant 0\\ C(0)&\geqslant \pm C(h)\\ C(0)&\geqslant \left|C(h)\right|\end{aligned}$$

(4) $|h|\to\infty$ 时，$C(h)\to 0$，或写作 $C(\infty)=0$。

协方差函数 $C(h)$ 反映了 $Z(x)$ 与 $Z(x+h)$ 两个变量之间的相关程度，当空间距离 $|h|$ 很大时，这种相关性一般就消失了。

(5) $C(h)$ 必须是一个非负定函数，即由 $C(x_i-x_j)$ 构成的协方差函数矩阵必须是非负定矩阵。

证明：

设区域化变量 $Z(x)$ 二阶平稳，其数学期望为 m，协方差为 $C(h)$，变异函数为 $\gamma(h)$，令 Y 是该类型区域化变量的任意有限线性组合，即 $Y=\sum_{i=1}^{n}\lambda_i Z(x_i)$，其中，$\lambda_i$ 为权重系数。

因为

$$\begin{aligned}\mathrm{Var}(Y)&=E\left\{\left[Y-E(Y)\right]^2\right\}\\&=E\left\{\left[\sum_{i=1}^{n}\lambda_i Z(x_i)-\sum_{i=1}^{n}\lambda_i m\right]^2\right\}\\&=E\left\{\sum_{i=1}^{n}\lambda_i\left[Z(x_i)-m\right]\right\}^2\\&=\sum_{i=1}^{n}\sum_{j=1}^{n}\lambda_i\lambda_j E\left\{\left[Z(x_i)-m\right]\left[Z(x_j)-m\right]\right\}\\&=\sum_{i=1}^{n}\sum_{j=1}^{n}\lambda_i\lambda_j \mathrm{Cov}\left[Z(x_i),Z(x_j)\right]\\&=\sum_{i=1}^{n}\sum_{j=1}^{n}\lambda_i\lambda_j C(x_i-x_j)\geqslant 0\end{aligned}\tag{3-31}$$

所以，由 $C(x_i-x_j)$ $(i,j=1,2,\cdots,n)$ 构成的协方差函数矩阵为非负定的，即 $C(h)$ 为非负定函数。

从此性质可以看出，除非函数是非负定的，否则并非任一函数都可以作为二阶平稳区域化变量的协方差函数。

3.4.3　协方差函数的计算

设区域化变量 $Z(x)$ 满足(准)二阶平稳假设，h 为两样本点间向量，$Z(x_i)$ 与 $Z(x_i+h)$ 分别是 $Z(x)$ 在空间位置 x_i 和 x_i+h 上的观测值$[i=1,2,\cdots,N(h)]$，则计算协方差的公式为

$$
\begin{aligned}
&C(h)=\frac{1}{N(h)}\sum_{i=1}^{N(h)}\left[Z(x_i)-\bar{Z}(x_i)\right]\left[Z(x_i+h)-\bar{Z}(x_i+h)\right]\\
&\bar{Z}(x_i)=\frac{1}{n}\sum_{i=1}^{n}Z(x_i)\\
&\bar{Z}(x_i+h)=\frac{1}{n}\sum_{i=1}^{n}Z(x_i+h)
\end{aligned}
\tag{3-32}
$$

式中，$C(h)$ 为实验协方差函数；$N(h)$ 为分隔向量为 h 时的样本对数；$\bar{Z}(x_i)$ 和 $\bar{Z}(x_i+h)$ 分别为 $Z(x_i)$ 和 $Z(x_i+h)$ 的样本算术平均值；n 为样本个数。一般情况下，$Z(x_i)\neq Z(x_i+h)$。

当 h=0 时，可得

$$
C(0)=\frac{1}{N(h)}\sum_{i=1}^{N(h)}\left[Z(x_i)-\overline{Z(x_i)}\right]^2
$$

以 $|h|$ 为横坐标，对应的协方差函数值 $C(h)$ 为纵坐标，可描绘若干散点，连接散点则得到实验协方差函数图。若获取某一方向上任意距离 $|h|$ 的协方差函数值，则可得到理论协方差函数图，如图 3-15 所示。协方差函数图是空间分析和结构分析的有效工具，能够直观地展示区域化变量 $Z(x)$ 的协方差函数值随 $|h|$ 的变化，便于分析其空间自相关性的变化情况。

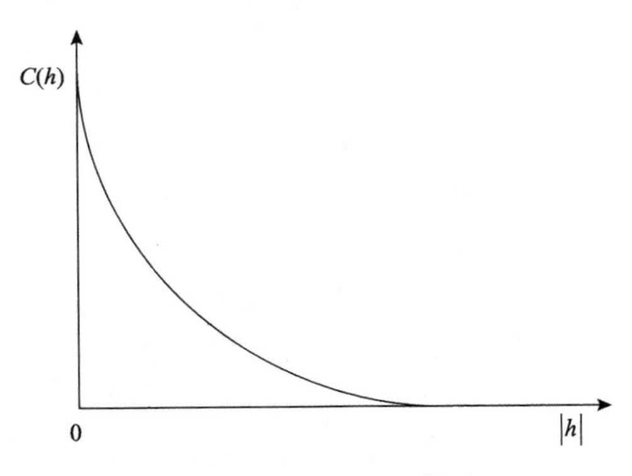

图 3-15　协方差函数图

第 4 章　克里金法及应用条件

地统计学的主要目的之一，是在结构分析的基础上采用各种克里金法估计并解决实际问题。一般的空间插值法，如几何方法中的泰森多边形法和反距离加权法，统计方法中的趋势面和多元回归法，函数方法中的样条函数、双线性插值和立方卷积法等，这些方法统称为空间确定性插值法。此类方法往往直接通过周围观测点的值内插或者通过特定的数学公式来内插，较少从变量自身特点出发和考虑观测点的整体空间分布情况，且难以对插值误差做出理论估计。地统计学中的克里金法能够克服这一缺点，并且考虑问题更加贴合实际。它是基于采样数据反映的区域化变量的结构信息(变异函数或协方差函数)，根据待估点或块段有限邻域内的采样点数据，考虑样本点的空间相互位置关系、与待估点的空间位置关系，对待估点进行的一种无偏最优估计，并且能给出估计精度，比其他传统方法更精确、更符合实际。事实上，大量研究成果也表明克里金估计相比于传统空间确定性插值法具有较高的可靠性。

4.1　概　　述

4.1.1　克里金法概念及种类

克里金法，又称为空间局部估计或空间局部插值法，是建立在变异函数理论及结构分析基础上，在有限区域内对区域化变量的取值进行线性无偏最优估计的一种方法。由于研究目的和条件不同，相继产生了各种各样的克里金法，主要有简单克里金法(Simple Kriging，SK)、普通克里金法(Ordinary Kriging，OK)、泛克里金法(Universal Kriging，UK)、对数正态克里金法(Logistic Normal Kriging，LK)、指示克里金法(Indicator Kriging，IK)、概率克里金法(Probability Kriging，PK)、析取克里金法(Disjuctive Kriging，DK)、协同克里金法(Co-Kriging，CK)等。

简单克里金法、普通克里金法属于线性平稳地统计学范畴，预测值是已知值的线性无偏估计量。此两种方法假定区域化变量满足二阶平稳假设、内蕴假设或准二阶平稳假设、准内蕴假设，假设数据变化呈正态分布，此时区域化变量的数学期望为一常数，即平稳的。对于简单克里金法而言，数学期望是已知的，而对于普通克里金法，数学期望是未知的，其插值过程类似于加权滑动平均，权重值的确定来自于空间数据分析结果。

然而，对于复杂的实际问题，研究变量往往难以满足二阶平稳过程或本征假设，因此非平稳地统计学应运而生。泛克里金法属于线性非平稳地统计学范畴，预测值同样是已知值的线性无偏估计量。它假设数据中存在主导趋势，且该趋势可以用一个确定的函数或多项式来拟合，即区域化变量的数学期望不是一个常数，而是空间点位置的函数，即非平稳的。泛克里金法分析时，首先，分析数据中存在的变化趋势，获得拟合模型。其次，对残差数据(即原始数据减去趋势数据)进行克里金法分析。最后，将趋势面分析和残差分析的克里金法结果加和，得到最终结果。由此可见，克里金法明显优于趋势面分析。

线性地统计学在估计时存在两个缺点：①当区域化变量数据前提条件太少，数值离散性太大时，区域化变量估值不够精确；②只能估计区域化变量的值，不能估计区域化变量函数的值。为避免上述缺点，就需要采用非线性估计量。析取克里金法属于非线性地统计学范畴，能够更为充分地考虑数据的空间变异性。

以上的克里金法，无论是线性的还是非线性的，都只限于单变量空间分布特征的研究，不能充分利用多元信息在空间分布上的有用资料。为弥补这一不足，又产生了多元地统计学，协同克里金法属于多元地统计学范畴。当同一空间位置上的样点的多个属性之间密切相关，存在一定的空间相关性，且某些属性不易获取，而另一些属性易于获取时，则可以考虑选用协同克里金法。协同克里金法把区域化变量的最佳估值方法从单一属性发展到两个以上的协同区域化属性，充分考虑变量之间的统计相关性与空间关系，提高了主变量的估计精度，但它在计算中要用到两属性各自的变异函数和交叉变异函数，较为复杂。

实际决策中，除了要得到无偏最优估计及估计误差以外，还需要得到此估计的风险或概率分布，即细化估计的局部不确定性。由此产生了指示克里金法，即先将原始数据转换为指示变量 0 或 1，再进行克里金法估计，这标志着非参数地统计学方法的产生。目前指示克里金法广泛应用于污染物风险与决策分析。与指示克里金法应用效果基本相同的是概率克里金法，但是该方法不采用变换后的指示形式，而是将原数据利用其标准阶来代替，即样本点频率累积分布中数据的排序(阶)除以样点个数。当概率克里金法引入了协同克里金法后，其应用效果比指示克里金法更好。

4.1.2　克里金估计量

克里金在早期的工作中，主要是采用样品的加权平均值求取待估块段的估计值，即对于任意待估点或块段的实际值，其估计值是通过该待估点或待估块段影响范围内的 n 个有效样品值的线性组合得到，称为克里金估计量，即

$$Z_v^x(x)=\sum_{i=1}^{n}\lambda_i Z(x_i) \tag{4-1}$$

式中，x_i 为研究区内任一点的位置；λ_i 为权重系数，表示各个已知样品值 $Z(x_i)$ 对克里金估计量 $Z_v^x(x)$ 的贡献。

显然，估计值 $Z_v^x(x)$ 的好坏主要取决于权重系数的选择或计算。事实上，对于任何一种估计，实际值和估计值之间总是存在着偏差，问题是如何减少估计误差，提高估计精度。最合理的估计方法是获取一个无偏估计和估计方差为最小的估计值，即必须满足下面两个条件。

(1) 所有待估点或待估段的实际值 $Z_v(x)$ 和预测值 $Z_v^x(x)$ 之间的偏差 ε 平均值为 0，即估计误差的期望值为 0，此时称估计是无偏的，可表示为

$$E\left[Z_v^x(x)-Z_v(x)\right]=0 \tag{4-2}$$

(2) 待估点或待估段的实际值 $Z_v(x)$ 和预测值 $Z_v^x(x)$ 之间的单个偏差应尽可能小。这一性质通常采用方差进行描述，即误差平方的期望值：

$$\mathrm{Var}\left[Z_v^x(x)-Z_v(x)\right]=E\left[Z_v^x(x)-Z_v(x)\right]^2 \rightarrow \min \tag{4-3}$$

满足上述两个条件下求得的 $Z_v^x(x)$ 是 $Z_v(x)$ 的最优线性无偏估计量。

4.1.3　克里金法估值过程

1. 数据检查

获取原始采样点或采样块段数据，一般采样点应不少于 50 个。检查数据质量，分析数据中隐含的特点和规律，如有没有离群值、是否为正态分布、有没有趋势效应，以及探测空间自相关及方向变异、对数据进行转换(如正态化、指示数据转换)等。

2. 模型拟合

首先，基于对数据的认识，在实验协方差函数或变异函数估计的基础上，进行至少三个方向的各向异性分析。其次，选择适当的理论模型拟合变异函数并建立基础模型的套合结构。最后，选择合适的克里金法或随机模拟模型进行无偏最优估计和不确定性分析。模型选择时，当区域化变量为正态分布时，可以考虑线性克里金法，反之，则选择随机模拟获取全局估计及误差。当需要估计局部不确定性时，可以选择非参数地统计学方法估计变量的风险或概率分布，反之，选择参数地统计学方法。如果变量满足二阶平稳或内蕴假设，可直接采用平稳地统计方法中的普通克里金法。如果样本是非平稳的，则采用泛克里金法。对于具有多个变量的协同区域化现象，可采用协同克里金法。如果样本服从对数正态分布，则采用对数正态克里金法。

3. 模型诊断

采用估计方差、离散方差等模型检验待估值的预测是否合理，包括预测的准确性、模型的有效性。

4. 模型比较

通过设置不同参数或选择多个可选模型创建表面，确定对待估值预测最优的模型。

4.2　简单克里金法(SK)

设区域化变量 $Z(x)$ 满足二阶平稳假设，其数学期望为 m，且为已知常数，协方差函数 $C(h)$ 和变异函数 $\gamma(h)$ 存在且平稳。现要估计中心点在 x_0 的待估块段 V 的均值 $Z_V(x)$, $Z_V(x)$ 表达式为

$$Z_V(x)=\frac{1}{V}\int_V Z(x)\,\mathrm{d}x \tag{4-4}$$

已知

$$E\left[Z(x)\right]=m$$

令

$$Y(x) = Z(x) - m$$

则

$$E[Y(x)] = E[Z(x) - m] = E[Z(x)] - m = m - m = 0$$

实质上，这样的代换意味着区域化变量剔除了值为常量 m 的趋势，新变量 $Y(x)$ 是剩余的残差，且其数学期望为 0，则待估块段新待估值变为

$$Y_V(x) = \frac{1}{V}\int_V Y(x)\,\mathrm{d}x = \frac{1}{V}\int_V [Z(x) - m]\,\mathrm{d}x = \frac{1}{V}\int_V Z(x)\,\mathrm{d}x - m = Z_V(x) - m$$

设在待估块段 V 附近有 n 个样点 x_i $(i=1,2,3,\cdots,n)$，其观测值为 $Z(x_i)$ $(i=1,2,3,\cdots,n)$，则观测值新变量为

$$Y(x_i) = Z(x_i) - m$$

$Y_V(x)$ 的估计值 $Y_V^*(x)$ 是 $Y_V(x_i)$ $(i=1,2,3,\cdots,n)$ 的线性组合：

$$Y_V^*(x) = \sum_{i=1}^{n} \lambda_i Y(x_i) \tag{4-5}$$

如此一来，估计 $Z_V(x)$ 的问题转化为估计 $Y_V(x)$ 的问题，实质上就是将估计区域化变量的值转化为估计残差的问题。为使 $Y_V^*(x)$ 成为 $Y_V(x)$ 的线性无偏最优估计量，权重系数 λ_i $(i=1,2,3,\cdots,n)$ 需在以下无偏和最优两个条件下求解。

1) 无偏性条件

因为

$$\begin{aligned} E[Y_V(x)] &= E\left[\frac{1}{V}\int_V Y(x)\,\mathrm{d}x\right] = \frac{1}{V}\int_V E[Z(x) - m]\,\mathrm{d}x \\ &= \frac{1}{V}\int_V \{E[Z(x)] - m\}\,\mathrm{d}x = \frac{1}{V}\int_V (m - m)\,\mathrm{d}x \end{aligned}$$

$$E\left[Y_V^*(x)\right] = E\left[\sum_{i=1}^{n} \lambda_i Y(x_i)\right] = \sum_{i=1}^{n} \lambda_i E[Y(x_i)] = \sum_{i=1}^{n} \lambda_i E[Z(x_i) - m] = 0$$

所以

$$E\left[Y_V^*(x)\right] = E[Y_V(x)]$$

则 $Y_V^*(x)$ 不需任何条件即是 $Y_V(x)$ 的无偏估计量。

2) 最优性条件

在满足无偏性条件下，可推导估计方差公式为

$$\sigma_E^2 = E\left\{\left[Y_V(x) - Y_V^*(x)\right]^2\right\} = E\left\{\left[Y_V(x) - \sum_{i=1}^n \lambda_i Y(x_i)\right]^2\right\}$$
$$= \overline{C}(V,V) - 2\sum_{i=1}^n \lambda_i \overline{C}(x_i,V) + \sum_{i=1}^n \sum_{j=1}^n \lambda_i \lambda_j C(x_i,x_j) \quad (4\text{-}6)$$

为方便理解及偏导计算，将式(4-6)进行如下表达：

$$\begin{aligned}\sigma_E^2 &= \overline{C}(V,V) - 2\sum_{i=1}^n \lambda_i \overline{C}(x_i,V) + \sum_{i=1}^n \sum_{j=1}^n \lambda_i \lambda_j C(x_i,x_j) \\ &= \overline{C}(V,V) - 2\left[\lambda_1 \overline{C}(x_1,V) + \lambda_2 \overline{C}(x_2,V) + \cdots + \lambda_n \overline{C}(x_n,V)\right] \\ &\quad + \left[\lambda_1\lambda_1 C(x_1,x_1) + \lambda_1\lambda_2 C(x_1,x_2) + \cdots + \lambda_1\lambda_n C(x_1,x_n)\right] \\ &\quad + \left[\lambda_2\lambda_1 C(x_2,x_1) + \lambda_2\lambda_2 C(x_2,x_2) + \cdots + \lambda_2\lambda_n C(x_2,x_n)\right] \\ &\quad + \cdots + \left[\lambda_n\lambda_1 C(x_n,x_1) + \lambda_n\lambda_2 C(x_n,x_2) + \cdots + \lambda_n\lambda_n C(x_n,x_n)\right]\end{aligned}$$

为使估计方差最小，需对式(4-6)求 λ_i 的偏导数并令其为 0。

当 i=1 时，对 λ_1 求偏导数并令其为 0。

$$\begin{aligned}\frac{\partial \sigma_E^2}{\partial \lambda_1} &= -2\overline{C}(x_1,V) + \left[2\lambda_1 C(x_1,x_1) + \lambda_2 C(x_1,x_2) + \cdots + \lambda_n C(x_1,x_n)\right] \\ &\quad + \lambda_2 C(x_2,x_1) + \cdots + \lambda_n C(x_n,x_1) \\ &= -2\overline{C}(x_1,V) + 2\lambda_1 C(x_1,x_1) + 2\lambda_2 C(x_1,x_2) + \cdots + 2\lambda_n C(x_1,x_n) \\ &= -2\overline{C}(x_1,V) + 2\sum_{j=1}^n \lambda_j C(x_1,x_j) = 0\end{aligned}$$

当 i=2 时，对 λ_2 求偏导数并令其为 0。

$$\frac{\partial \sigma_E^2}{\partial \lambda_2} = -2\overline{C}(x_2,V) + 2\sum_{j=1}^n \lambda_j C(x_2,x_j) = 0$$

同理，

$$\frac{\partial \sigma_E^2}{\partial \lambda_n} = -2\overline{C}(x_n,V) + 2\sum_{j=1}^n \lambda_j C(x_n,x_j) = 0$$

上述 n 个等式可表示为

$$\frac{\partial \sigma_E^2}{\partial \lambda_i} = -2\overline{C}(x_i,V) + 2\sum_{j=1}^n \lambda_j C(x_i,x_j) = 0 \quad (i = 1,2,3,\cdots,\ n)$$

整理得简单克里金方程组：

$$\sum_{j=1}^n \lambda_j C(x_i,x_j) = \overline{C}(x_i,V) \quad (i = 1,2,3,\cdots,\ n) \quad (4\text{-}7)$$

简单克里金方程组也可用矩阵表示为

$$\begin{bmatrix} C(x_1,x_1) & (x_1,x_2) & \cdots & C(x_1,x_n) \\ C(x_2,x_1) & C(x_2,x_2) & \cdots & C(x_2,x_n) \\ \vdots & \vdots & & \vdots \\ C(x_n,x_1) & C(x_n,x_2) & \cdots & C(x_n,x_n) \end{bmatrix} \begin{bmatrix} \lambda_1 \\ \lambda_2 \\ \vdots \\ \lambda_n \end{bmatrix} = \begin{bmatrix} \overline{C}(x_1,V) \\ \overline{C}(x_2,V) \\ \vdots \\ \overline{C}(x_n,V) \end{bmatrix} \tag{4-8}$$

将简单克里金方程组表达式代入估计方差表达式，得简单克里金估计方差表达式：

$$\begin{aligned} \sigma_{\mathrm{SK}}^2 &= \overline{C}(V,V) - 2\sum_{i=1}^n \lambda_i \overline{C}(x_i,V) + \sum_{i=1}^n \sum_{j=1}^n \lambda_i \lambda_j C(x_i,x_j) \\ &= \overline{C}(V,V) - 2\sum_{i=1}^n \lambda_i \overline{C}(x_i,V) + \sum_{i=1}^n \lambda_i \sum_{j=1}^n \lambda_j C(x_i,x_j) \\ &= \overline{C}(V,V) - 2\sum_{i=1}^n \lambda_i \overline{C}(x_i,V) + \sum_{i=1}^n \lambda_i \overline{C}(x_i,V) \\ &= \overline{C}(V,V) - \sum_{i=1}^n \lambda_i \overline{C}(x_i,V) \end{aligned} \tag{4-9}$$

从上述推导可以看出，克里金法最重要的工作有两方面：一是列出并求解克里金方程组，以便求出克里金权重系数 λ_i 的值；二是求出这种估计的最小估计方差——克里金估计方差。

从简单克里金方程组的 n 个方程中便可求得 n 个权重系数 λ_i，则 $Y_V(x)$ 的简单克里金估计量为

$$Y_{\mathrm{SK}}^*(x) = \sum_{i=1}^n \lambda_i Y(x_i) \tag{4-10}$$

则待估块段 V 的均值 $Z_V(x)$ 的简单克里金估计量为

$$\begin{aligned} Z_{\mathrm{SK}}^* &= m + Y_{\mathrm{SK}}^*(x) = m + \sum_{i=1}^n \lambda_i Y(x_i) = m + \sum_{i=1}^n \lambda_i \left[Z(x_i) - m \right] \\ &= m + \sum_{i=1}^n \lambda_i Z(x_i) - m\sum_{i=1}^n \lambda_i = \sum_{i=1}^n \lambda_i Z(x_i) + m(1 - \sum_{i=1}^n \lambda_i) \end{aligned} \tag{4-11}$$

简单克里金法的估计精度在很大程度上依赖于 m 值的准确度，但是通常情况下很难正确估计 m 值，从而导致简单克里金估计精度降低。

4.3　普通克里金法（OK）

设区域化变量 $Z(x)$ 满足二阶平稳假设，其数学期望为 m，为未知常数，协方差函数 $C(h)$ 和变异函数 $\gamma(h)$ 存在且平稳。现要估计中心点在 x_0 的待估块段 V 的均值 $Z_V(x)$，$Z_V(x)$ 表达式为

$$Z_V(x) = \frac{1}{V}\int_V Z(x)\,\mathrm{d}x \tag{4-12}$$

设待估块段 V 附近有 n 个样点 x_i $(i=1,2,\cdots,n)$，其观测值为 $Z(x_i)$ $(i=1,2,\cdots,n)$，待估块段 V 的真值是估计邻域内 n 个信息值的线性组合，即

$$Z_V^*(x) = \sum_{i=1}^n \lambda_i Z(x_i) \tag{4-13}$$

现要求出权重系数 $\lambda_i\ (i=1,2,\cdots,n)$，使 $Z_V^*(x)$ 为 $Z_V(x)$ 的无偏估计量，且估计方差最小。

1) 无偏性条件

由于

$$E[Z_V(x)]=E\left[\frac{1}{V}\int_V Z(x)\,\mathrm{d}x\right]=\frac{1}{V}\int_V E[Z(x)]\,\mathrm{d}x=\frac{1}{V}\int_V m\,\mathrm{d}x=m$$

$$E\left[Z_V{}^*(x)\right]=E\left[\sum_{i=1}^n \lambda_i Z(x_i)\right]=\sum_{i=1}^n \lambda_i E[Z(x_i)]=m\sum_{i=1}^n \lambda_i$$

若要满足无偏条件，需 $E[Z_V(x)]=E\left[Z_V{}^*(x)\right]$，则无偏条件为 $\sum_{i=1}^n \lambda_i=1$，即在权重系数之和为 1 的条件下估计量是无偏的。

2) 最优性条件

最优性条件即估计方差最小条件，在满足无偏性条件下，可推导估计方差公式为

$$\sigma_E^2=\overline{C}(V,V)-2\sum_{i=1}^n \lambda_i \overline{C}(x_i,V)+\sum_{i=1}^n\sum_{j=1}^n \lambda_i\lambda_j C(x_i,x_j) \tag{4-14}$$

也就是说，普通克里金法要求在满足无偏性条件下，求取使得估计方差最小的权重系数，即求取条件极值。

因此，根据拉格朗日乘数法原理，建立拉格朗日函数 F：

$$\begin{aligned}F&=\sigma_E^2-2\mu\Big(\sum_{i=1}^n \lambda_i-1\Big)\\&=\overline{C}(V,V)+\sum_{i=1}^n\sum_{j=1}^n \lambda_i\lambda_j C(x_i,x_j)-2\sum_{i=1}^n \lambda_i\overline{C}(x_i,V)-2\mu\Big(\sum_{i=1}^n \lambda_i-1\Big)\end{aligned}$$

求出函数 F 对 n 个权系数 λ_i 的偏导数，并令其为 0，与无偏性条件联立建立方程组：

$$\begin{cases}\dfrac{\partial F}{\partial \lambda}=2\sum_{j=1}^n \lambda_j C(x_i,x_j)-2\overline{C}(x_i,V)-2\mu=0 \quad (i=1,2,\cdots,n)\\ \sum_{i=1}^n \lambda_i-1=0\end{cases}$$

整理得普通克里金方程组：

$$\begin{cases}\sum_{j=1}^n \lambda_j C(x_i,x_j)-\mu=\overline{C}(x_i,V) \quad (i=1,2,\cdots,n)\\ \sum_{i=1}^n \lambda_i=1\end{cases} \tag{4-15}$$

将解出的 $\lambda_i\ (i=1,2,\cdots,n)$ 代入估计量公式得到普通克里金估计量：

$$Z_{\mathrm{OK}}^*(x)=\sum_{i=1}^n \lambda_i Z(x_i) \tag{4-16}$$

从普通克里金方程组可得

$$\sum_{j=1}^n \lambda_j C(x_i,x_j)=\overline{C}(x_i,V)+\mu$$

将此式代入估计方差公式得普通克里金估计方差，记为σ_{OK}^2：

$$
\begin{aligned}
\sigma_{\mathrm{OK}}^2 &= \overline{C}(V,V) + \sum_{i=1}^{n}\sum_{j=1}^{n}\lambda_i\lambda_j C(x_i,x_j) - 2\sum_{i=1}^{n}\lambda_i\overline{C}(x_i,V) \\
&= \overline{C}(V,V) + \sum_{i=1}^{n}\lambda_i\left[\overline{C}(x_i,V)+\mu\right] - 2\sum_{i=1}^{n}\lambda_i\overline{C}(x_i,V) \\
&= \overline{C}(V,V) + \sum_{i=1}^{n}\lambda_i\overline{C}(x_i,V) + \sum_{i=1}^{n}\lambda_i\mu - 2\sum_{i=1}^{n}\lambda_i\overline{C}(x_i,V) \\
&= \overline{C}(V,V) - \sum_{i=1}^{n}\lambda_i\overline{C}(x_i,V) + \mu
\end{aligned}
\tag{4-17}
$$

普通克里金方程组和普通克里金估计方差也可用变异函数$\gamma(h)$表示：

$$
\begin{cases}
\sum_{i=1}^{n}\lambda_i\gamma(x_i,x_j)+\mu=\overline{\gamma}(x_i,V) \qquad (i=1,2,\cdots,n) \\
\sum_{i=1}^{n}\lambda_i=1
\end{cases}
$$
$$
\sigma_{\mathrm{OK}}^2=\sum_{i=1}^{n}\lambda_i\gamma(x_i,V)-\overline{\gamma}(V,V)+\mu
\tag{4-18}
$$

$Z(x)$满足二阶平稳条件时，可采用协方差或变异函数表达的普通克里金方程组及克里金估计方差计算式进行求解计算；但在本征假设条件下，则只可采用变异函数的表达式进行求解计算。

普通克里金方程组和普通克里金估计方差均可用矩阵形式表示。将协方差函数表达的普通克里金方程组展开得

$$
\begin{cases}
\lambda_1 C(x_1,x_1)+\lambda_2 C(x_1,x_2)+\cdots+\lambda_n C(x_1,x_n)-\mu=\overline{C}(x_1,V) \\
\lambda_2 C(x_2,x_1)+\lambda_2 C(x_2,x_2)+\cdots+\lambda_n C(x_2,x_n)-\mu=\overline{C}(x_n,V) \\
\vdots \\
\lambda_1 C(x_n,x_1)+\lambda_2 C(x_n,x_2)+\cdots+\lambda_n C(x_n,x_n)-\mu=\overline{C}(x_n,V) \\
\lambda_1+\lambda_2+\cdots+\lambda_n=1
\end{cases}
\tag{4-19}
$$

普通克里金方程组用矩阵形式表达为

$$
\boldsymbol{K\lambda}=\boldsymbol{M}
\tag{4-20}
$$

或者

$$
\boldsymbol{K'\lambda'}=\boldsymbol{M'}
\tag{4-21}
$$

普通克里金估计方差用矩阵表达为

$$
\sigma_{\mathrm{OK}}^2=\overline{C}(V,V)-\boldsymbol{\lambda}^{\mathrm{T}}\boldsymbol{M}
\tag{4-22}
$$

或者

$$
\sigma_{\mathrm{OK}}^2=[\boldsymbol{\lambda}']^{\mathrm{T}}\boldsymbol{M}'-\overline{\gamma}(V,V)
\tag{4-23}
$$

其中，

$$\boldsymbol{K}=\begin{bmatrix} C(x_1,x_1) & C(x_1,x_2) & \cdots & C(x_1,x_n) & 1 \\ C(x_2,x_1) & C(x_2,x_2) & \cdots & C(x_2,x_n) & 1 \\ \vdots & \vdots & & \vdots & \vdots \\ C(x_n,x_1) & C(x_n,x_2) & \cdots & C(x_n,x_n) & 1 \\ 1 & 1 & \cdots & 1 & 0 \end{bmatrix} \quad \boldsymbol{\lambda}=\begin{bmatrix} \lambda_1 \\ \lambda_2 \\ \vdots \\ \lambda_n \\ -\mu \end{bmatrix} \quad \boldsymbol{M}=\begin{bmatrix} \overline{C}(x_1,V) \\ \overline{C}(x_n,V) \\ \vdots \\ \overline{C}(x_n,V) \\ 1 \end{bmatrix}$$

或者

$$\boldsymbol{K}'=\begin{bmatrix} \gamma(x_1,x_1) & \gamma(x_1,x_2) & \cdots & \gamma(x_1,x_n) & 1 \\ \gamma(x_2,x_1) & \gamma(x_2,x_2) & \cdots & \gamma(x_2,x_n) & 1 \\ \vdots & \vdots & & \vdots & \vdots \\ \gamma(x_n,x_1) & \gamma(x_n,x_2) & \cdots & \gamma(x_n,x_n) & 1 \\ 1 & 1 & \cdots & 1 & 0 \end{bmatrix} \quad \boldsymbol{\lambda}'=\begin{bmatrix} \lambda_1 \\ \lambda_2 \\ \vdots \\ \lambda_n \\ -\mu \end{bmatrix} \quad \boldsymbol{M}'=\begin{bmatrix} \overline{\gamma}(x_1,V) \\ \overline{\gamma}(x_n,V) \\ \vdots \\ \overline{\gamma}(x_n,V) \\ 1 \end{bmatrix}$$

4.4 泛克里金法（UK）

普通克里金法要求区域化变量 $Z(x)$ 满足二阶平稳或本征假设，至少满足准二阶平稳或准本征的假设。此条件下，在估计邻域内有 $E[Z(x)]=m$（常数）。然而实际中，许多区域化变量 $Z(x)$ 在估计邻域内是非平稳的，即 $E[Z(x)]=m(x)$，这时就不能用普通克里金方法进行估计了，而要采用泛克里金法进行估计。

泛克里金法，就是在漂移的形式 $E[Z(x)]=m(x)$ 和非平稳随机函数 $Z(x)$ 的协方差函数 $C(h)$ 或变异函数 $\gamma(h)$ 为已知的条件下，一种考虑有漂移的无偏线性估计量的地统计学方法，这种方法属于线性非平稳地统计学范畴。

4.4.1 漂移和残差

区域变量的变异性由三部分代表：确定性部分、相关部分和随机部分。普通克里金法要求变量满足二阶平稳假设或本征假设，即假定确定性部分在空间上是常量，主要是估计随机部分。对于非平稳变量，即确定性部分在空间上不是常量，其确定性部分随空间的分布，又称为漂移或倾向。

对于非平稳区域化变量 $Z(x)$，在任一点 x 上的漂移就是该点上区域化变量 $Z(x)$ 的数学期望，即

$$m(x)=E[Z(x)] \tag{4-24}$$

漂移经常用邻域模型来研究，可表达为：在给定的以点 x 为中心的邻域内的任一点，其漂移 $m(x)$ 可用如下函数表示：

$$m(x)=f(x)=\sum_{l=0}^{k} a_l f_l(x) \tag{4-25}$$

式中，$f_l(x)$ 为一已知函数；a_l 为未知系数。$m(x)$ 通常采用多项式形式，在二维条件下，漂移可看成坐标 x,y 的函数：

$$m(x,y)=a_0+a_1x+a_2y+a_3x^2+a_4xy+a_5y^2+\cdots$$

对于有漂移的区域化变量 $Z(x)$，假设可分解为漂移和残差两部分：

$$Z(x)=m(x)+R(x) \tag{4-26}$$

式中，$m(x)$ 为点 x 处的漂移；$R(x)$ 为残差。

$$E[Z(x)]=m(x)\text{，}\quad E[R(x)]=0$$

这种情况下，就不能用普通克里金的方法来计算变异函数。如果漂移函数是已知的，可以在原始资料中将漂移减去，如剩下的残差 $R(x)$ 满足固有假定，就可用前面讨论的克里金方法对残差进行估值，然后将漂移加到对应位置的残差估值上去，其和就是 $Z(x)$ 的估计值。

4.4.2　非平稳区域化变量的协方差函数和变异函数

假设 $Z(x)$ 的增量 $[Z(x)-Z(y)]$ 具有非平稳的数学期望 $[m(x)-m(y)]$ 和非平稳的方差函数，即假设下式存在：

$$\begin{cases}E[Z(x)-Z(y)]=m(x)-m(y)\\ \mathrm{Var}[Z(x)-Z(y)]=2\gamma(x,y)\end{cases}$$

当 $Z(x)=m(x)+R(x)$ 时，$Z(x)$ 的协方差函数 $C(x,y)$ 为

$$\begin{aligned}C(x,y)&=E\{[Z(x)-m(x)][Z(y)-m(y)]\}\\&=E[R(x)R(y)]\\&=E[R(x)R(y)]-E[R(x)]E[R(y)]\\&=C_R(x,y)\end{aligned} \tag{4-27}$$

$Z(x)$ 的变异函数 $\gamma(x,y)$ 为

$$\begin{aligned}\gamma(x,y)&=\frac{1}{2}\mathrm{Var}[Z(x)-Z(y)]\\&=\frac{1}{2}\mathrm{Var}\{[Z(x)-Z(y)]-[m(x)-m(y)]\}\\&=\frac{1}{2}\mathrm{Var}\{[Z(x)-m(x)]-[Z(y)-m(y)]\}\\&=\frac{1}{2}\mathrm{Var}[R(x)-R(y)]\\&=\gamma_R(x,y)\end{aligned} \tag{4-28}$$

4.4.3　泛克里金法估计

设 $Z(x)$ 为一非平稳区域化变量，其数学期望为 $m(x)$，协方差函数为 $C(x,y)$ 且已知，则

$$
\begin{aligned}
&E[Z(x)]=m(x)\\
&E[Z(x)Z(y)]=m(x)m(y)+C(x,y)
\end{aligned}
\tag{4-29}
$$

设 $Z(x)$ 的漂移 $m(x)$ 可表示为如下 k+1 个单项式 $f_l(x)(l=0,1,2,\cdots,k)$ 的线性组合，

$$m(x)=\sum\nolimits_{l=0}^{k}a_l f_l(x)$$

已知 n 个样品点 $x_i(i=1,2,\cdots,n)$，其观测值为 $Z(x_i)(i=1,2,\cdots,n)$，现要用这些样品点估计邻域内任一点 x 的值 $Z(x)$，$Z(x)$ 的泛克里金估计量为

$$Z^*(x)=\sum\nolimits_{i=1}^{n}\lambda_i Z(x_i) \tag{4-30}$$

为使 $Z^*(x)$ 为 $Z(x)$ 的无偏最优估计量，需在以下两个条件下求解权重系数 $\lambda_i(i=1,2,\cdots,n)$。

1) 无偏性条件

$$E[Z(x)]=m(x)=\sum\nolimits_{l=0}^{k}a_l f_l(x)$$

$$
\begin{aligned}
E\left[Z^*(x)\right]&=E\left[\sum\nolimits_{i=1}^{n}\lambda_i Z(x_i)\right]\\
&=\sum\nolimits_{i=1}^{n}\left\{\lambda_i E[Z(x_i)]\right\}\\
&=\sum\nolimits_{i=1}^{n}\left\{\lambda_i m(x_i)\right\}\\
&=\sum\nolimits_{i=1}^{n}\lambda_i\sum\nolimits_{l=0}^{k}a_l f_l(x)
\end{aligned}
$$

若要满足无偏性条件，需 $E[Z(x)]=E[Z^*(x)]=m(x)$，则 $\sum\nolimits_{l=0}^{k}a_l f_l(x)=\sum\nolimits_{i=1}^{n}\lambda_i\sum\nolimits_{l=0}^{k}a_l f_l(x)$，即对任一组系数 $a_0,a_1,\cdots,a_k$ 等式均成立，需 $f_l(x)=\sum\nolimits_{i=1}^{n}\lambda_i f_l(x)\quad(l=0,1,2,\cdots,k)$ 成立。这 k+1 个子式称为无偏性条件。

2) 最优估计

在满足无偏性条件下，用 $Z^*(x)$ 估计 $Z(x)$ 的泛克里金估计方差为

$$
\begin{aligned}
\sigma_E^2&=\mathrm{Var}\left[Z(x)-Z^*(x)\right]=E\left\{\left[Z(x)-Z^*(x)\right]^2\right\}-\left\{E\left[Z(x)-Z^*(x)\right]\right\}^2\\
&=E\left\{\left[Z(x)-Z^*(x)\right]^2\right\}=E\left\{[Z(x)]^2\right\}+E\left\{\left[Z^*(x)\right]^2\right\}-2E\left[Z(x)Z^*(x)\right]\\
&=E[Z(x)Z(x)]+\sum\nolimits_{i=1}^{n}\sum\nolimits_{j=1}^{n}\lambda_i\lambda_j E\left[Z(x_i)Z(x_j)\right]-2\sum\nolimits_{i=1}^{n}\lambda_i E[Z(x)Z(x_i)]\\
&=m(x)m(x)+C(x,x)+\sum\nolimits_{i=1}^{n}\sum\nolimits_{j=1}^{n}\lambda_i\lambda_j\left[m(x_i)m(x_j)+C(x_i,x_j)\right]
\end{aligned}
$$

$$
\begin{aligned}
&-2\sum_{i=1}^{n}\lambda_i[m(x)m(x_i)+C(x,x_i)]\\
&=m(x)m(x)+C(x,x)+\sum_{i=1}^{n}\lambda_i m(x_i)\sum_{j=1}^{n}\lambda_j m(x_j)+\sum_{i=1}^{n}\sum_{j=1}^{n}\lambda_i\lambda_j C(x_i,x_j)\\
&\quad-2m(x)\sum_{i=1}^{n}\lambda_i m(x_i)-2\sum_{i=1}^{n}\lambda_i C(x,x_i)\\
&=m(x)m(x)+C(x,x)+\left[\sum_{i=1}^{n}\lambda_i\sum_{l=0}^{k}a_l f_l(x_i)\right]\left[\sum_{j=1}^{n}\lambda_j\sum_{l=0}^{k}a_l f_l(x_j)\right]\\
&\quad+\sum_{i=1}^{n}\sum_{j=1}^{n}\lambda_i\lambda_j C(x_i,x_j)\\
&\quad-2m(x)\sum_{i=1}^{n}\lambda_i\sum_{i=1}^{n}\lambda_i\sum_{l=0}^{k}a_l f_l(x_i)-2\sum_{i=1}^{n}\lambda_i C(x,x_i)\\
&=m(x)m(x)+C(x,x)+\left[\sum_{l=0}^{k}a_l\sum_{i=1}^{n}\lambda_i f_l(x_i)\right]\left[\sum_{l=0}^{k}a_l\sum_{i=1}^{n}\lambda_j f_l(x_j)\right]\\
&\quad+\sum_{i=1}^{n}\sum_{j=1}^{n}\lambda_i\lambda_j C(x_i,x_j)\\
&\quad-2m(x)\left[\sum_{l=0}^{k}a_l\sum_{i=1}^{n}\lambda_i f_l(x_i)\right]-2\sum_{i=1}^{n}\lambda_i C(x,x_i)
\end{aligned}
\tag{4-31}
$$

将无偏性条件代入得

$$
\begin{aligned}
\sigma_E^2&=m(x)m(x)+C(x,x)+\sum_{l=0}^{k}a_l f_l(x)\sum_{l=0}^{k}a_l f_l(x)+\sum_{i=1}^{n}\sum_{j=1}^{n}\lambda_i\lambda_j C(x_i,x_j)\\
&\quad-2m(x)\sum_{l=0}^{k}a_l f_l(x)-2\sum_{i=1}^{n}\lambda_i C(x,x_i)\\
&=m(x)m(x)+C(x,x)+m(x)m(x)+\sum_{i=1}^{n}\sum_{j=1}^{n}\lambda_i\lambda_j C(x_i,x_j)\\
&\quad-2m(x)m(x)-2\sum_{i=1}^{n}\lambda_i C(x,x_i)\\
&=C(x,x)+\sum_{i=1}^{n}\sum_{j=1}^{n}\lambda_i\lambda_j C(x_i,x_j)-2\sum_{i=1}^{n}\lambda_i C(x,x_i)
\end{aligned}
\tag{4-32}
$$

要求出在满足无偏性的条件下使得估计方差最小的权系数 $\lambda_i\ (i=1,2,\cdots,n)$，需根据拉格朗日乘数法原理，建立拉格朗日函数 F。

$$
\begin{aligned}
F&=\sigma_E^2-2\sum_{l=0}^{k}\mu_l\left[\sum_{i=1}^{n}\lambda_i f_l(x_i)-f_l(x)\right]\\
&=C(x,x)+\sum_{i=1}^{n}\sum_{j=1}^{n}\lambda_i\lambda_j C(x_i,x_j)-2\sum_{i=1}^{n}\lambda_i C(x,x_i)-2\sum_{l=0}^{k}\mu_l\left[\sum_{i=1}^{n}\lambda_i f_l(x_i)-f_l(x)\right]
\end{aligned}
$$

求出函数 F 对 n 个权系数 λ_i 的偏导数，并令其为 0，与无偏性条件联立建立如下方程组。

$$
\begin{cases}
\dfrac{\partial F}{\partial\lambda_i}=2\sum_{j=1}^{n}\lambda_j C(x_i,x_j)-2C(x,x_i)-2\sum_{l=0}^{k}\mu_l f_l(x_i)=0 & (i=0,1,2,\cdots,n)\\
\sum_{i=1}^{n}\lambda_i f_l(x_i)-f_l(x)=0 & (l=0,1,2,\cdots,k)
\end{cases}
$$

整理得估计 $Z(x)$ 的泛克里金方程组：

$$\begin{cases}\sum_{j=1}^{n}\lambda_j C(x_i,x_j)-\sum_{l=0}^{k}\mu_l f_l(x_i)=C(x,x_i) & (i=0,1,2,\cdots,n)\\ \sum_{i=1}^{n}\lambda_i f_l(x_i)=f_l(x) & (l=0,1,2,\cdots,k)\end{cases} \tag{4-33}$$

泛克里金方程组可用矩阵表示为

$$\begin{bmatrix}\boldsymbol{C} & \boldsymbol{f}^{\mathrm{T}}\\ \boldsymbol{f} & 0\end{bmatrix}\begin{bmatrix}\boldsymbol{\lambda}\\ -\boldsymbol{\mu}\end{bmatrix}=\begin{bmatrix}\boldsymbol{C}_x\\ \boldsymbol{f}_x\end{bmatrix} \tag{4-34}$$

其中，

$$\boldsymbol{C}=\begin{bmatrix}C(x_1,x_1) & C(x_1,x_2) & \cdots & C(x_1,x_n)\\ C(x_2,x_1) & C(x_2,x_2) & \cdots & C(x_2,x_n)\\ \vdots & \vdots & & \vdots\\ C(x_n,x_1) & C(x_n,x_2) & \cdots & C(x_n,x_n)\end{bmatrix}\qquad \boldsymbol{f}=\begin{bmatrix}f_0(x_1) & f_0(x_2) & \cdots & f_0(x_2)\\ f_1(x_1) & f_1(x_2) & \cdots & f_1(x_n)\\ \vdots & \vdots & & \vdots\\ f_k(x_1) & f_k(x_2) & \cdots & f_k(x_n)\end{bmatrix}$$

$$\boldsymbol{\lambda}=\begin{bmatrix}\lambda_1\\ \lambda_2\\ \vdots\\ \lambda_n\end{bmatrix}\qquad \boldsymbol{\mu}=\begin{bmatrix}\mu_1\\ \mu_2\\ \vdots\\ \mu_n\end{bmatrix}\qquad \boldsymbol{C}_x=\begin{bmatrix}C(x,x_1)\\ C(x,x_2)\\ \vdots\\ C(x,x_n)\end{bmatrix}\qquad \boldsymbol{f}_x=\begin{bmatrix}f_0(x)\\ f_1(x)\\ \vdots\\ f_k(x)\end{bmatrix}$$

将式(4-33)代入估计方差公式可得泛克里金方差，记为

$$\begin{aligned}\sigma_E^2&=C(x,x)+\sum_{i=1}^{n}\sum_{j=1}^{n}\lambda_i\lambda_j C(x_i,x_j)-2\sum_{i=1}^{n}\lambda_i C(x,x_i)\\ &=C(x,x)+\sum_{i=1}^{n}\lambda_i\left[\sum_{l=0}^{k}\mu_l f_l(x_i)+C(x,x_i)\right]-2\sum_{i=1}^{n}\lambda_i C(x,x_i)\\ &=C(x,x)+\sum_{l=0}^{k}\mu_l\sum_{i=1}^{n}\lambda_i f_l(x_i)+\sum_{i=1}^{n}\lambda_i C(x,x_i)-2\sum_{i=1}^{n}\lambda_i C(x,x_i)\\ &=C(x,x)+\sum_{l=0}^{k}\mu_l f_l(x)-\sum_{i=1}^{n}\lambda_i C(x,x_i)\end{aligned} \tag{4-35}$$

用变异函数 $\gamma(h)$ 表示为

$$\begin{cases}\sum_{j=1}^{n}\lambda_j\gamma_i(x_i,x_j)+\sum_{l=0}^{k}\mu_l f_l(x_i)=\gamma(x,x_i) & (i=0,1,2,\cdots,n)\\ \sum_{i=1}^{n}\lambda_i f_l(x_i)=f_l(x) & (l=0,1,2,\cdots,k)\end{cases} \tag{4-36}$$

$$\sigma_E^2=\sum_{i=1}^{n}\lambda_i\gamma(x,x_i)+\sum_{l=0}^{k}\mu_l f_l(x_i) \tag{4-37}$$

4.5　对数正态克里金法(LK)

实际工作中，某些区域化变量并不符合正态分布。如果该区域化变量经对数变换后是正态分布或近正态分布，此种情况下对区域化变量进行精确估计的地统计学方法称为对数正态克里金法。

若设区域化变量 $Z(x)$ 服从对数正态分布，在待估点周围有 n 个样点 $X_i(i=1,2,\cdots,n)$，其观测值为 $Z(x_i)(i=l,2,\cdots,n)$，区域化变量经对数变换后新变量为 $y(x)=\ln Z(x)$，$y(x)$ 为正态分布。现假定新区域化变量 $y(x)$ 满足二阶平稳假设，数学期望为 m，协方差函数 $C(h)$ 和变异函数 $\gamma(h)$ 存在且平稳。对于经过对数变换后的采样点数据 $Y(x_i)(i=1,2,\cdots,n)$，计算试验变异函数并进行变异函数模型的拟合和选择，然后利用简单克里金或普通克里金法估计待估点 $Z(x)$ 处的值 $Y^*(x)$。

$y(x)$ 是对数变换后的数值，因此需进行反变换。若在待估点 x 处的克里金估计值为 $Y^*(x)$，其克里金方差为 $\sigma^2(x)$，则对于简单克里金，其反变换公式为

$$Z^*_{\mathrm{SLK}}(x)=\exp\left[Y^*_{\mathrm{SK}}(x)+\sigma^2_{\mathrm{SK}}(x)/2\right] \tag{4-38}$$

对于普通克里金来说，其反变换公式为

$$Z^*_{\mathrm{SLK}}(x)=\exp\left[Y^*_{\mathrm{SK}}(x)+\sigma^2_{\mathrm{SK}}(x)/2-\mu\right] \tag{4-39}$$

式中，μ 为拉格朗日算子。

4.6　指示克里金法（IK）

实际研究中常常会碰到一类问题，需要获取研究区内研究对象大于某一给定阈值的概率分布，如需要知道某一区域内矿石品位大于某一给定边界品位的概率从而计算矿产资源的可采储量，还会碰到采样数据中存在特异值的问题。特异值是指那些比全部数值的均值或中位数高得多的数值，这些值既非分析误差所致，也非采样方法等人为误差引起，而是实际存在于所研究的总体之中。

指示克里金法就是为解决上述问题而发展起来的一种非参数地统计学方法。非参数统计方法无须假设数值来自某种特定分布的总体，如正态分布；也无需对原始数据进行变换，如对数变换。因此，指示克里金法不必去掉重要而实际存在的高值数据即可处理各种不同现象，并能够给出某点 x 处随机变量 $Z(x)$ 的概率分布。

设某一区域化变量 $Z(x)$，对于任意给定的阈值 z，引入指示函数 $I(x,z)$：

$$I(x,z)=\begin{cases}1, Z(x)\leqslant z\\0, Z(x)>z\end{cases} \tag{4-40}$$

指示函数 $I(x,z)$ 将原始数据转换为 0 或 1，此二值是指示克里金法后续计算的基础数据。区域化变量 $Z(x)$ 对于不同的阈值 z 对应不同的转换函数，也就可能得到不同的转换值。因此在使用克里金法时，需根据数据特点和研究需要确定阈值。

指示函数同样也可作为区域化变量，并且采用与区域化变量相同的形式定义指示函数的协方差函数和变异函数，分别称为指示协方差函数和指示变异函数。指示变异函数的拟合与前述区域化变量变异函数的拟合相同，同样需要建立指示克里金方程组求解待估点值。指示克里金法步骤如下：①根据研究需求确定某一阈值，通过指示函数将原数据转换

为 0 或 1。②利用转换的数据计算指示变异函数，并进行拟合。③建立指示克里金方程组。方程组求解后，利用周围若干点的指示值进行加权平均计算待估点值，计算结果表征了待估点处小于阈值的概率。若把指示函数作为一个普通区域化变量，可直接由简单克里金法或普通克里金法来计算待估点的值；若选择多个阈值则需重复以上步骤。

通常为获取研究区内任一点处的概率分布曲线，需要指定多个阈值 $z_i(i=0,1,2,\cdots,k)$，因此在任一点上，有 k 个指示克里金方程组需求解，可得到 k 个估计值 $I^*(x,z_i)$ $(i=0,1,2,\cdots,k)$。以阈值作为横坐标，对应的概率值作为纵坐标，可得到在点 x 处随机变量 $Z(x)$ 的概率分布曲线，如图 4-1 所示。可根据研究区内任一点的概率分布曲线，获取小于某一阈值 z_i 的概率，从而绘制出对应的概率等值线图；也可根据事先确定的概率值 P，计算出任一点处以 P 为概率的取值，从而绘制对应的变量等值线图。

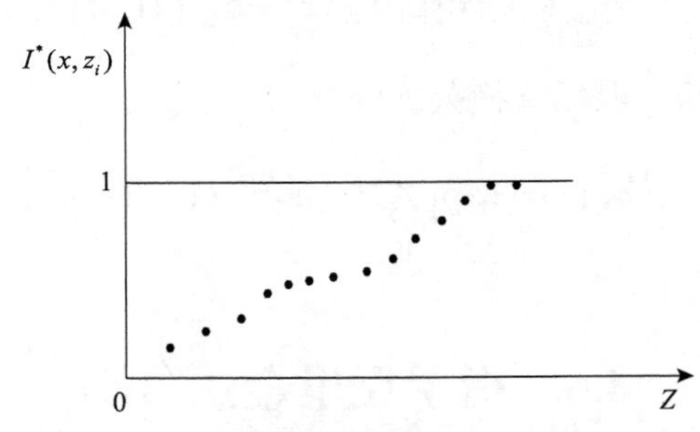

图 4-1　点 x 处随机变量 $Z(x)$ 的概率分布曲线

4.7　析取克里金法(DK)

线性地统计学只是对有效数据的线性组合，其前提条件也只限于区域化变量 $Z(x)$ 的二阶矩阵。若需要对区域化变量 $Z(x)$ 的性质有更多了解，如假定可以推断出其二元或 K 元分布，就需要建立比线性估计量更精确的非线性估计量。析取克里金法就是假设在已知任意区域化变量 $(Z_\alpha,Z_\beta),\forall\alpha,\beta$ 和 $(Z_0,Z_\beta),\forall\beta$ 的二维概率分布条件下，对待估点的值或待估点值超过给定阈值的概率进行估计的一种非线性地统计方法。

析取克里金法的一般形式如下：

$$Z_{\mathrm{DK}}^* = \sum\nolimits_{a=1}^{n} f_a[Z(x_a)] \tag{4-41}$$

式中，$f_a[Z(x_a)]$ 为每个有效数据变量 $Z(x_a)$ 的函数，$a=1,2,\cdots,n$。

析取克里金法有几种不同的形式，本书以最常用的基于埃尔米特多项式(Hermite polynomials)的析取克里金法为例介绍。设区域化变量 $Z(x)$ 在待估点 x_0 周围有 n 个样点，$x_i(i=1,2,\cdots,n)$，其观测值为 $Z(x_i)$ $(i=1,2,\cdots,n)$。析取克里金法要求区域化变量 $Z(x)$ 服从正态分布，必须将原始数据转化为新变量 $Y(x)$，新变量具有标准正态分布，每对样本值都属于双变量正态分布，p 为正态变形函数，则有

$$Z(x) = \phi[Y(x)] \tag{4-42}$$

及

$$Y(x)=\phi^{-1}[Z(x)] \tag{4-43}$$

对每个新变量 $Y(x_i)$ $(i=1,2,\cdots,n)$ 计算埃尔米特多项式的值。埃尔米特多项式是一种正交多项式，其计算公式为

$$H_n(y)=\frac{1}{\sqrt{n!}\cdot g(y)}\cdot\frac{d^n g(y)}{dy^n} \quad \forall n\geqslant 0 \tag{4-44}$$

式中，n 为多项式阶数；y 为正态值；$g(y)$ 为标准正态概率密度函数。

对于给定的值 Y 和阶数 n，可以计算出对应的埃尔米特多项式值，如前三个埃尔米特多项式为 $H_0(y)$=1, $H_1(y)$= −1, $H_2(y)=\frac{1}{\sqrt{2}}(y^2-1)$。

通常用下面的递推公式来计算高阶多项式：

$$H_{n+1}(y)=-\frac{1}{\sqrt{n+1}}\cdot y\cdot H_n(y)-\sqrt{\frac{n}{n+1}}\cdot H_{n-1}(y) \quad \forall n\geqslant 1$$

埃尔米特多项式系数可由下式计算：

$$\phi_p=\sum_{i=z}^{n}[z(x_{i-1})-z(x_i)]\cdot\frac{1}{\sqrt{p}}H_{p-1}[y(x_i)]\cdot g[y(x_i)] \tag{4-45}$$

通常采用 P 阶埃尔米特多项式来拟合正态变形函数：

$$z(x)=\phi[Y(x)]=\sum_{p=0}^{\infty}\phi_p H_p[y(x)]\approx\sum_{p=0}^{P}\phi_p H_p[y(x)]$$

式中，$H_p^*[Y(x_0)]=\sum\lambda_{ip}H_p[Y(x_i)]$；$\lambda_{ip}$ 为克里金权重，其值可由克里金方程组求解。

$$\sum_{i=1}^{n}\lambda_{ip}(\rho_{ij})^p=(\rho_{0j})^p \quad (j=1,2,3,\cdots,n) \tag{4-46}$$

式中，ρ_i 为 $Y(x_i)$ 和 $Y(x_j)$ 两点之间的相关系数，式(4-46)用矩阵表示为

$$\begin{bmatrix}\rho_{11}^p & \cdots & \rho_{1n}^p\\ \vdots & \ddots & \vdots\\ \rho_{n1}^p & \cdots & \rho_{nn}^p\end{bmatrix}\begin{bmatrix}\lambda_{1p}\\ \vdots\\ \lambda_{np}\end{bmatrix}=\begin{bmatrix}\rho_{01}^p\\ \vdots\\ \rho_{0n}^p\end{bmatrix}$$

从而可得到待估点的析取克里金估计值。

析取克里金估计方差为

$$\sigma_{\mathrm{DK}}^2(x_0)=\sum_{p=1}^{P}\phi_p^2[1-\sum_{i=1}^{n}\lambda_{ip}(\rho_{0i})^p] \tag{4-47}$$

析取克里金法也可用来计算待估点的变量值大于给定阈值 z_c 的条件概率，z_c 对应的

标准正态值为 y_c，同指示克里金法相同，需首先建立指示函数，然后计算析取克里金估计值，如式(4-48)所示：

$$P_{\mathrm{DK}}^{*}[z(x_0) > z_c] = P_{\mathrm{DK}}^{*}[y(x_0) > y_c] = 1 - G(y_c) - \sum_{p=1}^{P} \frac{1}{\sqrt{p}} H_{p-1}(y_c) g(y_c) H_p[Y(x_0)] \tag{4-48}$$

式中，$G(y_c)$ 为标准正态的累积概率函数；$g(y_c)$ 为标准正态的概率密度函数。

4.8　协同克里金法(CK)

以上的克里金法都是针对单变量的，未考虑区域化变量之间的相互关系对研究的影响，为解决这一问题，应运而生了多元地统计学。协同克里金法是多元地统计学研究的基本方法之一，以协同区域化变量(coregionalization variable)理论为基础，利用多个区域化变量之间的互相关性，通过建立交叉协方差(cross covariance)函数和交叉变异(cross variogram)函数模型，用易于观测和控制的变量对不易观测的变量进行局部估计。相较于普通克里金法，该方法能有效改进估计精度和采样效率。

4.8.1　协同区域化变量理论

在气象、采矿、土壤、生态等自然现象的研究中，某些区域化现象可以通过若干具有相关性的变量进行研究。例如，气温与海拔呈负相关，即海拔越高，气温越低，海拔越低，气温越高。若进行气温研究而缺少某些区域的气温的观测值时，就可以通过海拔数据及气温与海拔之间的相关性所提供的信息进行气温的空间变异性及统计特征分析。又如，在区域地球化学研究中，Au、Ag、As 在样品中的含量呈正相关，即样品中若 Au 含量高，Ag、As 的含量也有程度不同的增高，因此，可利用 Ag、As 元素及与 Au 之间的相关性所提供的信息研究 Au 含量的空间变异性及统计特征。

上述例子中，气温与海拔是在同一空间域中定义的区域化变量，它们之间既有空间相关性，又有统计相关性，称气温与海拔是同时区域化的，即协同区域化(coregionalization)，气温与海拔称为协同区域化变量。同理，Au、Ag、As 含量也是协同区域化变量。因此，可将协同区域化定义为：在统计意义及空间位置上均具有某种程度相关性，并且定义于同一空间域中的区域化变量。

协同区域化变量可用一组 K 个相关的区域化变量 $\{Z_1(x), Z_2(x), \cdots, Z_k(x)\}$ 表示。观测前它是 K 维区域化变量的向量，即一个随机场，观测后协同区域化变量是一个空间点函数，可以把 $\{Z_1(x), Z_2(x), \cdots, Z_k(x)\}$ 看成是上述 K 维向量的一个实现。

1) 满足二阶平稳假设的协同区域化变量应满足的条件

(1) 每一个协同区域化变量 $Z_k(x)(k=1,2,\cdots,K)$ 的数学期望存在且平稳：

$$E[Z_k(x)] = m_k(\text{常数}) \quad (k=1,2,\cdots,K)\ \forall x$$

(2) 对于 $Z_k(x)$ 和 $Z_{k'}(x)(k,k'=1,2,\cdots,K)$ 的数学期望存在且平稳：

$$
\begin{aligned}
C_{kk'}(h) &= E\{[Z_k(x)-m_{k'}][Z_{k'}(x+h)-m_{k'}]\} \\
&= E[Z_k(x)\cdot Z_{k'}(x+h)]-m_k m_{k'} \qquad (k,k'=1,2,\cdots,K)\forall x
\end{aligned} \tag{4-49}
$$

同样，$C_{kk'}(h)$ 仅依赖于 h，而与变量所处位置 x 无关。

2) 满足内蕴假设的协同区域化变量应满足的条件

(1) 每一个协同区域化变量增量 $[Z_k(x)-Z_k(x+h)]$ $(k=1,2,\cdots,K)$ 的数学期望为 0：

$$E[Z_k(x)-Z_k(x+h)]=0 \qquad (k=1,2,\cdots,K)\ \forall x$$

(2) 对于协同区域化变量 $Z_k(x)$ 和 $Z_{k'}(x)(k,k'=1,2,\cdots,K)$，其交叉变异函数 $\gamma_{k'k}(h)$ 存在且平稳，即

$$\gamma_{k'k}(h)=\frac{1}{2}E\{[Z_{k'}(x+h)-Z_{k'}(x)]\cdot[Z_k(x+h)-Z_k(x)]\} \qquad (k=1,2,\cdots,K)\ \forall x \tag{4-50}$$

同样，$\gamma_{k'k}(h)$ 仅依赖于 h，而与变量所处位置 x 无关。

4.8.2 交叉协方差函数和交叉变异函数

1. 交叉协方差函数和交叉变异函数性质

交叉协方差函数、交叉变异函数又称为互协方差函数、互变异函数，存在以下性质。

(1) 当 $k=k'$ 时，交叉协方差函数转化为协方差函数，交叉变异函数转化为变异函数，即 $C_{kk'}(h)$=$C_k(h)$，$\gamma_{kk'}(h)$=$\gamma_k(h)$。

证明：

$$
\begin{aligned}
C_{kk'}(h) &= E\{[Z_k(x)-m_{k'}][Z_{k'}(x+h)-m_{k'}]\} \\
&= E\{[Z_k(x)-m_k][Z_k(x+h)-m_k]\} \\
&= C_h(h)
\end{aligned}
$$

$$
\begin{aligned}
\gamma_{kk'}(h) &= \frac{1}{2}E\{[Z_{k'}(x+h)-Z_{k'}(x)][Z_k(x+h)-Z_k(x)]\} \\
&= \frac{1}{2}E\{[Z_k(x+h)-Z_k(x)]^2\} \\
&= \gamma_k(h)
\end{aligned}
$$

(2) 交叉变异函数性质。

a. 交叉变异函数关于 k 和 k' 对称，即 $\gamma_{k'k}(h)$=$\gamma_{kk'}(h)$。

证明：

$$
\begin{aligned}
\gamma_{k'k}(h) &= \frac{1}{2}E\{[Z_{k'}(x+h)-Z_{k'}(x)][Z_k(x+h)-Z_k(x)]\} \\
&= \frac{1}{2}E\{[Z_k(x+h)-Z_k(x)][Z_{k'}(x+h)-Z_{k'}(x)]\} \\
&= \gamma_{kk'}(h)
\end{aligned}
$$

b. 交叉变异函数关于 h 和 $-h$ 对称，即 $\gamma_{k'k}(h)=\gamma_{k'k}(-h)$ 。

证明：

令
$$x-h=y$$
$$x=y+h$$

则
$$\begin{aligned}\gamma_{k'k}(-h)&=\frac{1}{2}E\{[Z_{k'}(x-h)-Z_{k'}(x)][Z_k(x-h)-Z_k(x)]\}\\&=\frac{1}{2}E\{[Z_{k'}(y)-Z_{k'}(y+h)][Z_k(y)-Z_k(y+h)]\}\\&=\gamma_{k'k}(h)\end{aligned}$$

c. 在普通克里金法中变异函数总是大于等于 0，但交叉变异函数可以有负值。当 $\gamma_{k'k}(h)$ 为负时，表示变量 $Z_{k'}(x)$ 的增加对应于另一个变量 $Z_k(x)$ 的减小，或者变量 $Z_{k'}(x)$ 的减小对应于另一个变量 $Z_k(x)$ 的增加，即 $Z_{k'}(x)$ 与 $Z_k(x)$ 在空间分布上呈现为负相关。

(3) 交叉协方差函数性质。

a. 交叉协方差函数关于 h 和 $-h$ 不对称，即 $C_{kk'}(h)\neq C_{kk'}(-h)$ ，但是可以证明：$C_{kk'}(-h)=C_{k'k}(h)$ 。

证明：

$$C_{kk'}(-h)=E\{[Z_k(x)-m_k][Z_{k'}(x+h)-m_{k'}]\}$$

令
$$x-h=y$$
$$x=y+h$$

则
$$\begin{aligned}C_{kk'}(-h)&=E\{[Z_k(y+h)-m_k][Z_{k'}(y)-m_{k'}]\}\\&=E\{[Z_{k'}(y)-m_{k'}][Z_k(y+h)-m_k]\}\\&=C_{k'k}(h)\end{aligned}$$

b. 当 $h\neq 0$ 时，kk' 顺序不能随意颠倒，即

$$C_{kk'}(h)\neq C_{k'k}(h)$$

$$E\{[Z_k(x)-m_k][Z_{k'}(x+h)-m_{k'}]\}\neq E\{[Z_{k'}(x)-m_{k'}][Z_k(x+h)-m_k]\}$$

c. 当 $h=0$ 时，变量 $Z_k(x)$ 和 $Z_{k'}(x)$ 的交叉协方差转化为直接协方差，即

$$\begin{aligned}C_{kk'}(0)&=E[Z_k(x)\cdot Z_{k'}(x)]-m_k m_{k'}\qquad(k,k'=1,2,\cdots,K)\\&=\mathrm{Cov}\left[Z_k(x)\cdot Z_{k'}(x)\right]\end{aligned}$$

(4) 交叉协方差函数和交叉变异函数具有以下关系：

$$\gamma_{k'k}(h)=C_{k'k}(0)-\frac{1}{2}[C_{k'k}(h)+C_{kk'}(h)]\qquad(k,k'=1,2,\cdots,K)\tag{4-51}$$

证明：

因为

$$
\begin{aligned}
2\gamma_{k'k}(h) &= E\{[Z_{k'}(x+h)-Z_{k'}(x)][Z_k(x+h)-Z_k(x)]\} \\
&= E(\{[Z_{k'}(x+h)-m_{k'}]-[Z_{k'}(x)-m_{k'}]\} \\
&\quad \cdot\{[Z_k(x+h)-m_k]-[Z_k(x)-m_k]\}) \\
&= E\{[Z_{k'}(x+h)-m_{k'}][Z_k(x+h)-m_k]\} \\
&\quad - E\{[Z_{k'}(x+h)-m_{k'}][Z_k(x)-m_k]\} \\
&\quad - E\{[Z_{k'}(x)-m_{k'}][Z_k(x+h)-m_k]\} \\
&\quad + E\{[Z_{k'}(x)-m_{k'}][Z_k(x)-m_k]\} \\
&= C_{k'k}(0)-C_{k'k}(h)-C_{kk'}(h)+C_{k'k}(0) \\
&= 2C_{k'k}(0)-[C_{k'k}(h)+C_{kk'}(h)]
\end{aligned}
$$

所以

$$
\gamma_{k'k}(h)=C_{k'k}(0)-\frac{1}{2}[C_{k'k}(h)+C_{kk'}(h)]
$$

(5) 同一点两个变量 $Z_{k'}(x)$ 与 $Z_k(x)$ 的点对点协同区域化变量的相关系数为

$$
\rho_{k'k}=\frac{C_{k'k}(0)}{\sqrt{C_{k'k'}(0)}\sqrt{C_{kk}(0)}}=\rho_{kk'} \qquad (4\text{-}52)
$$

$$
|\rho_{k'k}|=|\rho_{kk'}|\leqslant 1
$$

式中，$C_{k'k}(0)$ 为普通统计学中的协方差；$C_{k'k'}(0)$，$C_{kk}(0)$ 为普通统计学中的方差。若 $C_{k'k}(0)=0$，不能判断 $C_{k'k}(h)=0$，因为 $Z_{k'}(x)$ 和 $Z_k(x)$ 的空间相关是可以存在的。

2. 交叉协方差函数和交叉变异函数计算公式

设在点 x 和 $x+h$ 处，分别测得两个区域化变量的观测值 $Z_{k'}(x)$，$Z_k(x)$，$Z_{k'}(x+h)$ 和 $Z_k(x+h)$，则交叉协方差函数计算公式为

$$
\begin{aligned}
C_{kk'}(h) &= \frac{1}{N(h)}\sum_{i=1}^{N(h)}\{[Z_k(x_i)-m_k][Z_{k'}(x_i+h)-m_{k'}]\} \\
&= \frac{1}{N(h)}\sum_{i=1}^{N(h)}[Z_k(x_i)Z_{k'}(x_i+h)-m_k m_{k'}]
\end{aligned} \qquad (4\text{-}53)
$$

式中，$m_{k'}=\frac{1}{N}\sum_{i=1}^{N}Z_{k'}(x_i)$；$m_k=\frac{1}{M}\sum_{j=1}^{M}Z_k(x_j)$；$N$ 和 M 为样本个数。

交叉变异函数计算公式为

$$
\gamma_{kk'}(h)=\frac{1}{2N(h)}\sum_{i=1}^{N(h)}\{[Z_k(x_i+h)-Z_k(x_i)][Z_{k'}(x_i+h)-Z_{k'}(x_i)]\} \qquad (4\text{-}54)
$$

交叉协方差函数云图、交叉变异函数云图与单一区域化变量一样，也具有块金效应、各向异性、套合结构等特点，也需要进行结构分析，配以相应的理论模型。

4.8.3　协同克里金法估值

1. 协同克里金估计量

协同克里金法的任务是应用定义于支撑$\{v_{\alpha_k}\}$上的有效数据$\{Z_{\alpha_k},\alpha_k=1,2,\cdots,n_k\}$，对中心点在$x_0$的待估域$V(x_0)$上的变量，估计其平均值$Z_{V_{k_0}}$的估计量$Z^*_{V_{k_0}}$，其中，

$$Z_{V_{k_0}}=\frac{1}{V_{k_0}}\int_{V_{k_0}}Z_{k_0}(x)\,\mathrm{d}x\,,\quad Z_{a_k}=\frac{1}{V_{a_k}}\int_{V_{a_k}}Z_k(x)\,\mathrm{d}x$$

协同克里金估计量$Z^*_{V_{k_0}}$是K个协同区域化变量的全部有效数值的线性组合：

$$Z^*_{V_{k_0}}=\sum_{K=1}^{K}\sum_{a_k=1}^{n_k}\lambda_{a_k}Z_{a_k}\tag{4-55}$$

2. 协同克里金法方程组

设待估域V(中心点在x_0处)的某区域化变量满足二阶平稳假设和内蕴假设，其平均值为μ_0，在x_0附近的信息与v内有若干采样点，已观测各采样点的某两个区域化变量的值分别为$\mu_i(i=1,2,\cdots,n)$和$\nu_j(j=1,2,\cdots,m)$，且$E(\mu_i)=\mu_u$、$E(\nu_j)=\mu_v$，则μ_0的估计值μ_0^*的协同克里金线性估计量为

$$\mu_0^*=\sum_{i=1}^{n}a_iu_i+\sum_{j=1}^{m}b_jv_j\tag{4-56}$$

式中，$a_i(i=1,2,\cdots,n)$，$b_j(j=1,2,\cdots,m)$为协同克里金权重系数。

为使μ_0^*为μ_0的最优无偏线性估计量，必须满足以下两个条件。

1）无偏性条件

$$\begin{aligned}E(\mu_0^*)&=E\left(\sum_{i=1}^{n}a_iu_i+\sum_{j=1}^{m}b_jv_j\right)\\&=\sum_{i=1}^{n}a_iE(u_i)+\sum_{j=1}^{m}b_jE(v_j)\\&=u_u\sum_{i=1}^{n}a_i+u_v\sum_{j=1}^{m}b_j\end{aligned}$$

仅当$\sum_{i=1}^{n}a_i=1$且$\sum_{j=1}^{m}b_j=0$时，$E(\mu_0^*)=E(\mu_0)=\mu_u$才能成立。因此，$\mu_0^*$为$\mu_0$的最优无偏线性估计量的条件是$\sum_{i=1}^{n}a_i=1$且$\sum_{j=1}^{m}b_j=0$。

2）最优性条件

在满足无偏条件下，协同克里金估计方差σ^2_{cok}为

$$\begin{aligned}\sigma^2_{\mathrm{cok}}&=E(\mu_0-\mu_0^*)^2\\&=\sum_{i=1}^{n}\sum_{j=1}^{n}a_ia_j\overline{C}(u_i,u_j)+\sum_{i=1}^{m}\sum_{j=1}^{m}b_ib_j\overline{C}(v_i,v_j)+2\sum_{i=1}^{n}\sum_{j=1}^{m}a_ib_j\overline{C}(u_i,v_j)\\&\quad-2\sum_{i=1}^{n}a_i\overline{C}(u_i,u_0)-2\sum_{j=1}^{m}b_j\overline{C}(v_j,v_0)+\overline{C}(u_0,v_0)\end{aligned}\tag{4-57}$$

为使 σ_{cok}^2 达到最小，在无偏性约束条件下求解条件极值。令

$$F=\sigma_{\text{cok}}^2-2\mu_1\left(\sum\nolimits_{i=1}^{n}a_i-1\right)-2\mu_2\left(\sum\nolimits_{j=1}^{m}b_j\right)$$

求偏导并令其为 0，得协同克里金线性方程组：

$$\begin{cases}\dfrac{\partial F}{\partial a_i}=2\sum\nolimits_{i=1}^{n}a_i\overline{C}(u_i,u_j)+2\sum\nolimits_{j=1}^{m}b_j\overline{C}(u_i,v_j)-2\overline{C}(u_0,u_i)-2\mu_1=0\\ \dfrac{\partial F}{\partial b_j}=2\sum\nolimits_{j=1}^{m}b_j\overline{C}(v_i,v_j)+2\sum\nolimits_{i=1}^{n}a_i\overline{C}(u_i,v_j)-2\overline{C}(u_0,v_j)-2\mu_2=0\\ \dfrac{\partial F}{\partial \mu_1}=2\left(\sum\nolimits_{i=1}^{n}a_i-1\right)=0\\ \dfrac{\partial F}{\partial \mu_2}=2\sum\nolimits_{j=1}^{m}b_j=0\end{cases}$$

于是得

$$\begin{cases}\sum\nolimits_{i=1}^{n}a_i\overline{C}(u_i,u_j)+\sum\nolimits_{j=1}^{m}b_j\overline{C}(u_i,v_j)-\mu_1=\overline{C}(u_0,u_i)\\ \sum\nolimits_{j=1}^{m}b_j\overline{C}(v_i,v_j)+2\sum\nolimits_{i=1}^{n}a_i\overline{C}(u_i,v_j)-\mu_2=\overline{C}(u_0,v_j)\\ \sum\nolimits_{i=1}^{n}a_i=1\\ \sum\nolimits_{j=1}^{m}b_j=0\end{cases}\tag{4-58}$$

转为矩阵形式，如下：

$$\begin{bmatrix}\overline{C}(u_1,u_1)&\overline{C}(u_1,u_2)&\cdots&\overline{C}(u_1,u_n)&\overline{C}(u_1,v_1)&\overline{C}(u_1,v_2)&\cdots&\overline{C}(u_1,v_m)&1&0\\ \overline{C}(u_2,u_1)&\overline{C}(u_2,u_2)&\cdots&\overline{C}(u_2,u_n)&\overline{C}(u_2,v_1)&\overline{C}(u_2,v_2)&\cdots&\overline{C}(u_2,v_m)&1&0\\ \vdots&\vdots&&\vdots&\vdots&\vdots&&\vdots&\vdots&\vdots\\ \overline{C}(u_n,u_1)&\overline{C}(u_n,u_2)&\cdots&\overline{C}(u_n,u_n)&\overline{C}(u_n,v_1)&\overline{C}(u_n,v_2)&\cdots&\overline{C}(u_n,v_m)&1&0\\ \overline{C}(v_1,u_1)&\overline{C}(v_1,u_2)&\cdots&\overline{C}(v_1,u_n)&\overline{C}(v_1,v_1)&\overline{C}(v_1,v_2)&\cdots&\overline{C}(v_1,v_m)&0&1\\ \overline{C}(v_2,u_1)&\overline{C}(v_2,u_2)&\cdots&\overline{C}(v_2,u_n)&\overline{C}(v_2,v_1)&\overline{C}(v_2,v_2)&\cdots&\overline{C}(v_2,v_m)&0&1\\ \vdots&\vdots&&\vdots&\vdots&\vdots&&\vdots&\vdots&\vdots\\ \overline{C}(v_m,u_1)&\overline{C}(v_m,u_2)&\cdots&\overline{C}(v_m,u_n)&\overline{C}(v_m,v_1)&\overline{C}(v_m,v_2)&\cdots&\overline{C}(v_m,v_m)&0&1\\ 1&1&\cdots&1&0&0&\cdots&0&0&0\\ 0&0&\cdots&0&1&1&\cdots&1&0&0\end{bmatrix}\begin{bmatrix}a_1\\a_2\\\vdots\\a_n\\b_1\\b_2\\\vdots\\b_m\\-\mu_1\\-\mu_2\end{bmatrix}=\begin{bmatrix}\overline{C}(u_0,u_1)\\\overline{C}(u_0,u_2)\\\vdots\\\overline{C}(u_0,u_n)\\\overline{C}(u_0,v_1)\\\overline{C}(u_0,v_2)\\\vdots\\\overline{C}(u_0,v_m)\\1\\0\end{bmatrix}\tag{4-59}$$

根据协同克里金方程组，可得协同克里金方差为

$$\sigma_{\text{cok}}^2=\overline{C}(u_0,u_0)+\mu_1-\sum\nolimits_{i=1}^{n}a_i\overline{C}(u_0,u_i)-\sum\nolimits_{i=1}^{m}b_j\overline{C}(u_0,v_j)\tag{4-60}$$

若有多个变量，则求解 λ_{a_k} 的协同克立金方程组为

$$\begin{cases}\sum_{k'=1}^{K}\sum_{\beta_{k'}=1}^{n_{K'}}\lambda_{\beta_{k'}}\overline{C}_{k'k}(v_{\beta_{k'}},v_{a_k})-\mu_k=\overline{C}_{k_0k}(v_{k_0},v_{a_k}) \\ \sum_{a_{k_0}=1}^{n_{k_0}}\lambda_{a_{k_0}}=1 \\ \sum_{a_k=1}^{n_k}\lambda_{a_k}=0\end{cases}\quad\begin{matrix}(a_k,\beta_{k'}=1,2,\cdots,n_k)\\(k=1,2,3,\cdots,K)\end{matrix}\tag{4-61}$$

协同克里金方差为

$$\sigma_{V_{k_0}}^2=\overline{C}_{k_0k_0}(V_{k_0},V_{k_0})+\mu_{k_0}-\sum_{k=1}^{K}\sum_{a_k=1}^{n_k}\lambda_{a_k}\overline{C}_{k_0k}(V_{k_0},v_{a_k})\tag{4-62}$$

要使协同克里金方程组具有唯一解的条件是：

(1) 交叉协方差矩阵$\left[\overline{C}_{k'k}(v_{\beta_{k'}},v_{a_k})\right]$严格正定，为此必须采用正定的点协同区域化模型 $C_{k'k}(h)$；

(2) 没有一个数值相对于另一个数值是完全多余的；

(3) 待估的主变量 $Z_{V_{k_0}}$ 的观测个数不为 0。

3. 协同克里金法适用条件

由上述定义及推导可知，协同克里金法应在估计邻域中待估变量至少有一个样品数据或待估变量与其他变量数据不在同一支撑上时使用；若待估变量没有样品数据，则无偏条件不成立，若待估变量与其他变量数据支撑相似时，协同克里金法即为普通克里金法。

第 5 章　地统计学建模新方法

5.1　概　　述

5.1.1　地统计学建模的分类

地学建模一般可分为物理建模和资料建模两大类。物理建模是以物理规律为基础的机理分析方法，在对研究对象的内部相互作用及该系统与外界的相互关系有所认识的前提下，获取系统未来空间结构和演化行为特性，该过程通常也称为动力学建模；资料建模则是以资料分析为基础的统计分析方法，通过大量的实验资料、观测资料、分析资料寻找不同物理量之间的内在关系或过去有关的演化特性，按照一定的准则进行模型的拟合，一般不涉及动力学机制，所以也称为统计建模。

地统计学是以区域化变量理论为基础，研究自然现象的空间变异与空间结构的一门学科。所以，地统计学建模方法应该是将这两种方法结合起来，利用物理分析建立动力学模型，结合资料建模获取动力学模型的有关参数或系数。

本书引入时空、分形和模式识别这些新概念，阐述其应用理念，进而与地统计相融合，探索建立地统计学的新方法。

5.1.2　地统计学建模的一般步骤

地统计学建模主要包括模型的酝酿、假设、构造、求解、数理分析及检验六个步骤。

1) 模型酝酿

建模者首先要在充分了解问题的基础上，明确建模的目的，搜集建模必需的各种信息，如数据、资料或有关情况等。根据研究对象的特点及现有的技术与条件，确定建模的方法与类型。

2) 模型假设

这是地统计学建模的核心。地统计学建模的实质就是将地学问题抽象为数学问题。由于客观事物的复杂性，任何一个实际地学问题是不能够仅仅经过简化、假设而直接转化为数学问题的，即使可能，也会因为模式的极其复杂而无法求解。通常模型的假设需要利用现有资料、数据的分析及研究对象的内在规律、演化特性等。地统计学的模型假设要满足三个前提：

(1) 随机过程。地统计学认为研究区域中的所有样本值都是随机过程的结果，即所有样本值都不是相互独立的，它们遵循一定的内在规律。

(2) 正态分布。经典统计学分析中，假设大量样本是服从正态分布的，地统计学也不例外。在获得数据后首先应对数据进行分析，若不符合正态分布的假设，应对数据进行变换，转为符合正态分布的形式，并尽量选取可逆的变换形式。

(3) 平稳性。重复的观点是经典统计学的理论基础，从大量重复的观察中可以进行预测和估计，并可以了解估计的变化性和不确定性。对于大部分的空间数据而言，平稳性的假设是合理的。这其中包括两种平稳性：一种是均值平稳，即假设均值是不变的并且与位置无关；另一种是与协方差函数有关的二阶平稳和与半变异函数有关的内蕴平稳。

3) 模型构造

在科学和合理假设的基础上，建模者即可采用数学工具构造诸变量之间的数学关系。该过程需要建模者既具有扎实的专业学科知识，还需要有一定的应用数学方面的知识，这样才能保证构造模型的合理性与科学性。

4) 模型求解

模型求解是一个纯数学的过程，一般来说有两种方式：一种是用于简单模型的直接求解；一种是对于复制模型求解的计算机数值计算方式。此外，还可以采用图解、证明、逻辑运算等进行模型的求解。

5) 数理分析

数理分析是在对模式进行数学求解的基础上，根据专业知识来充分展开解释有关系数、参数的变化对系统的性质、演化和稳定性等情况的影响，是建模研究的重要内容。有时是根据问题的性质分析变量间的依赖关系和稳定状况，有时是根据所得结果给出数学上的预报，有时则可能要给出数学上的最优决策或控制。

6) 模型检验

模型检验就是将数理分析的结果与实际的现象、数据相比较，从而检验模型的合理性和适用性。如果模型检验的结果不符合或者部分不符合实际，则要对模型的假设和模型的构成进行修改、补充，直至模型达到预期目标。

5.1.3　地统计学空间分析建模技术体系

地学空间信息分析是指对地球空间信息进行分析、模拟和预测，以及根据空间信息进行时空运筹的技术、方法和理论。王劲峰等(2005)提出地统计学空间分析建模主要包括数据获取、统计和预处理(模块 M1)；当进行多源异构数据综合分析时，需要进行属性数据空间化和空间尺度转换处理(模块 M2)；然后进行空间数据探索分析(模块 M3)；之后根据属性数据的空间存在格式(空间连续分布和离散分布)，分别引导建立地统计模型(模块 M4)，格数据分析模型(模块 M5)，多源复杂时空信息的分解、融合、预报模型(模块 M6)，以及其他(图 5-1)。M1~M3 属于数据预处理范畴，M4~M6 属于问题建模范畴，对建立的模型需要求解、机理解释及检验。

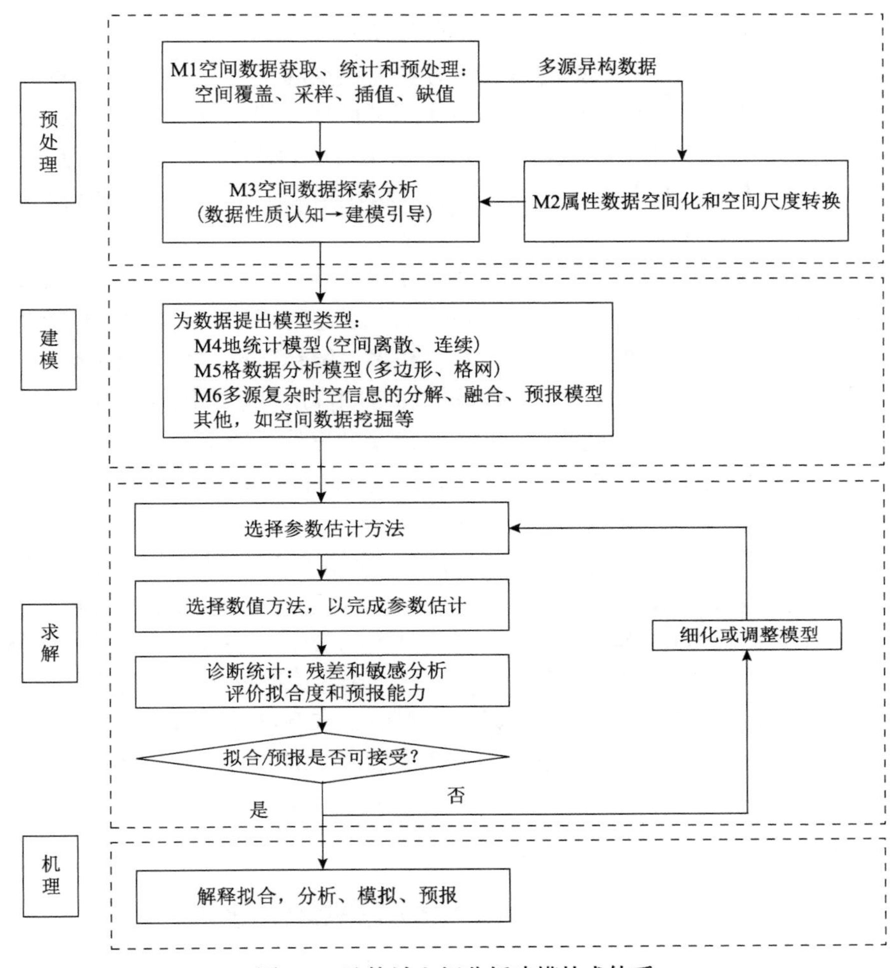

图 5-1　地统计空间分析建模技术体系

(1)模块 1 空间数据获取、统计和预处理。空间数据的采集、统计及相应的预处理工作是信息分析的第一步。信息数据的获取通过采样方法；将采样数据生成面数据或估计未知点位数据主要采用插值方法；对于缺值的问题，也可以使用插值方法补整。

(2)模块 2 属性数据空间化和空间尺度转换。研究所获取的地球生态环境数据及社会经济数据通常是具有不同形状和尺度的地理空间单元，分析时需要将属性数据空间化及进行空间尺度的转换，其核心是非空间信息或更大空间单元的属性数据在空间上或较小空间尺度上表达的理论和方法，具体可以通过聚集、拆分、空间建模等方法实现。

(3)模块 3 空间数据探索分析。在进行地学建模之前，需要对数据进行探索性数据分析，揭示数据空间位置及属性所隐含的结构特征，从而引导选择合适的数据分析模型及进行参数设置。探索性数据分析通过图形与属性表之间的动态链接，利用直方图、QQ分布图、趋势分析等方法进行分析。因为空间信息分析要求各空间单元内的信息变差具有相对一致性，所以，经常需要对空间单元的大小进行调整，通过模型计算，实现统计单元的均质性、平等性和空间紧凑性。

(4)模块 4 地统计模型。空间数据的存在形式可以分为点状数据或空间连续分布数据。地统计分析能够将离散点数据通过插值方法变成空间连续分布数据。地统计学的基础就是变异函数，克里金插值利用变异函数实现了最优无偏估值。同时，克里金法能够给出每一点不确定性、利用多种附属信息填补采样不足的缺陷等。在进行地理模拟时，克里金法具有平滑作用，即将极大值偏小估计、极小值偏大估计，能够使得整幅图像趋于平缓。

(5)模块 5 格数据分析模型。多边形数据(社会经济统计数据格式)，包括规则格网数据(遥感)，是空间数据的又一种主要存在形式。通过空间自相关和协相关模型，找出研究对象在空间布局上的联系与差异，以及空间多元解释变量。通常利用空间回归模型进行模拟分析，来表达地学对象的空间依赖性和空间异质性。常用的空间回归分析有联立自回归模型、空间移动平均模型和条件自回归模型三种特殊形式。有时，为了检测空间内的热点区域，可以使用局域统计模型，对研究区域内距某一目标单元一定距离的空间范围内所有点的值进行分析。

(6)模块 6 多源复杂时空信息的分解、融合、预报模型。目前各领域获取时空信息大多是多源复杂因素综合作用的结果。通过观测信息反演地学过程机理是地球科学，特别是地球空间信息科学的基本任务之一。目前可用的数学方法有统计、神经网络、小波分析、人工智能算法等，这些也是数据挖掘的基本手段。但这些方法只能进行单一成因要素(团)提取和简单过程预报，要实现基于时空信息复合过程的科学预报，需要将多源复杂因子进行分解与重构，形成一个新的整体模式。同时，对于离散的空间采样数据，常使用空间插值的方法估计未知点的值，实际上应该更好地结合数据的先验信息，以空间统计为辅助工具提高空间估计的精度。

5.2 时空多元空间信息统计分析

5.2.1 概述

地统计学所研究的变量，在空间域和时间域上不一定是完全随机或完全独立的，在对样本数据进行分析时，除了分析空间自相关的特性外，还需要充分考虑其时间相关特性，即揭示变量在空间及时间维度的连续性。因此对于这种时空变量，原本用于空间的克里金变异函数便不能直接用于时空变量的数据进行插值，必须进行时空扩展，获取有效的时空变异函数模型，实现时空插值。目前，国内外对变量的时空变异性已有较多研究，发现众多自然现象中的变量具有时空变异性，并通过构建时空变异函数，探究了自然变量的时空变化规律，实现时空分布模拟。

5.2.2 时空插值模型

时空结合插值分析法是将时空变量的时间变异性和空间变异性结合在一起进行分析的方法。

1. 非线性混合时空插值模型

常用的非线性混合时空插值方法为约减法和扩展法，这两种方法都可以用来进行不规则数据集的时空插值。

1) 约减法

约减法是将时间作为独立维进行考虑，主要用于样本站点在某些时刻有缺失时的数据弥补，所以通常先进行时间插值对缺失数据的样本站点进行数据补漏，再在此基础上进行空间插值。这里以反距离加权法为例，假设所有站点在 t 时刻的数据丢失，t 时刻前后数据存在，要想获得所有气象站点在 t 时刻的气象数值，约减法时空插值的计算公式为

$$Z_i(t) = \frac{t_{i2} - t}{t_{i2} - t_{i1}} \cdot Z_{i1} + \frac{t - t_{i1}}{t_{i2} - t_{i1}} \cdot Z_{i2} \tag{5-1}$$

$$Z(t) = \frac{\sum_{i=1}^{m} \frac{Z_i(t)}{d_i^n}}{\sum_{i=1}^{m} \frac{1}{d_i^n}} \tag{5-2}$$

式中，Z_{i1}、Z_{i2} 为第 i 个气象样本点在 t_{i1}、t_{i2} 时刻的实测值；$Z_i(t)$ 为第 i 个样本点在时刻 t 的估算值；d_i 为第 i 个站点与待插点之间的空间距离；$Z(t)$ 为待插站点在时刻 t 的要素估算值；m 为参与插值计算的样本点个数；n 为幂指数。

2) 扩展法

扩展法是把时间作为等同空间的一个维度进行考虑的，同样以反距离加权法为例，扩展法的计算见式(5-3)和式(5-4)：选取与待插点最近“距离”的样本点作为插值样本点，这里的距离采用时空距离。

$$Z(t) = \frac{\sum_{i=1}^{m} \frac{Z_i(t_i)}{d_i^n}}{\sum_{i=1}^{m} \frac{1}{d_i^n}} \tag{5-3}$$

$$d_i = \sqrt{(x_i - x)^2 + (y_i - y)^2 + (t_i - t)^2} \tag{5-4}$$

式中，$Z_i(t_i)$ 为第 i 个样本点在 t_i 时刻的实测值；t_i 为 t 临近时刻；d_i 为第 i 个样本点与待插点之间的时空距离。

时空插值的约减法与扩展法开创了时空混合插值的先河。然而，约减法只能用于站点历史缺失值的填补，这样只能用于数据统计，对数据信息的实时监测难以胜任。扩展法中时空单位的不确定性会导致插值结果存在很大的差异性，不同的空间单位和时间单位的组合，得到的插值结果会有很大的差别。

2. 线性混合时空插值模型

该方法为了能够在插值过程中同时考虑时间和空间信息，通过对时空数据分别进行时间插值和空间插值，然后通过线性组合合并这两种情况得出插值结果，从而获取最终时空估计结果。这类算法首先在空间维度和时间维度上分别建立插值模型，在各个单项

模型研究的基础上，加权组合建立线性时空插值模型，综合利用各个模型所提供的信息，提高插值效果。对于这类模型可以用一个统一表达式表示为

$$Z(t) = a \cdot Z_S(t) + b \cdot Z_T(t) \tag{5-5}$$

式中，$Z(t)$ 为 t 时刻未知点的估计值；$Z_S(t)$ 为 t 通过空间插值获得的 t 时刻未知点估计值；$Z_T(t)$ 为 t 时刻通过在 T 时间序列插值或模拟估计值；a，b 为加权系数。

3. 地统计时空插值模型

地统计方法为联合时间和空间分析提供了有力的工具，地统计时空模型以观测站点间的联合时空相关性为基础，为数据分析和预测提供了一个概略框架。这种方法主要将时空数据观测值当做时空随机过程的实现值，从而将时间和空间有机统一到一个模型中，实现时空模拟估计插值，为更好地理解地理过程、认识时空现象奠定基础。其实质是在确定的空间技术基础上进行扩展，将时间作为一个附加的空间维。对于如何合理扩展地统计方法将时间与空间统一在一个时空模型中，其关键是建立合理的时空变异函数和时空协方差函数，从而真实地将时空域统一在一个模型中。

5.2.3 时空克里金模型

时空地统计学核心为时空克里金理论。时空克里金理论主要包括时空变量、时空数据平稳性、时空经验变异函数及时空理论变异函数模型等部分。其中，数据平稳性为时空克里金法基本理论基础，时空经验变异函数及时空理论变异函数模型为时空克里金法关键。本节内容主要根据梅杨(2016)的成果整理。

1. 时空变量

定义 D 为空间域，T 为时间域，若同时存在 $s=(x,y)\in D, t\in T$，则有 $Z(s,t)$ 为时空随机变量。对于时空变量 $Z(s,t)$，存在时空随机函数 $(RV)Z(s,t),(s,t)\in D\times T$。其中，$(RV)Z(s,t)$ 为变量 Z 在任意空间位置 s 和时间 t 上小于阈值 z 的概率分布函数，即 $F(s,t;z)=\mathrm{Prob}\{Z(s,t)\leqslant z\},\forall z,(s,t)$。显然，时空随机函数与空间随机函数类似，因此，平稳假设也适用于时空变量(Cesare et al.，2001)。本书中，采用 Rouhani 和 Wackernagel(1990)提出的时空坐标系，将时间 t 视作一个新的维度加入空间维度(x，y)中，形成一个时空坐标系(x，y，t)。同时根据 Marcel 等提出的时空距离，定义时空距离为 $d=\sqrt{h_s^2+(\varphi t)^2}$，其中，$\varphi$ 为时空各向异性系数，其作用为衡定时间尺度和空间尺度的不一致性(梅杨，2016)。

2. 时空数据平稳性

时空数据平稳性是时空克里金法的理论基础，在对时空数据进行时空分析之前必须进行平稳性检验。平稳性检验方法包括平稳假设、二阶平稳性假设、本征假设。

平稳假设：表示将既定的 n 个时空点集从研究区域某一时空位置移向另一时空位置时，随机函数的性质保持不变，也称为平移不变性，即随机函数的分布规律不因空间或时间位置改变而改变。

二阶平稳性假设：在研究区内，时空变量的协方差函数对 $\forall x$ 和 R 存在且平稳，即

$$
\begin{aligned}
&\operatorname{Cov}[Z(s,t),Z(s+h_S,t+h_T)]\\
&=E\left[\{Z(s,t)-Z(s+h_S,t+h_T)\}\{Z(s+h_S,t+h_T)-E[Z(s,t)]\}\right]\\
&=E\left[\{Z(s,t)-m\}\{Z(s+h_S,t+h_T)-m\}\right]\\
&=E\left[Z(s,t)Z(s+h_S,t+h_T)-m^2\right]\\
&=C(h_S,h_T)
\end{aligned}
\tag{5-6}
$$

本征假设：

(1) 在研究区域内，时空变量 $Z(s,t)$ 的增量的数学期望对 $\forall\,(s,t)$ 和 (d,t) 存在，且等于 0，即

$$
E[Z(s,t)-Z(s+d,t+\tau)]=0 \tag{5-7}
$$

(2) 在研究区域内，时空变量的增量的方差对任意 s 和 t 存在，且平稳，即

$$
\begin{aligned}
&\operatorname{Var}[Z(s,t)-Z(s+h_S,t+h_T)]\\
&=E\left\{[Z(s,t)-Z(s+h_S,t+h_T)]^2\right\}\\
&=2\gamma(h_S,h_T)
\end{aligned}
\tag{5-8}
$$

式中，$\gamma(h_S,h_T)$ 为时空半方差函数。

对于上述三种平稳性检验，就严格性而言，本征假设<二阶平稳性假设<平稳性假设。

3. 时空经验变异函数

定义时空变量 $Z(x)=\left\{Z(s,t)\middle| s\in S,t\in T\right\}$，其中，$S$ 表示空间域，T 表示时间域。在本征假设条件下，定义时空经验变异函数为

$$
\hat{\gamma}(h_S,h_T)=\frac{1}{2N(h_S,h_T)}\sum_{i=1}^{N(h_S,h_T)}\left[Z(s,t)-Z(s+h_S,t+h_T)\right]^2 \tag{5-9}
$$

式中，h_S 和 h_T 分别为空间和时间间隔变量；$N(h_S,h_T)$ 为样点中符合所定义空间和时间间隔的点对数，其对应时空协方差函数可定义为

$$
C(h_S,h_T)=\operatorname{Cov}\left[Z(s+h_S,t+h_T)-Z(s,t)\right] \tag{5-10}
$$

为使式(5-10)为一个有效的协方差函数模型，$C(h_S,h_T)$ 必须大于 0，即对于任意的 $(s_i,t_i)\in R^2\times T$ 满足：

$$
\sum_{i=1}^{n}\sum_{j=1}^{n}a_i a_j C_{st}(s_i-s_j,t_i-t_j)\geqslant 0 \tag{5-11}
$$

4. 时空理论变异函数模型

相较于空间理论变异函数模型，时空变量由于在时间和空间上的度量和变异程度不同，使得其所需构建的理论模型较为复杂。通常将时空理论变异模型分为时空分离型模型和时空非分离型模型两类。其中，时空分离模型将时空变量分别在时间和空间上的变

异各用一个模型拟合(如球状模型、高斯模型)，再将其用乘积、线性组合、乘积和等方式组合起来；而时空非分离模型将时空变量在时间和空间上的变异统一考虑，一般基于数学模型产生，如随机微分方程、极限理论、谱密度函数等，结构复杂，种类多样。

1) 线性时空分离模型(SM)

Rouhani 和 Hall(1989)为了能够在插值方法中同时考虑时间和空间信息，对时空数据分别进行时间插值和空间插值，然后通过线性合并获取最终插值估计结果。将时空协方差函数定义为

$$C_{st}(h_s,h_t)=C_s(h_s)+C_t(h_t) \tag{5-12}$$

式中，$C_s(h_s)$ 、$C_t(h_t)$ 和 $C_{st}(h_s,h_t)$ 分别为空间、时间和时空协方差函数。然而，有些时候时空数据某些特性的协方差矩阵会是奇异的，这种情况下，该模型只是半正定的，不太适用于理想预测。

2) 积式时空分离模型(PM)

de Cesare 等在 Meija 和 Rodríguez-Iturbe 研究(1974)的基础上，将时空关系分离成相互依赖的两个方面来分别考虑，构建了积形式的时空协方差函数模型，表达式为

$$C_{st}(h_s,h_t)=C_s(h_s)C_t(h_t) \tag{5-13}$$

该模型可以写成时空半变异函数模型，表达式为

$$\gamma_{st}(h_s,h_t)=C_t(0)\gamma_s(h_s)+C_s(0)\gamma_t(h_t)-\gamma_s(h_s)\gamma_t(h_t) \tag{5-14}$$

式中，γ_{st} 为时空变异函数；γ_t 为时间变异函数；γ_s 为空间变异函数；C_t 为时间协方差函数；C_s 为空间协方差函数。但是这类模型并不能很好地反映时间与空间的相关关系，选择这类模型更主要是因为它的简便。

3) Bilonick 时空分离模型(BM)

Bilonick(1979)在 Ma(2003)研究的基础上，综合考虑时间和空间维度，定义时空几何异向比率φ，得到时空距离 $h_{st}=\sqrt{h_s^2+(\varphi t)^2}$ ，并将时间、空间及时空三个方面的变异分别用一个模型表示，最后得到时空变异结构模型为

$$\gamma(h_s,h_t)=\gamma_s(h_s)+\gamma_t(h_t)+\gamma_{st}(h_{st}) \tag{5-15}$$

式中，$\gamma_s(h_s)$ 、$\gamma_t(h_t)$ 和 $\gamma_{st}(h_{st})$ 分别为空间、时间和时空变异函数，其形式可延用高斯模型、指数模型、球状模型和线性模型等空间变异函数形式。此模型的优点在于能够容易且公平地解释空间、时间和时空三个部分在物理上的意义。

4) Dagum 时空分离模型(DM)

Porcu 等(2007)定义时空理论变异函数模型与 Cesare 等(2001)类似，即将时间和空间上的变异分别用一个模型表示，再将其用乘积、线性组合方式组合起来，得到时空变异函数：

$$\gamma(h_s,h_t)=\gamma(h_s)+\gamma(h_t)-\gamma(h_s)\gamma(h_t) \tag{5-16}$$

式中，$\gamma(x)$为将 Dagum 生存函数进行变换，得到时空 Dagum 变异函数模型：

$$\gamma(x)=\begin{cases}0 & x=0\\ \dfrac{(1+Cx^{-\alpha})^{-\beta}}{1+(1+Cx^{-\alpha})^{-\beta}} & x>0\end{cases} \tag{5-17}$$

式中，α、β为平滑参数；C 为尺度参数。该模型的优点在于根据生存函数本身特点，在避免了 Hankel 变换(Porcu et al., 2006)的前提下，保证所述时空协方差函数的有效性。

5) Ma 时空分离模型(MAM)

Ma(2003)在研究时空变异函数模型时定义时空协方差函数为

$$C(h_s,h_t)=\int S(uh_s)T(vh_t)\mathrm{d}W(u,v) \tag{5-18}$$

式中，$S(h_s)$和 $T(h_t)$分别为在空间域上的纯空间协方差函数和在时间域上的纯时间协方差函数；$W(u,v)$为在时空域上的非负边界函数。

令非负随机变量(X_1, X_2)的拉普拉斯变换函数为 $L(\theta_1, \theta_2)$，若有 $\gamma_1(h_s)$为空间域上的纯空间协方差函数，$\gamma_2(h_t)$为时间域上的时间协方差函数，则有时空协方差函数：

$$C(h_s,h_t)=L[\gamma_1(h_s),\gamma_2(h_t)] \tag{5-19}$$

令 $W(u,v)=\min(u,v)$，并且有 $0\leqslant u，v\leqslant 1$，对于拉普拉斯变换函数，当$\theta_1\neq 0$ 或 $\theta_2\neq 0$ 时，则有

$$\begin{aligned}L(\theta_1,\theta_2)&=\int_0^1\exp(-\theta_1u-\theta_2v)\mathrm{d}W(u,v)\\&=\frac{1-\exp[-(\theta_1+\theta_2)]}{\theta_1+\theta_2}\end{aligned} \tag{5-20}$$

令$L(0, 0)=1$，因此式(5-17)可以变换为

$$C(h_s,h_t)=\begin{cases}1 & h_s=h_t=0\\ \dfrac{1-\exp[-\gamma(h_s)-\gamma(h_t)]}{\gamma(h_s)+\gamma(h_t)} & \text{其他}\end{cases} \tag{5-21}$$

式中，$\gamma(h_s)$和$\gamma(h_t)$分别为纯空间和纯时间变异函数模型，其形式同样可延用高斯模型、指数模型、球状模型和线性模型等空间变异函数形式。最后，根据 Cesare 等(2001)得到时空变异函数模型为

$$\gamma(h_s,h_t)=\sigma^2[1-C(h_s,h_t)] \tag{5-22}$$

6) 积-和时空非分离模型(PSM)

de Cesare 提出了一个非常通用的时空积-和模型方法，表达式为

$$C_{st}(h_s,h_t)=C_s(h_s)C_t(h_t)+C_s(h_s)+C_t(h_t) \tag{5-23}$$

该模型可以写成时空半变异函数模型，形式如下：

$$\gamma_{st}(h_s,h_t)=[k_2+k_1C_t(0)]\gamma_s(h_s)+[k_3+k_1C_s(0)]\gamma_t(h_t)-k_1\gamma_s(h_s)\gamma_t(h_t) \tag{5-24}$$

为了简化模型拟合，de Cesare 令$[k_2+k_1C_t(0)]$与$[k_3+k_1C_s(0)]$都为 1，de Iaco 在此基础上进一步给出了不受此条件约束的形式，且参数更少的时空协方差函数模型，表达式为

$$\gamma_{st}(h_s,h_t)=\gamma_{st}(h_s,0)+\gamma_{st}(0,h_t)-k\gamma_{st}(h_s,0)\gamma_{st}(0,h_t) \tag{5-25}$$

其中，

$$k=\frac{\mathrm{sill}_{\gamma_{st}(h_s,0)}+\mathrm{sill}_{\gamma_{st}(0,h_t)}-\mathrm{sill}_{\gamma_{st}(h_s,h_t)}}{\mathrm{sill}_{\gamma_{st}(h_s,0)}\mathrm{sill}_{\gamma_{st}(0,h_t)}}$$

7）度量时空非分离模型（MM）

Dimitrakopoulos 和 Luo 等构建了 metric 模型，这里时空分离的单位被转换成为统一的度量单位。这种方法很简单，但在指定一个通用的度量单位时是有难度的，并且失去了直观的单位来描述自相关。

$$C_{st}(h_s,h_t)=C_0(a^2\left|h_s\right|^2+b^2h_t^2) \tag{5-26}$$

式中，系数 a,b 属于实数。

8）Cressie-Huang 时空非分离模型（CH）

Cressie 和 Huang（1999）由伯克纳理论定义时空协方差函数：

$$C(h_s,h_t)=\int\exp(ih_s\omega)\rho(\omega,t)k(\omega)\mathrm{d}\omega \tag{5-27}$$

根据自相关函数$\rho(\omega,t)$和核函数$k(\omega)$的不同，时空变异模型有不同的表达形式。

当 $\rho(\omega,t)=\exp\{-\|\omega\|^2h_T/4\}\exp\{-c_0\|\omega\|\}$，$k(\omega)=\exp\{-c_0\|\omega\|\}$，且 $\delta\to0$ 时，$C(h_s,h_t)$ 在 $R^d\times R$ 上为连续时空协方差函数，经傅里叶变换后，得到时空协方差表达式：

$$C(h_s,h_t)=\frac{\sigma^2(C_th_t+1)}{\{(C_th_t+1)^2+C_s^2\|h_s\|^2\}^{\frac{(d+1)}{2}}} \tag{5-28}$$

式中，C_t 为时间尺度参数；C_s 为空间尺度参数；d 为空间维度。在上述基础上，加入时空块金效应 C_0（Gneiting，2002）和纯空间变异函数$\alpha_1h_s^{\alpha_2}$，得到时空变异函数模型（CH1）：

$$\gamma(h_s,h_t)=\begin{cases}0 & h_s=h_t=0\\ C_0+\sigma^2\left\{1-\dfrac{(C_th_t+1)}{\{(C_th_t+1)^2+C_s^2h_s{}^2\}^{1.5}}\right\}+\alpha_1h_s^{\alpha_2} & 其他\end{cases} \tag{5-29}$$

同理，当$\rho=\dfrac{C_0^{d/2}}{h_t+C_0}\exp\left\{-\dfrac{\|\omega\|^2}{4(h_t+C_0)}+\dfrac{\|\omega\|^2}{4C_0}\right\}\exp\{-\delta h_t^2\}$，$k(\omega)=\exp\{-c_0\|\omega\|/4\}$时，得到时空理论变异函数模型(CH2)：

$$\gamma(h_s,h_t)=\begin{cases}0 & h_s=h_t=0\\ C_0+\sigma^2\left\{1-\exp\left(-C_th_t-C_s^2h_s{}^2-C_{st}h_th_s{}^2\right)\right\}+\alpha_1h_s^{\alpha_2} & 其他\end{cases} \tag{5-30}$$

9) Gneiting 时空非分离模型(GM)

Gneiting(2002)在研究CH模型时发现，由于CH模型需要成对的自相关函数$\rho(\omega,t)$和核函数 $k(\omega)$经过傅里叶函数变换，使其被限制在很小的范围内。Gneiting 在避免傅里叶函数变化的情况下，定义$\varphi(t)$、$\psi(u)$为单调函数，同时，当 $t>0$ 时，对于其 n 阶倒数均存在$(-1)^n\varphi^{(n)}(t)\geqslant 0$。根据伯恩斯坦理论(Samuels，1957)，得到$\varphi(t)$的一般表达式：

$$\varphi(t)=\int_0^{\infty}\exp(-rt)\mathrm{d}F(t) \tag{5-31}$$

式中，F 为非减函数。进而得到时空协方差函数：

$$C(h_s,h_t)=\frac{\sigma^2}{\psi\left(h_t^2\right)^{d/2}}\varphi\left(\frac{h_s{}^2}{\psi\left(h_t^2\right)}\right) \tag{5-32}$$

表 5-1 为$\varphi(t)$和$\psi(u)$的一般表达式。

表 5-1　$\varphi(t)$和$\psi(u)$的一般表达式

表达式	参数
$\varphi(t)=\exp\left(-c\cdot t^{\gamma}\right)$	$c>0,0<\gamma\leqslant 1$
$\varphi(t)=\left(1+ct^{\gamma}\right)^{-v}$	$c>0,0<\gamma\leqslant 1,v>0$
$\varphi(t)=2^{v}\left(\exp\left(c\cdot s^{1/2}\right)+\exp\left(-c\cdot s^{1/2}\right)\right)^{-v}$	$c>0,v>0$
$\psi(u)=\left(a\cdot u^{b}+1\right)^{\beta}$	$a>0,0<b,\beta\leqslant 1$
$\psi(u)=\ln\left(a\cdot u^{b}+\beta\right)/\ln(\beta)$	$a,\beta>0,0<b\leqslant 1$
$\psi(u)=\left(a\cdot u^{b}+\beta\right)/\left(\beta\cdot\left(a\cdot u^{b}+1\right)\right)$	$a>0,0<b,\beta\leqslant 1$
$\psi(u)=\left(a\cdot u^{b}+1\right)^{\beta}$	$a>0,0<b,\beta\leqslant 1$

注：c 和 β 分别为时间和空间尺度参数；b 和 γ 为平滑参数。

5.2.4 时空理论模型拟合

根据上述时空模型可知，时空变异函数理论模型通常为非可微连续，且参数较多，模型拟合的实质是一个多参数非线性优化问题。如果直接运用最小二乘法、非线性拟合等常规拟合方法，可能难以获得较好的拟合效果。为此，通常有以下两种途径：①对变异函数模型进行转换，将非线性模型转变为线性模型，进而运用传统的最小二乘法进行拟合；②运用智能化算法对变异函数参数进行求解。

显然，通过有限的数据，可以获得一个二维线性回归模型，但这种方法在实际计算中忽略了时空变异函数曲面上各点的重要性和计算精度是不等同的特点，即时空变异函数曲面上靠前点的重要性远大于靠后点的重要性。在进行预测时，与预测点时空距离较近的已知点对预测的结果影响较大，并且随着距离的增加，影响逐渐减弱。采用传统拟合回归方法进行时空变异函数模型拟合时，不能够实现将数据样点根据空间距离和时间距离的大小来区别对待。同时，对于变换后为二维线性回归子模型，进行拟合时不仅存在上述问题，而且计算烦琐，若需要对多个模型进行叠加套合，还增加了一个不同模型之间转换和参数设定问题，因此，传统的最小二乘法拟合效果不理想。

智能算法作为一种全局随机搜索的新型算法，不仅能够实现多点并行随机自适应寻优，同时具有对模型是否线性、连续、可微等没有限制，不受待优化个体数目、约束条件影响等优点。特别是对于传统拟合时出现的样本点同等重要性的问题，智能算法可通过构建评价函数，将时空距离倒数作为评价因子添加到其中，达到反映出时空变异函数中靠前点重要性大于靠后点重要性的目的，实现在保证靠前点拟合效果最优的情况下，保证靠后点的拟合精度。在模型拟合方面，智能算法是通过对参数进行编码及解码、计算适应度、变异等操作后求解，对待拟合的模型类型和参数个数没有限制，具有良好的包容性和通用性。

5.2.5 时空克里金预测

1. 时空普通克里金预测

克里金插值方法大多可看做是数据的线性加权。因此，可表示为如下的通用插值预测公式：

$$Z^*(s,t)=\sum_{i=1}^{N}\lambda_i Z(s_i,t_i) \tag{5-33}$$

则时空克里金插值权重计算矩阵可表示为

$$\boldsymbol{A\lambda}=\boldsymbol{b} \tag{5-34}$$

式中，

$$\boldsymbol{A}=\begin{bmatrix} \gamma_{11}(h_S,h_T) & \gamma_{12}(h_S,h_T) & \cdots & \gamma_{1n}(h_S,h_T) & 1 \\ \gamma_{21}(h_S,h_T) & \gamma_{22}(h_S,h_T) & \cdots & \gamma_{2n}(h_S,h_T) & 1 \\ \vdots & \vdots & & \vdots & 1 \\ \gamma_{n1}(h_S,h_T) & \gamma_{n2}(h_S,h_T) & \cdots & \gamma_{nn}(h_S,h_T) & 1 \\ 1 & 1 & \cdots & 1 & 0 \end{bmatrix}$$

$$\boldsymbol{\lambda}=\begin{bmatrix} \lambda_1 \\ \lambda_2 \\ \vdots \\ \lambda_n \\ \psi(x_0) \end{bmatrix} \qquad \boldsymbol{b}=\begin{bmatrix} \gamma_{01}(h_S,h_T) \\ \gamma_{02}(h_S,h_T) \\ \vdots \\ \gamma_{0n}(h_S,h_T) \\ 1 \end{bmatrix}$$

式中，$\boldsymbol{\lambda}$ 为权重矩阵；γ 为时空变异函数；h_S 为样点间的空间距离；h_T 为样点间的时间距离。时空普通克里金预测方差为

$$\sigma^2(x_0)=\boldsymbol{b}^{\mathrm{T}}\boldsymbol{\lambda} \tag{5-35}$$

2. 时空泛克里金预测

根据上述时空普通克里金插值要求时空变量满足二阶平稳或准平稳假设，即在有限的时空领域内，$Z(s, t)$的数学期望为一个常数。而在大多数情况下，如气象、环境、地质等领域，时空变量在研究区内是非平稳的，其时空变量的数学期望$E[Z(s,t)]=m(x)$不为一个常数。这时在进行时空预测时，就需要考虑变量的时空趋势的影响，在此可以构建时空泛克里金法进行预测模拟。

定义非平稳时空变量$Z(x)=\{Z(s,t)|s\in S,t\in T\}$，其中，$S$ 表示空间域，$S\in\mathbb{R}^2$；T表示时间域，$T\in\mathbb{R}$；$Z(x)$可被分解为如下形式：

$$Z(s,t)=M(s,t)+R(s,t) \tag{5-36}$$

式中，$M(s,t)$为在时空点(s,t)处的数学期望，表示点(s,t)处的漂移，也就是趋势部分；$R(s,t)$为剔除趋势后剩余部分，表示$Z(s,t)$围绕趋势$M(s,t)$波动的较小尺度下的随机误差，即残差部分。

一般而言，在给定的尺度下，时空趋势$M(s,t)$可表示为一个多项式或多个单项式函数线性组合：

$$M(s,t)=\sum_{\alpha=0}^{\mu}\sum_{\xi=0}^{\nu}b_{\alpha\xi}f_{\alpha\xi}(s,t) \tag{5-37}$$

式中，$f_{\alpha\xi}(s,t)$为已知几何单项式；$b_{\alpha\xi}$ 为对应表达式的未知系数；μ和 v 分别为空间非匀质性和时间非平稳性阶数。

对于非平稳时空变量 $Z(x)=\{Z(s,t)|s\in S,t\in T\}$，其协方差函数为

$$\begin{aligned}C_Z(x,y)&=E[Z(x)-M(x)][Z(y)-m(y)]\\&=E\{Z(x)Z(y)-Z(x)m(y)-Z(y)m(x)+m(x)m(y)\}\\&=E[R(x)R(y)]=E[R(x)R(y)]-E[R(x)]E[R(y)]=C_R(x,y)\end{aligned} \tag{5-38}$$

其变异函数为

$$\begin{aligned}\gamma_Z(x,y)&=\frac{1}{2}E[Z(x)-Z(y)]^2=\frac{1}{2}\{[Z(x)-Z(y)]-[m(x)-m(y)]\}^2\\&=\frac{1}{2}E[R(x)-R(y)]^2\end{aligned} \tag{5-39}$$

由式(5-38)和式(5-39)可知，$Z(x)$ 的协方差函数等于 $R(x)$ 的协方差函数，$Z(x)$ 的变异函数等于 $R(x)$ 的变异函数，因而若能求出 $R(x)$ 的变异函数即可得到 $Z(x)$ 的变异函数。

根据计算得到的时空趋势模型 $M(s,t)$，估得出时空点在 (s,t) 处的趋势估计值 $\overline{M}(s,t)M$，进而得到时空点位的残差估计值 $\overline{R}(s,t)$。对于残差 $\overline{R}(s,t)$，其数学期望 $E[\overline{R}(s,t)]=0$，满足平稳条件。定义残差 $R(s,t)$ 时空经验变异函数为

$$\hat{\gamma}_{\overline{R}}(h_S,h_T)=\frac{1}{2N(h_S,h_T)}\sum_{i=1}^{N(h_S,h_T)}\left[\overline{R}(s,t)-\overline{R}(s+h_S,t+h_T)\right]^2 \tag{5-40}$$

式中，h_S 和 h_T 分别为空间和时间间隔变量；$N(h_S,h_T)$ 为样点中符合所定义空间和时间间隔的点对数。在对时空残差部分进行时空理论变异函数模型选择与拟合时，采用前述章节介绍的时空分离模型和非分离模型。

残差 $R(s,t)$ 的预测值为

$$\overline{R}^*(s,t)=\sum_{i=1}^{n}\lambda_i\overline{R}(s_i,t_i) \tag{5-41}$$

对于时空域中某任一未知点 (s,t) 的属性值 $Z(s,t)$，假设其时空趋势克里金预测值为 $Z^*(s,t)$，为确保 $Z^*(s,t)$ 为 $Z(s,t)$ 的最优无偏估计，必须符合下列条件：

$$\begin{cases}\sum_{i=1}^{n}\lambda_i=1\\\sum_{i=1}^{n}\lambda_i f_{\alpha\xi}(s_i,t_i)=f_{\alpha\xi}(s,t)\\\sum_{i=1}^{n}\lambda_i\hat{\gamma}_{\overline{R}}(x_\alpha,x_\beta)+M(s,t)=\hat{\gamma}_{\overline{R}}(x_\alpha,x_\beta)\end{cases} \tag{5-42}$$

则有

$$Z^{*}(s,t)=\sum_{i=1}^{n}\lambda_{i}Z(s,t)=\overline{M}(s,t)+\overline{R}^{*}(s,t) \tag{5-43}$$

式中，$\overline{M}(s,t)$为时空趋势$M(s,t)$在时空点(s,t)处的期望值；$\overline{R}^{*}(s,t)$为残差$R(s,t)$在时空点(s,t)处的时空普通克里金预测值。

5.3　分形空间信息统计分析

5.3.1　分形模型

分形几何学自诞生到现在，无论是在理论方面还是在应用方面都取得了巨大进步。分形理论的提出为揭示隐藏于混乱复杂现象中的精细结构和定量地对其进行刻画描述提供了理论基础。分形几何学建立以后，因其在理论及实用性方面具有重要价值，很快就引起了许多学科的关注，并应用于物理、化学、生物、天文领域，成为探索复杂性现象的有力工具和新兴学科。近年来，分形理论与地统计学的联系日益增多，应用效果也日益显现。分形理论不再只是研究几何形态的分形特征，而是进一步研究事物的复杂过程中存在的分形变化规律，分形地统计学(fractal geostatistics)就是分形理论应用于地质、地球物理和地球化学等领域结出的“硕果”。分形地统计学不仅能反映地质现象的分形几何特征，更重要的是能揭示地质过程内在的规律，即随机地质变量存在的分形关系。分形地统计学不但对复杂的地质体、地质现象有定量表征分类作用，而且具有较强的预测性，是一种能产生较高经济效益的数学工具。

1. 分形的定义

分形是其组成部分以某种方式与整体相似的形。它以分维数、自相似性、统计自相似性和幂函数为工具，研究不具有特征标度、极不规则和高度分割，但具有自相似性的复杂现象。定量描述这种自相似性的参数称为“分维数”或简称“分维”，记为D，它可以是分数。设集合$A\in E^{n}$（E^{n}是n维欧氏空间)的豪斯道夫维为D_f和拓扑维为D_t，如果式$D_f \geqslant D_t$成立，则称集合A是分形集(或分形)。

2. 分形的性质

(1)自相似性。指分形体的形态、结构或过程中的特征在不同的空间或时间尺度上是相似的，同时分形整体与子体之间也存在自相似性。最初分形的自相似性仅仅用来描述自然物体形态方面的特征，随着分形理论研究领域的拓展，分形自相似性的内涵向信息、功能上的抽象自相似扩展，从基于决定论的传统数理自相似向基于概率论的统计自相似扩展。

(2)标度不变性。一般来说，分形体的自相似性不是在所有标度上都成立的。分形的标度不变性，指的是在特定的范围内，分形体的各种特征不随着度量尺度的变化而变化，无论放大或缩小该物体，得到的特征参量都是相同的。这个范围称为无标度区，即从分形意义上看特征标度不起作用的区域。

(3) 分形具有任意小尺度的精细结构。

(4) 分形的维数可以是像欧氏几何里那样的整数，也可以是分数。

(5) 分形图形一般是通过递归迭代生成的。

3. 分形的度量

由于研究的具体对象(分形)不同，其分维数 D 计算的具体形式和名称也有多种，最常见的分维数有相似维或容量维 D_0、信息维 D_1、关联维 D_2 和广义维 D_q。

1) 相似维或容量维

在测量地质体边界的长度时，设测量尺度为 r，覆盖整个边界的最少次数为 $N(r)$，此时相似维数的定义为

$$D_0 = \lim \ln N(r) / \ln(1/r) \tag{5-44}$$

将这一定义推广到 n 维空间 E^n（E^n 是 n 维欧氏空间）中，r 为覆盖 E^n 中图形所需的立方体的边长或球体的直径，$N(r)$ 为所需的立方体或球体的最少数目。

2) 信息维

相似维数 D_0 只考虑了覆盖图形所需的立方体数目或球体的数目与其相应边长或直径的关系，对于非确定性的事物，引入了信息维数的概念，将其采用概率的形式表示出来，信息维数定义为

$$D_1 = \lim_{r \to 0} \sum P_i \ln P_i / \ln(r) \tag{5-45}$$

式中，P_i 为覆盖概率，当用边长为 r 的小盒子去覆盖分形结构时，P_i 为分形结构中某些点落入小盒子的概率。$P_i = 1/\ln N(r)$ 时，$D_1 = D_f$。

3) 关联维

P.Grassberger 和 J.Procaccia 应用关联函数 $C(r)$ 给出了关联维数的定义：

$$D_2 = \lim_{r \to 0} C(r) / \ln(r) \tag{5-46}$$

式中，$C(r) = \frac{1}{N^2} \sum_{i,j=1} H(r - |X_i - X_j|)$ 为空间中两点之间距离小于 r 的概率，$|X_i - X_j|$ 为两点间的向量距离；r 为指定的距离上限；$H(z) = \begin{cases} 1 & z \geqslant 0 \\ 0 & z < 0 \end{cases}$，是 Heavisideh 函数。

4) 广义维

广义维的定义为

$$D_q = \lim_{r \to 0} \lim_{q_i \to q} (1/(q_i - 1) \ln \sum_i P_i^{q_i}) / \ln r \qquad (q = -\infty, \cdots, -1, 0, 1, \cdots, \infty) \tag{5-47}$$

式中，P_i 为覆盖概率，当用边长为 r 的小盒子去覆盖分形结构时，P_i 为分形结构中某些点落入小盒子的概率。当 q 取不同值时，D_q 表示不同的分维，如 $D_{q=0}=D_0$，$D_{q=1}=D_1$，$D_{q=2}=D_2$。

5.3.2　Hurst指数

Hurst 指数法是英国水文学家赫斯特(Hurst)提出并以他的名字命名的一种稳健的非参数方法。它可以区分随机和非随机系统，以及设计其他的新的统计方法。Hurst 指数 H 是统计变量分形关系的量度，它反映了变量之间存在的分形关系。

1. 方差分析

若某地质变量为位置函数 $Z(x)$，且 $Z(x)$ 曲线为分形曲线，则其方差 γ 与滞后空间 l 存在如下关系：

$$\gamma(l)=\gamma_0 l^{2H} \tag{5-48}$$

式中，$H=D/2$，D 为分形维数，γ_0 为系数。

$$\gamma(l)=E\left\{[Z(x+l)-Z(x)]^2\right\} \tag{5-49}$$

式中，E 为期望值，利用 $\ln\gamma$ 和 $\ln l$ 的回归分析即可求出 H 值。

2. 频谱分析

若某地质变量为位置函数 $Z(x)$，且 $Z(x)$ 曲线为分形曲线，则曲线的功率谱存在如下关系：

$$S(f)=C(l)f^{-\beta} \tag{5-50}$$

式中，$S(f)$ 为功率函数；$C(l)$ 为相关函数；f 为频率。

$$S(f)=L\left|A(f,L)\right|^2 \tag{5-51}$$

式中，L 为 $Z(x)$ 的域宽；$A(f,L)$ 为 $Z(x)$ 的振幅：

$$\begin{aligned}
&A(f,L)=\frac{1}{L}\int_0^L Z(x)\mathrm{e}^{2x_i fx}\mathrm{d}x\\
&C(l)=\delta^2-\gamma(l)\\
&\delta^2=E\left\{[Z(x)]^2\right\}-E\left\{[Z(x)]\right\}^2
\end{aligned} \tag{5-52}$$

式（5-50）中，β 值可以由 $\ln S$ 和 $\ln f$ 回归分析求得。当概率函数为布朗运动时，则 $\beta=2H+1$，当为高斯扰动时，$\beta=2H-1$。这里的概率函数为

$$\begin{aligned}
&F(y)=p\left[\frac{Z(x+l)-Z(x)}{l^H}\leqslant y\right]\\
&P(L)=\left(\frac{l}{L}\right)^{d-D}
\end{aligned} \tag{5-53}$$

式中，P 为概率；d 为欧氏几何的整数维；D 为分形的分数维。

3. *R/S* 分析

R/S 分析是分形地质统计学的主要方法。对于分形区域化变量来说，一定时间或空间间隔内记录的参数变化区间 R 将随时间或空间间隔长度 l 而呈指数增加。令 R 除以 S(平

均参数值的方差)，得标准无量纲量(R/S)，则 R/S 与时间间隔(滞后空间) l 的关系如下：

$$R/S = Cl^{H} \tag{5-54}$$

式中，C 为常数；H 为 Hurst 指数，H=D。

$$\begin{aligned} Z(x) &= \sum_{u=1}^{l} Z(u) \\ R(x,l) &= \max_{0<u<l}\left\{Z(x+u)-Z(x)-(u/l)\left[Z(x+l)-Z(x)\right]\right\} \\ &\quad -\min_{0<u<l}\left\{Z(x+u)-Z(x)-(u/l)\left[Z(x+l)-Z(x)\right]\right\} \\ S(x,l) &= \sqrt{\frac{1}{l}\sum_{u=1}^{l} Z^2(x+u)-\left[\frac{1}{l}\sum_{u=1}^{l} Z(x+u)\right]^2} \end{aligned} \tag{5-55}$$

R/S 分析方法揭示了区域化变量在一定空间或者时间间隔的参数变化(称 Hurst 干扰)。在双对数坐标上呈比例变化，说明变量存在分形关系。利用 $\ln R/S$ 和 $\ln l$ 的回归分析可求出 H 指数，当 $H = 1/2$ 时，表明分形关系变率为零，序列是相互独立、随机的；当 $0<H<0.5$ 时，表明分形关系为负相关变率，存在反持久性，其强度依赖于 H 值的大小，越接近 0，序列就具有比随机序列更强的突变性或易变性；当 $0.5<H<1$ 时，表明分形关系为正相关变率，存在正持久性，这种持久性的强度依赖于 H 值大小，越接近 1，序列就具有比随机序列更强的持久性。

5.3.3 分形插值

1. 方位-分维估值法

设 $B(x)$ 是随机过程，其增量为 $B(x+h)-B(x)$，若满足：

$$2\gamma(h) = \mathrm{Var}\{B(x+h)-B(x)\} = Ch^{D} \quad D\in(0,2) \tag{5-56}$$

则 $B(x)$ 是个分式布朗运动过程。$B(x)$ 的变差函数 $\gamma(h)$ 是幂函数型。考虑区域化变量 $Z(x)$ 在二维空间中某方向的两点 x，x+h 的增量方差为

$$V(x,h) = \mathrm{Var}\{Z(x+h)-Z(x)\} \tag{5-57}$$

若 $Z(x)$ 存在分形结构，则在其无标度区内有

$$V(x,h) = 2\gamma(x,h) = Ch^{D} \tag{5-58}$$

式中，$\gamma(x,h)$ 为变差函数；C 和 D 为未知参数。

若区域化变量 $Z(x)$ 满足二阶平稳假设，且

$$V(x,h) = V(h) = 2\gamma(h) = Ch^{D} \quad \forall x, \forall h \tag{5-59}$$

称 $V(h)$ 为分形变差函数。由某方向数据计算出 $(h_1,h_2,\cdots,h_n)$ 和 $\left[V(h_1),V(h_2),\cdots,V(h_n)\right]$，用最小二乘法直接求出上式中的未知参数 D 和 C 的最小二乘估计量 $\widehat{D}$ 和 $\widehat{C}$，其中，$\widehat{D}$ 就

是分维数。

设已知 $Z(x)$ 在平面上 n 个点 x_i 处取值为 $Z(x_i)$ $(i=1,2,\cdots,n)$，要估计平面上任一点 x 处的值 $Z(x)$。若以 x 为原点建立直角坐标系，可通过坐标原点的若干条直线将整个坐标平面划分为 N_0 个部分，即划分为 N_0 个方位。对每个方位 j $(j=1,2,\cdots,N_0)$ 及其内对应的数据，由式(5-59)可求出对应的分形变差函数的最小二乘估计量 $\widehat{D}_j$ 和 $\widehat{C}_j$，再在每个方位 j 中取一个距点 x 最近的数据 x_j $(j=1,2,\cdots,N_0)$ 构成以下线性估计量：

$$Z_{DF}^*(x)=\sum_{j=1}^{N_0}\lambda_j Z(x_j) \tag{5-60}$$

其中，λ_j 为以下公式算出的权系数：

$$\lambda_j=\prod_{\substack{i=1\\ i\neq j}}^{N_0}\widehat{C}_j h_i^{\widehat{D}_j} \Big/ \sum_{k=1}^{N_0}\prod_{\substack{i=1\\ i\neq k}}^{N_0}\widehat{C}_j h_i^{\widehat{D}_j} \qquad (j=1,2,\cdots,N_0) \tag{5-61}$$

式中，h_i 为点 x 与 x_i 之间的距离；$\widehat{C}_j h_i^{\widehat{D}_j}$ 为第 i 个方位的分形变差函数。其中，$\sum_{j=1}^{N_0}\lambda_j=1$，$Z_{DF}^*(x)$ 是 $Z(x)$ 的无偏估计，即 $E\left[Z_{DF}^*(x)\right]=E\left[Z(x)\right]$。当被估计点 x 与已知点 x_i 重合时，估计值与已知值相等，即 $Z_{DF}^*(x)=Z(x_i)$。显然 D_j 越大，该方位 j 上的增量方差也就越大，表明其变化性也越强，所占权重就应越小，这与权重计算的表达式所反映的结果是一致的。当 $C_j=C$(常数)$(i=1,2,\cdots,N_0)$ 时，权系数转化为

$$\lambda_j=\prod_{\substack{i=1\\ i\neq j}}^{N_0} h_i^{\widehat{D}_j} \Big/ \sum_{k=1}^{N_0}\prod_{\substack{i=1\\ i\neq k}}^{N_0} h_i^{\widehat{D}_j} \qquad (j=1,2,\cdots,N_0) \tag{5-62}$$

但式(5-61)中的权系数比式(5-62)中的权系数更合理，因为它同时考虑了分维数 D_j 和系数 C_j 对权系数 λ_j 的影响，能够更好地体现不同方向数据的结构特性和各向异性，使其估值结果更趋于合理与精确。同时，研究进一步表明将整个坐标平面划分为 N_0 个部分比将每一象限划分为 N_0 个等分更具有一般性，能适合不同的实际情况。

方位-分维估值的估计方差为

$$\begin{aligned}
\sigma_{DF}^2&=E\left[Z(x)-Z_{DF}^*(x)\right]^2\\
&=E\left[Z(x)-\sum_{i=1}^{N_0}\lambda_i Z(x_i)\right]^2\\
&=\mathrm{Cov}[Z(x),Z(x)]-2\sum_{i=1}^{N_0}\lambda_i\mathrm{Cov}[Z(x),Z(x_i)]+\sum_{i=1}^{N_0}\sum_{j=1}^{N_0}\lambda_i\lambda_j\mathrm{Cov}\left[Z(x_i),Z(x_j)\right]\\
&=2\sum_{i=1}^{N_0}\lambda_i\gamma(x-x_i)-\sum_{i=1}^{N_0}\sum_{j=1}^{N_0}\lambda_i\lambda_j\gamma(x_i-x_j)\\
&=\sum_{i=1}^{N_0}\lambda_i V(x-x_i)-\frac{1}{2}\sum_{i=1}^{N_0}\sum_{j=1}^{N_0}\lambda_i\lambda_j V(x_i-x_j)\\
&=\sum_{i=1}^{N_0}\lambda_i V(h_i)-\frac{1}{2}\sum_{i=1}^{N_0}\sum_{j=1}^{N_0}\lambda_i\lambda_j V(h_{ij})
\end{aligned} \tag{5-63}$$

式中，h_i 为点 x 与点 x_i 之间的距离，共有 N_0 个方向(或方位)；h_{ij} 为点 x_i 与点 x_j 之间的距离，共有 N_0^2 个方向(或方位)。

2. 多维分形克里金插值方法

克里金法是一种最优、线性且无偏的地统计空间插值方法，具有较高的精度。但因为克里金插值的推导过程是建立在空间相关系数矩阵极小意义下的，这就决定了它是一种滑动加权平均或低通滤波过程，所以不可避免地削弱了高频、局部及弱信号，无法重现局部区域隆起或凹陷的奇异特征。多维分形插值方法恰好能突出高频、局部与弱信号，因此，将分形理论引入克里金插值中，能够有效改善克里金插值法的低通滤波性，还原输入信号中更多的高频信息。

设区域化变量 $Z(x)$ 满足二阶平稳假设，其数学期望为 m，为未知常数，协方差函数 $C(h)$ 和变异函数 $\gamma(h)$ 存在且平稳。设待估点 x_0 附近有 n 个样点 x_i $(i=1,2,\cdots,n)$，其观测值为 $Z(x_i)$ $(i=1,2,\cdots,n)$，则普通克里金估值法估计 x_0 的值为

$$Z^*(x_0)=\sum_{i=1}^{n}\lambda_i Z(x_i) \tag{5-64}$$

式中，λ_i 为权重系数；$Z^*(x_0)$ 为 x_0 处的属性估计值。

多重分形克里金插值法的原理为利用多重分形的理论对待插值点小邻域内克里金插值结果进行奇异性校正，即用较大邻域内数据的均值去估计中心小邻域内的均值，作为待插值点的插值结果。多重分形研究的关键问题之一就是测度与尺度的关系。对于曲面而言，δ 尺度下的测度是以 s 点为中心、δ 为边长的正方形邻域的质量。表示为

$$m(s,\delta)=\sum_{i=s-\frac{\delta}{2}}^{s+\frac{\delta}{2}}\rho(s,\delta)(i\cdot\Delta h)=\rho(s,\delta)\cdot\delta^2 \tag{5-65}$$

式中，$\rho(s,\delta)$ 为正方形邻域的面密度。

根据分维定义，拟合最佳逼近时，尺度与测度的关系可表示为

$$m(s,\delta)=b\delta^a \tag{5-66}$$

式中，a、b 为常数。a 为奇异系数，表征了待插值点小邻域内的凹凸特性。在测度-尺度的双对数坐标中，a 是在最小方差意义下所拟合直线的斜率。

据式(5-65)和式(5-66)，将尺度为 $N\delta$ 邻域及尺度为 δ 邻域内的测度表示为

$$\begin{aligned}Z^*(N\delta)^2&=b(N\delta)^a\\ Z^*(\delta)^2&=b(\delta)^a\end{aligned} \tag{5-67}$$

联立上式，得

$$Z_\delta(x_0)=N^{2-a}\cdot Z^*(x_0)=N^{2-a}\cdot\sum_{i=1}^{n}\lambda_i Z(x_i) \tag{5-68}$$

式中，$Z^*(x_0)$ 为 $N\delta$ 邻域内通过克里金方法估计的均值；$Z_\delta(x_0)$ 为 δ 邻域内估计的均值；N 为最大尺度与最小尺度的比值；N^{2-a} 为校正系数。

5.4　模式识别空间信息统计分析

5.4.1　模式识别

人类对于外界事物的区别与判断，除了具有动物直观的本能之外，还增加了思维能力的分析与判断，即对于所获得的信息经人脑的分析加以处理，完成对周围事物的辨别工作。

人类在生产活动过程的长期发展中，辨别事物的能力逐渐加强，同时辨别事物的需求也逐渐扩大。尤其是随着现代信息技术的飞速发展，辨别事物的能力逐渐发展成为一门专门的技术方法，从 20 世纪初起，形成了专门的模式识别技术。之后随着计算机技术的飞速发展，机器的识别手段发展也越来越快，并逐步向智能化迈进。模式识别技术的研究属于人工智能技术的研究范畴。知识表示与获取、隐含知识模型、知识的粒度原理、基于知识的决策与判断、知识系统等人工智能方法的基本原理都深入地应用于模式识别技术的研究与应用中，并进一步促进了模式的快速发展。

究竟什么是模式？什么是模式识别？

“模式”是一个内涵十分丰富的概念，凡是人类能用其感官直接或间接接收的外界信息都称为模式。

模式识别，又称图形识别，就是通过计算机用数学技术方法来研究模式的自动处理和判读，用计算机实现人对各种事物或现象的分析、描述、判断和识别。具体来说，就是利用计算机对一系列过程或事件进行分类，在错误率最小的前提下，自动地把待识别模式分配到各自的模式类中去，使识别的结果与客观情况相符。

计算机模式识别方法大致可分为统计模式识别和句法模式识别两大类。其中，句法模式识别着眼于突出模式结构的信息，采用形式语言理论来分析和描述模式的结构，而统计模式识别是将每个样本用特征参数表示为特征量空间的一个点，根据各点间的距离及各点在特征空间的相对位置关系来判别、分类和总结规律。统计模式识别系统以数学模型为基础，其关键是用数学相似性的度量来匹配若干物理结构特性类似的数据部分的特征向量。

5.4.2　模式识别系统

一个模式识别系统由信息采集、数据预处理、特征提取和选择、分类决策等几个环节组成，如图 5-2 所示。

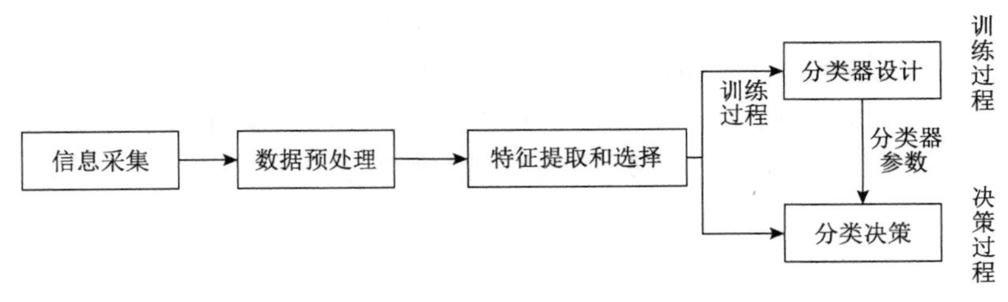

图 5-2　模式识别系统

信息采集环节是模式识别工作的第一步。通过传感器、检测器、A/D转换器等物理装置来获得分类对象的信息并输入计算机。从微观上讲，信息采集是模式识别工作的基础；从宏观上讲，信息采集不仅是目标明确的某一项模式识别工作或者简单分类工作的需要，还是模式识别研究的原始依据。

模式识别的第二步是将获取的信息或者数据进行预处理，这项工作类似于数据标准化。其目的是去除数据噪声，增强有用的信息。常用的技术包括信号滤波去噪，图像的平滑、增强、恢复、滤波等。

特征提取是模式识别最为重要的一步，该环节完成由数据空间到特征空间的转换工作，从原始数据中得到最能反映分类本质的特征。

模式识别系统的终端模块是分类器。根据训练样本集，确定判决规则，使得被识别的对象进行分类时，错误率最小、损失最小或者某一准则函数最优。

5.4.3 模式识别分类

模式识别系统的目标就是在特征空间和解释空间之间找到一种映射关系，获取这种映射关系的方法可以分为监督学习和非监督学习两种。

监督学习是指在给定模式下假定一个解决方案，任何训练集中接近目标的映射都必须在“未知”的样本上得到近似的结果。依靠已知所属类别的训练样本集，利用判别函数进行分类。这种分类模式要求有足够的先验知识，通常需要采集足够数量的具有典型性的样本进行训练。

非监督学习方法则是试图找到一种只以特征空间中的相似关系为基础的有效假说。在没有先验知识的情况下，通常采用聚类分析的方法，用数学方法分析各特征向量之间的距离及分散情况。如果特征向量集聚为若干个群，可按群间距离远近划分成类。

从模式识别理论方法角度，又可将其分为统计模式识别、句法模式识别、模糊模式识别及神经网络模式识别。

(1)统计模式识别：以模式集在特征空间中分布的类概率密度函数为基础，对总体特征进行研究。包括判决函数法和聚类分析法。

(2)句法模式识别(结构模式识别)：根据识别对象的结构特征，以形式语言理论为基础的一种模式识别方法。把复杂模式分化为较简单的子模式乃至基元，各层次之间的关系通过“结构法”来描述，相当于语言中的语法。用小而简单的基元与语法规则来描述大而复杂的模式。

(3)模糊模式识别：以隶属度为基础，运用模糊数学中的“关系”概念和运算进行分类。隶属度反映的是某一元素属于某集合的程度。

(4)神经网络模式识别：以人工神经元为基础，模拟人脑神经细胞的工作特点，对脑部工作的生理机制进行模拟，实现形象思维的模拟。

5.4.4 模式识别分类算法

模式识别过程中，产生一个具有代表性的、稳定且有效的特征矢量分类匹配策略，是补偿变形、提高识别率的有效途径。模式识别的本质就是分类，就是把特征空间中一个特定的点或特征矢量映射到一个适当的模式类别中，确定分类器是识别系统成功的关键。常用的分类算法有 k 均值算法、Fisher 判别算法、贝叶斯统计学聚类算法和人工神经网络算法。

1) k 均值算法

k 均值算法是最简单的一种聚类算法。算法的目的是使各个样本与所在类均值的误差平方和达到最小，这也是评价 k 均值算法最后聚类效果的标准。

具体的实施步骤如下。

(1) 在多维变量属性空间里 n 个数据样本内选定 k 个特征点作为变量属性模式分类中心，令 $I=1$，随机选择的 k 个初始聚类中心为 $Z_j(I)$ $(j=1,2,3,\cdots,K)$；

(2) 求解每个数据样本与初始聚类中心距离 $D\left[x_i, Z_j(I)\right]$ $(i=1,2,3,\cdots,n;$ $j=1,2,3,\cdots,K)$，若满足

$$D\left[x_i, Z_j(I)\right]=\min\left\{D\left[x_i, Z_j(I)\right],(i=1,2,3,\cdots,n)\right\} \tag{5-69}$$

那么，$x_i \in w_k$，即按最小距离的原则把所有样点归入最近的变量属性模式中心。

(3) 令 $I=I+1$，计算新距离中心 $Z_j(I+1)=\dfrac{1}{n}\sum_{i=1}^{n_j} x_i^{(j)}$ $(j=1,2,3,\cdots,K)$ 及误差平方和准则函数 J_c 的值：

$$J_c(I+1)=\sum_{j=1}^{K}\sum_{k=1}^{n_j}\left\|x_k^{(j)}-Z_j(I+1)\right\|^2 \tag{5-70}$$

(4) 判断：如果 $\left|J_c(I+1)-J_c(I)\right|<\zeta$，那么表示算法结束，反之 $I=I+1$，重新返回第 (2) 步执行。

k 均值算法的结果受所选取变量属性模式中心的个数和位置的影响，如果不能形成几个相距较远的孤立区域，则无法取得合理结果。

2) Fisher 判别算法

空间采样点映射到多属性空间中时，归属于不同模式分类的采样点可能交错[(图 5-3 (a)]，将其投影到某一平面上进行分类时，不同模式类别的采样点的投影区域重合。Fisher 判别算法的原理就是寻求一个最合适的投影方向，使各个属性模式之间的投影区域重合部分尽可能少，而使每一类样本的投影尽可能紧凑，以便在该投影空间里设计分类函数对样点进行划分[图 5-3 (b)]。

Fisher 线性判别的准则是采用投影后数据的统计性质——均值和离散度的函数作为判别优劣的标准。Fisher 判别算法的大致实现步骤如下：首先，确定在多维属性空间内样点可以分类的数量。其次，依次计算出样品中每个类的均值、类内离散矩阵、总类内离散度矩阵、类间离散矩阵。再次，利用 Fisher 算法构造函数求取投影向量，并对所有样点进行投影分类。最后，对完成分类的样点进行归类结果的检验，如果超出误差容许范围，则筛选出正确分类的采样点重新进行计算，直到识别结果在误差容许范围之内停止。

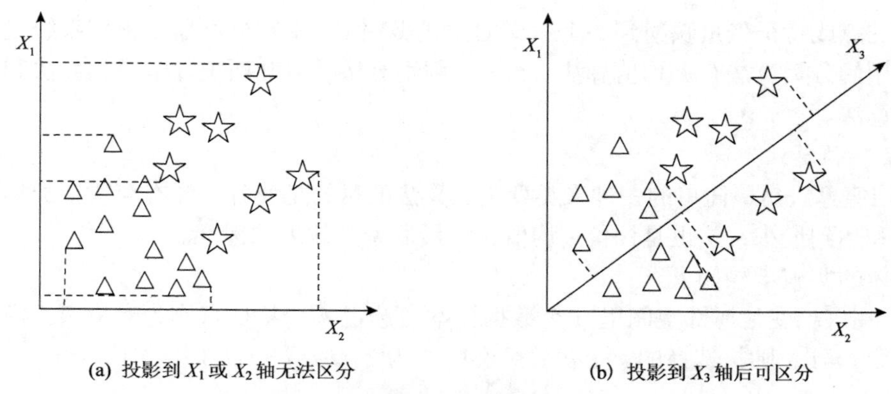

(a) 投影到 X_1 或 X_2 轴无法区分　　(b) 投影到 X_3 轴后可区分

图 5-3　Fisher 判别算法示意图

具体方法如下。

(1)求取类均值向量 $\boldsymbol{m}_i$，类内离散矩阵 $\boldsymbol{S}_i$、总类内离散度矩阵 $\boldsymbol{S}_\omega$、类间离散矩阵 $\boldsymbol{S}_b$，计算公式如下：

$$\boldsymbol{m}_i = \frac{1}{N_i}\sum\nolimits_{X\in\omega_i}\boldsymbol{X} \quad (i=1,2) \tag{5-71}$$

$$\boldsymbol{S}_i = (\boldsymbol{X}-\boldsymbol{m}_i)(\boldsymbol{X}-\boldsymbol{m}_i)^{\mathrm{T}} \quad (i=1,2) \tag{5-72}$$

$$\boldsymbol{S}_\omega = \boldsymbol{S}_1 + \boldsymbol{S}_2 \tag{5-73}$$

$$\boldsymbol{S}_b = (\boldsymbol{m}_1-\boldsymbol{m}_2)(\boldsymbol{m}_1-\boldsymbol{m}_2)^{\mathrm{T}} \tag{5-74}$$

其中，N_i 为 ω_i 类的样品个数。离散矩阵在形式上与协方差矩阵很相似，但协方差矩阵是一种期望值，而离散矩阵只是表示有限个样本在空间分布的离散程度。

(2)根据评价投影方向 ω 的原则，使原样本向量在该方向上的投影能兼顾类间分布尽可能分开，类内样本投影尽可能密集的要求，定义 Fisher 准则函数，求取向量 $\boldsymbol{W}^*$：

$$J_f(\boldsymbol{W}) = \frac{\boldsymbol{W}^{\mathrm{T}}\boldsymbol{S}_b\boldsymbol{W}}{\boldsymbol{W}^{\mathrm{T}}\boldsymbol{S}_\omega\boldsymbol{W}} \tag{5-75}$$

当准则函数 $J_f(\boldsymbol{W})$ 取得最大值时，Fisher 最佳投影方向的求解：

$$\boldsymbol{W}^* = \arg\max_{\omega} J_f(\boldsymbol{W}) \tag{5-76}$$

采用拉格朗日乘子算法，得

$$\boldsymbol{W}^* = \boldsymbol{S}_\omega^{-1}(\boldsymbol{m}_1-\boldsymbol{m}_2) \tag{5-77}$$

对与 $(\boldsymbol{m}_1-\boldsymbol{m}_2)$ 向量平行的向量投影可使两均值点的距离最远，通过对向量 $(\boldsymbol{m}_1-\boldsymbol{m}_2)$ 按 $\boldsymbol{S}_\omega^{-1}$ 进行线性变换，从而使得 Fisher 准则函数达到极值点。此时，采样点类内离散度最

小，各类内最为密集，类间均值差异最大，投影平面内的各类采样点能够最大限度地分开。

(3)将训练集内的所有样点进行投影，并计算投影空间上的分割阈值 y_0：

$$\boldsymbol{y}=(\boldsymbol{W}^{*})^{\mathrm{T}}\boldsymbol{X} \tag{5-78}$$

在一维空间中，各类采样点均值为

$$\widetilde{\boldsymbol{m}}_i=\frac{1}{N_i}\sum\nolimits_{\boldsymbol{y}\in\omega_i}\boldsymbol{y}\quad(i=1,2) \tag{5-79}$$

采样点类内离散度 $\widetilde{\boldsymbol{S}}_i^{\,2}$、总类内离散度 $\widetilde{\boldsymbol{S}}_\omega^{\,2}$、样本类间离散度 $\widetilde{\boldsymbol{S}}_b$ 分别为

$$\widetilde{\boldsymbol{S}}_i=\sum\nolimits_{\boldsymbol{y}\in\omega_i}(\boldsymbol{y}-\tilde{\boldsymbol{m}}_i)^2\quad(i=1,2) \tag{5-80}$$

$$\tilde{\boldsymbol{S}}_\omega=\tilde{\boldsymbol{S}}_1+\tilde{\boldsymbol{S}}_2 \tag{5-81}$$

$$\tilde{\boldsymbol{S}}_b=(\tilde{\boldsymbol{m}}_1-\tilde{\boldsymbol{m}}_2)^2 \tag{5-82}$$

阈值 $\boldsymbol{y}_0$ 的选取有不同的方案，较常用的有以下几种：

$$\boldsymbol{y}_0=-\frac{\tilde{\boldsymbol{m}}_1+\tilde{\boldsymbol{m}}_2}{2} \tag{5-83}$$

$$\boldsymbol{y}_0=-\frac{N_1\tilde{\boldsymbol{m}}_1+N_2\tilde{\boldsymbol{m}}_2}{N_1+N_2} \tag{5-84}$$

$$\boldsymbol{y}_0=\frac{\tilde{\boldsymbol{m}}_1+\tilde{\boldsymbol{m}}_2}{2}-\frac{\ln\left[P(\omega_1)/P(\omega_2)\right]}{N_1+N_2-2} \tag{5-85}$$

(4)对于给定的 X，利用式(5-78)计算出它在 $\boldsymbol{W}^{*}$ 上的投影点 $\boldsymbol{y}$。

(5)根据决策进行分类判别：

$$\begin{aligned}\boldsymbol{y}=\boldsymbol{W}^{\mathrm{T}}x+\boldsymbol{y}_0>0\rightarrow x\in\omega_1\\ \boldsymbol{y}=\boldsymbol{W}^{\mathrm{T}}x-\boldsymbol{y}_0<0\rightarrow x\in\omega_2\end{aligned} \tag{5-86}$$

应用 Fisher 判别算法进行变量多属性模式识别时，每次的投影效果需要有大量的已知采样点进行验证，还需要研究者在大致了解认知样点在属性空间内的分布情况的前提下确定分类数目。对于采样点在属性空间分布规律不太明显的区域，或者能够用于验证的已知采样点太少的区域不能采用该方法进行模式识别，容易出现错误的识别结果。

3) 贝叶斯统计学聚类算法

朴素贝叶斯分类器发源于古典数学理论，具有坚实的数学基础和稳定的分类效率。该分类器虽然结构简单，但在很多情况下具有相当高的分类精度。其性能可以与其他分类器如神经网络、决策树分类器相媲美。朴素贝叶斯分类器的分类原理基于后验概率，在该模型中，假定类属性之间是互相独立、互不影响的，这一假定称为类条件独立。作此假

设简化了运算，朴素贝叶斯分类器名称由此而来。朴素贝叶斯分类算法具体描述如下。

(1) 每个数据样本用一个 n 维特征向量 $\boldsymbol{X}=\{x_1,x_2,\cdots,x_n\}$ 表示，分别度量 n 个属性 $A_1,A_2,\cdots,A_n$ 样本。

(2) 类 C_i 的先验概率一般可以表示为该类训练样本数 S_i 与总训练样本数 S 之比，表示为

$$P(C_i)=\frac{S_i}{S} \tag{5-87}$$

(3) 贝叶斯定理：

$$P(C_i|\boldsymbol{X})=\frac{P(\boldsymbol{X}|C_i)P(C_i)}{P(\boldsymbol{X})} \tag{5-88}$$

因为 $P(\boldsymbol{X})$ 对于所有的类来说在比较表达式中为常数，所以只需要使 $P(\boldsymbol{X}|C_i)P(C_i)$ 达到最大。$P(\boldsymbol{X}|C_i)$ 通常称为给定 C_i 时样本 $\boldsymbol{X}$ 的似然度，而使 $P(\boldsymbol{X}|C_i)$ 最大的假设成为最大似然假设。

(4) 引入类条件独立的朴素假定，即对给定样本的类标号，假定属性值之间相互条件独立，不存在依赖关系，则 $\boldsymbol{X}$ 的似然度 $P(\boldsymbol{X}|C_i)$ 按下式计算：

$$P(\boldsymbol{X}|C_i)=\prod_{k=1}^{n}P(x_k|C_i) \tag{5-89}$$

其中，概率 $P(x_1|C_i)$, $P(x_2|C_i)$,$\cdots$, $P(x_n|C_i)$ 可以通过训练样本估计。

如果 A_k 是离散属性，则在给定类 C_i 下，属性取值 x_k 的概率按下式计算：

$$P(x_k|C_i)=\frac{S_{ik}}{S_i} \tag{5-90}$$

式中，S_{ik} 为在属性 A_k 位上取值 x_k 且属于类 C_i 的训练样本数。

如果 A_k 是连续属性，则通常假定该属性服从高斯分布，在给定类 C_i 下，属性取值 x_k 的概率按下式计算：

$$P(x_k|C_i)=g(x_k,\mu_{C_i},\sigma_{C_i})=\frac{1}{\sqrt{2\pi\sigma_{C_i}}}\mathrm{e}^{\frac{(x_k-\mu_{C_i})^2}{2\sigma_{C_i}}} \tag{5-91}$$

式中，g 为正态分布概率密度函数；μ 为样本期望；σ 为样本方差。

(5) 判定未知样本 X 的分类。对每个类 C_i，分别计算 $P(\boldsymbol{X}|C_i)P(C_i)$，当且仅当

$$P(C_i|\boldsymbol{X})>P(C_j|\boldsymbol{X})\quad (j=1,2,\cdots,m,\ j\neq i) \tag{5-92}$$

样本 X 被指派到类 C_i。

4) 人工神经网络算法

神经网络算法原理模拟生物神经传导原理，通过对输入的对象进行学习总结对象的特征，之后根据对象的特征对其进行划分并重新学习，直到划分结果控制在误差容许的范围内时，停止学习，输出结果。

公式描述为

$$o = f(\sum \boldsymbol{WX} - \theta) \tag{5-93}$$

其中，$\boldsymbol{W}$ 为权矢量调整突触的连接强度，也就是权重值；$\boldsymbol{X}$ 为输入矢量。

$$\boldsymbol{W} = \begin{bmatrix} w_1 \\ w_2 \\ \vdots \\ w_n \end{bmatrix} \quad \boldsymbol{X} = \begin{bmatrix} x_1 \\ x_2 \\ \vdots \\ x_n \end{bmatrix}$$

阈值 θ 一般随着神经元的兴奋程度而变化。最常用的激活函数有三种形式：阈值函数、Simaid 函数和分段线性函数。

目前，以神经元结构为基础衍生出多种拓扑结构，每种结构均具有自身的特色与优势。应用较为成熟的方法有 BP 神经网络、径向基函数神经网络、自组织竞争神经网络、对向传播神经网络和反馈型神经网络。通过选取合适的激活函数和网络结构，就能利用神经网络模型学习训练建立各种变量属性之间的非线性关系。这种关系适应性很强，不需要事先做出假设，具有良好的自适应、自组织性，以及很强的学习功能、联想功能和容错功能。但是，神经网络的方法是将所有参与学习的属性样本不分优劣地对待，不能对变量属性进行优选。

第 6 章　估值的不确定性和采样策略

6.1　空间变异性及尺度效应

样本尺度(或样本支撑尺寸)的确定是进行各种测量和求解估计问题的必要前提，在空间统计学中具有重要的意义。不同的样本尺度会产生不同的变异性结构，因此进行空间变异性分析时，需要对由样本尺度产生的变异性结果进行检验。例如，采矿过程中评估矿块的平均等级、农业生产中估计作物的平均产量、估算田间化合物的平均浓度等问题，都会产生变异性随尺度变化的类似问题。那么，样本的变异性与尺度之间存在何种关系，如何表征；对于样本的非均匀性如何通过地统计学的方法进行定量表征，将在本节重点讨论。

6.1.1　尺度效应

假设区域化变量 $Z(x)$ 满足(准)二阶平稳假设，$Z(x_i)$ 与 $Z(x_i+h)$ 分别是 $Z(x)$ 在空间位置 x_i 和 x_i+h 上的观测值 $(i=1,2,\cdots,N(h))$，h 为两样本点空间分隔距离，则区域化变量的变异函数 $\gamma(h)$ 定义如下：

$$\gamma(h)=(1/2)\mathrm{Var}[Z(x)-Z(x+h)] \tag{6-1}$$

式中，Var 表示变量的协方差。

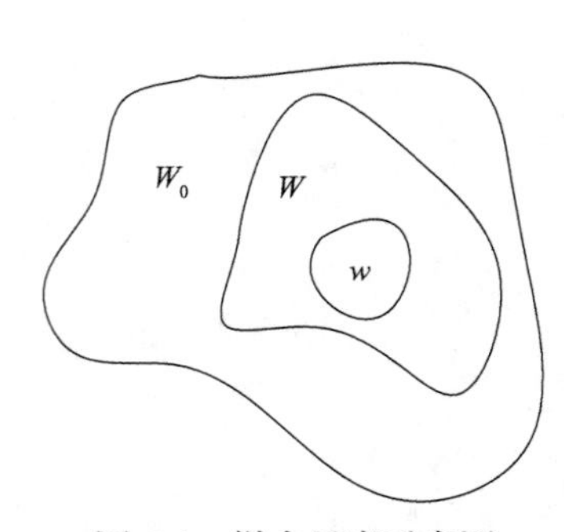

图 6-1　样本尺度示意图

定义不同样本尺度，w 代表一个单位尺度，W 代表若干个单位尺度，W_0 代表整个区域，如图 6-1 所示。

以球形变异函数为例(图 6-2)，从 $\gamma(0)=0$ 开始，当 $h\geqslant a$ 时，γ 达到最大值即基台值，a 为变程。如图 6-2(a)所示，曲线Ⅰ、Ⅱ、Ⅲ分别是对应样本尺度为一个、w 个、W 个单位样本曲线，其基台值为 C_1、$C_{1,w}$、$C_{1,W}$。当样本尺度增加时，其方差就会减小。不难理解，单独某个点上测量的数据的变异性往往比在一个小面积上平均的测量数据的变异性要大。对变异函数来说，这就对应于基台值的减小。当块金值存在时，块金值也会随尺度发生相似的减少，如图 6-2(b)所示。

由于不同尺度上的平均值的方差是相互关联的，因而可以采用方差来表征某一尺度下的平均值对应于另一更大尺度下平均值条件下的变异性。反过来，也可用对应尺度下平均的变异函数来表示。用 Z_w、Z_W 和 Z_{W_0} 分别表示变量在不同尺度 w、W 和 W_0 上的平均值，定义 $V(w,W)$、$V(w,W_0)$、$V(W,W_0)$ 分别表示 w 在 W 内、w 在 W_0 内、W 在 W_0 内的平均值的方差，由方差相加性得$V(w,W_0)=V(w,W)+V(W,W_0)$，这些方差可以通过变异函数的平均值来表达。

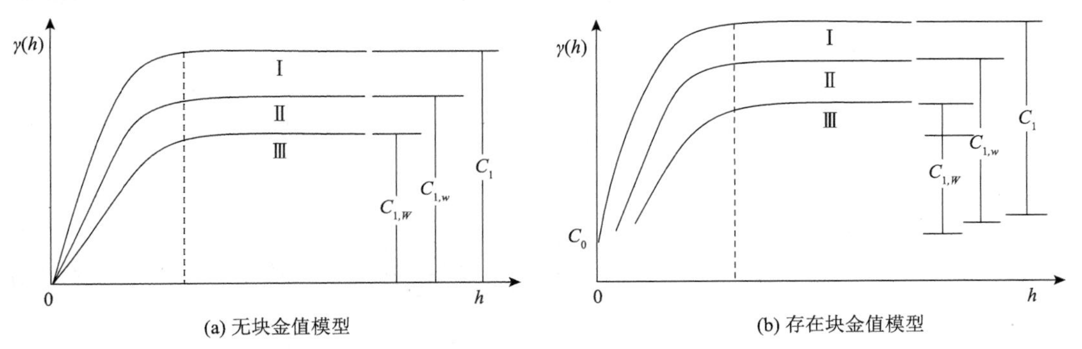

(a) 无块金值模型　(b) 存在块金值模型

图 6-2　样本尺度为 w 和 W 的变异函数模型

当在W_0内采样时，尺寸为W的样本的方差可表达为

$$V(W,W_0)=\overline{\gamma}(W_0,W_0)-\overline{\gamma}(W,W)$$

式中，

$$\overline{\gamma}(W,W)=(1/W^2)\int_w \mathrm{d}x'\mathrm{d}y'\int_W \gamma[(r'-r)]\mathrm{d}x\mathrm{d}y \tag{6-2}$$

变量$r'-r$取W中所有可能的分离距离的值；$\overline{\gamma}(W,W)$是在W中所有可能的γ值的均值。

式(6-2)中，γ为某一单位尺度(点)的变异函数，通常利用在样本尺度为w的资料基础上计算的变异函数获取：

$$\gamma_w(h)=C_{0,w}+\gamma_w^0(h)\quad (h>0) \tag{6-3}$$

式中，$C_{0,w}$为块金值；$\gamma_w^0(h)$为“正则化”的基台值，其上标“0”表示变异函数的块金值为 0，$\overline{\gamma}(W,W)$表述为

$$\overline{\gamma}(W,W)=C_0-(w/W)C_{0,w}+\overline{\gamma}^0(W,W)\quad (h>0) \tag{6-4}$$

式(6-4)中的最后一项是以单位尺度(点)的变异函数来计算的，但忽略了块金值。

$$\gamma(h)=C_0+\gamma^0(h)\quad (h>0) \tag{6-5}$$

一般来说，由于测量值不在一点上，而是一个有限尺寸w，所以C_0是未知的，假如正则化变异函数的基台值存在，那么有以下的近似公式：

$$C_1=C_{1,w}+\overline{\gamma}^0(w,w)\qquad \text{(二阶平稳)} \tag{6-6}$$

利用式(6-2)和式(6-4)，样本尺度W在更大区域W_0中的方差可表达为

$$V(W,W_0)=[(1/W)-(1-W_0)wC_{0,w}]+\overline{\gamma}^0(W_0,W_0)-\overline{\gamma}^0(W,W) \tag{6-7}$$

于是，获得不同尺度间方差联系的一个理论公式：

$$V_W / V_w = V(W, W_0) / V(w, W_0) \tag{6-8}$$

如果辅助函数 F_W 可定义为

$$F_W = [1/(C_1 W^2)] \int_W \mathrm{d}x' \mathrm{d}y' \int_W \gamma^0 [(r' - r)] \mathrm{d}x \mathrm{d}y \tag{6-9}$$

那么，V_W / V_w 就变为

$$V_W / V_w = \frac{[(1/W) - (1/W_0)](wC_{0,w}/C_1) + F_{W_0} - F_W}{[(1/w) - (1/W_0)](wC_{0,w}/C_1) + F_{W_0} - F_W} \tag{6-10}$$

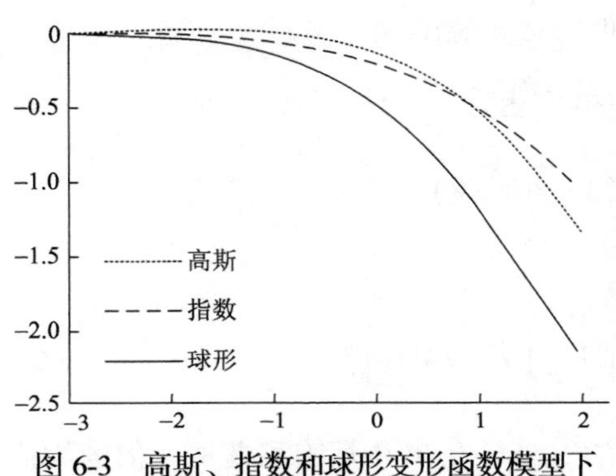

图 6-3　高斯、指数和球形变形函数模型下 $\lg(1-F_w)$ 与无量纲样本尺度关系

辅助函数可用数值积分通过式(6-2)计算，也可通过理论变异函数模型解析解计算而得。

为了进一步说明变异函数辅助函数与样本尺度之间的关系，利用不同的变异函数理论模型及式(6-9)进行求解，就可获得 $\lg(1-F_w)$ 与无量纲样本尺度的关系(图 6-3)，当 $W=0$(即点变异函数)，$F_w=0$，$1-F_w=1$ 时，增加样本块的尺寸就会引起对应的 $1-F_w$ 值下降(以 10 为底的对数形式)。

拟合图 6-3 所示关系曲线，得到以下的非线性公式近似：

$$\lg(1-F_w) = (C_1 + C_3 y + C_5 y^2) / (1 + C_2 y + C_4 y^2 + C_6 y^3) \tag{6-11}$$

式中，$y = \lg(W/a^2)$；w 为方块尺寸；C_1，…，C_6 可从表 6-1 查到。

表 6-1　式(6-11)对 $1-F_w$ 近似计算所用的常数

	球形	指数	高斯
C_1	−0.46435	−0.21370	−0.12750
C_2	−0.87796	−0.51877	−1.16420
C_3	−0.18170	−0.11601	−0.10182
C_4	0.49604	0.10801	0.66994
C_5	−0.02267	−0.01803	−0.02061
C_6	−0.10225	0.0000	−0.13395

图 6-3 中也显示了指数和高斯模型的关系，通过高斯求积法算得近似积分，获得以下等同关系：

$$F_W = 4\int_0^1 u \mathrm{d}u \int_0^1 \gamma(r, a) v \mathrm{d}v, r^2 = W(u^2 + v^2) \tag{6-12}$$

近似可得

$$F_W = 4\sum_{i=1}^{n}\sum_{j=1}^{n}\omega_i\omega_j f\left[\{(W/a^2)[(1-x_i)^2+(1-x_j)^2]\}^{1/2}\right] \tag{6-13}$$

式中，f 为表 6-1 中任一变异函数；ω_i 和 x_i 为高斯求积的权重和根。从式(6-12)可见，任何变异函数，F_W 都是 W/a^2 的函数。

以上辅助函数是通过正方形样方计算获取的，对于长方形，可通过定义形状系数计算：

$$S = \max(\text{长度/宽度，宽度/长度}) \tag{6-14}$$

并有相似于式(6-13)的公式：

$$F(W/a^2,S) = 4\sum_{i=1}^{n}\sum_{j=1}^{n}\omega_i\omega_j f\left[\{(W/a^2)[S(1-x_i)^2+(1-x_j)^2/S]\}^{1/2}\right] \tag{6-15}$$

以高斯模型为例，$\lg(W/a^2)$ 和 $\lg(1-F_w)$ 之间的关系如图 6-4 所示，较大的形状系数导致了较大的 F_w 或较小的 $1-F_w$，当 $\lg(W/a^2)$ 比较大时，形状系数 S 对 $1-F_w$ 的影响不是很显著。除了线性模型，其他模型的结果同图 6-4 相似。对于线性模型，$\lg F_w$ 随 W 的值不断增加。

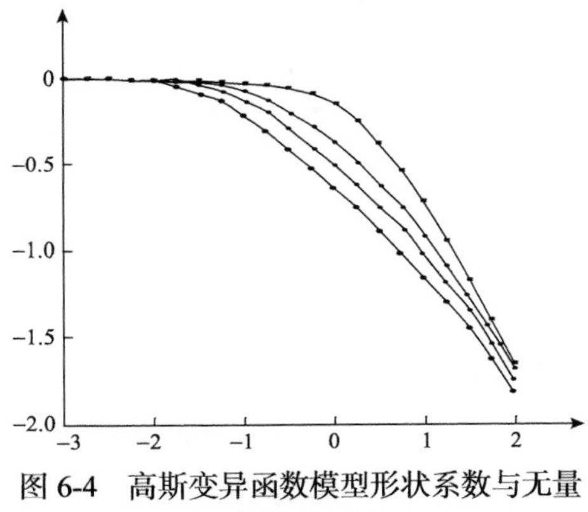

图 6-4　高斯变异函数模型形状系数与无量纲样本尺度关系

类似于式(6-11)，其辅助函数表示为

$$\lg(1-F_w)=(C_1+C_3y+C_5y^2)/(1+C_2y+C_4y^2+C_6y^3) \tag{6-16}$$

式中，

$$y = \lg(W/a^2) \quad (-3<y<2) \tag{6-17}$$

式中，C_1，…，C_6 为 S 的多项式，即

$$C = a_1 + a_2S + a_3S^2 + a_4S^3 + a_5S^4 \tag{6-18}$$

对于不同的理论变异函数模型，a_1，…，a_5 的值可通过查表(表 6-2～表 6-4)获得(Zhang et al.，1990)。

表 6-2　与形状系数相关的常数(球形模型)

	C_1	C_2	C_3	C_4	C_5	C_6
a_1	−0.425161	−1.081143	−0.119132	0.634413	−0.008395	−0.133990
a_2	−0.037814	0.192535	−0.054080	−0.139323	−0.011925	0.033019
a_3	0.001358	−0.013799	0.002599	0.011678	0.000600	−0.002995
a_4	−0.000027	0.000493	−0.000057	−0.000455	−0.000013	0.000121
a_5	0.000000	−0.000008	0.000000	0.000008	0.000000	−0.000002

表 6-3　与形状系数相关的常数(指数模型)

	C_1	C_2	C_3	C_4	C_5	C_6
a_1	−0.186291	−0.689375	−0.079630	0.219997	−0.009674	−0.025423
a_2	−0.023883	0.029925	−0.009455	−0.004286	−0.001095	−0.001437
a_3	0.000722	−0.001136	0.000268	−0.000120	0.000028	0.000089
a_4	−0.000013	0.000023	−0.000005	−0.000002	−0.000001	−0.000002
a_5	0.000000	0.000000	0.000000	0.000000	0.000000	0.000000

表 6-4　与形状系数相关的常数(高斯模型)

	C_1	C_2	C_3	C_4	C_5	C_6
a_1	−0.090073	−1.287491	−0.072206	0.720987	−0.014710	−0.139829
a_2	−0.033220	0.142961	−0.026861	−0.085023	−0.005428	0.015277
a_3	0.001070	−0.007253	0.000983	0.004891	0.000217	−0.000954
a_4	−0.000019	0.000165	−0.000019	−0.000119	−0.000004	−0.000025
a_5	0.000000	−0.000000	0.000000	0.000001	0.000000	0.000000

对于线性模型：

$$\gamma(h)=C_1\gamma_\mu=C_1(h/a)\quad(h>0) \tag{6-19}$$

其辅助函数的理论解为

$$F_W=(W^{1/2}/a)\ g(S) \tag{6-20}$$

式中，

$$\begin{aligned}g(S)=&(1/30)\{10(S+1/S)^{1/2}+5S^{3/2}\ln[(1+(S^2+1)^{1/2})/S]\\&+5S^{-3/2}\ln[1+(S^2+1)^{1/2}]-2(S+1/S)^{5/2}\ +2S^{5/2}\ +2S^{-5/2}\end{aligned} \tag{6-21}$$

取对数形式，式(6-20)变为

$$\lg F_W=0.5\lg(W/a^2)+\lg g(S) \tag{6-22}$$

这一线性关系的斜率为 0.5，截距为 $\lg g(S)$ 。

6.1.2　地质统计学参数和非均匀性指数之间的关系

研究地质统计学参数和经验参数非均匀性指数之间的关系，可通过构造 $\lg(V_W/V_w)$ 以 $\lg(W/w)$ 作为函数的图形，那么其直线的斜率就是非均匀性指数 b 值，但这个指数不是一个常数，通过 V_w/V_W 能够计算出取值范围，b 值可用一个常数来近似。计算 b 值的方法具有多种，如

$$b_R=-[\lg V(R^{1/2}w\ ,W_0)-\lg V(w,W_0)]/\lg(R^{1/2}) \tag{6-23}$$

运用式(6-23)可绘制 b 对应于 $\lg(W/a^2)$ 图，图 6-5 是以高斯、指数及球形为例的非线性关系图。当 W/a^2 增大时，结果更接近线性关系，所有的模型 b 都趋于 0；当 W/a^2 变得很大时，b 趋近 1。

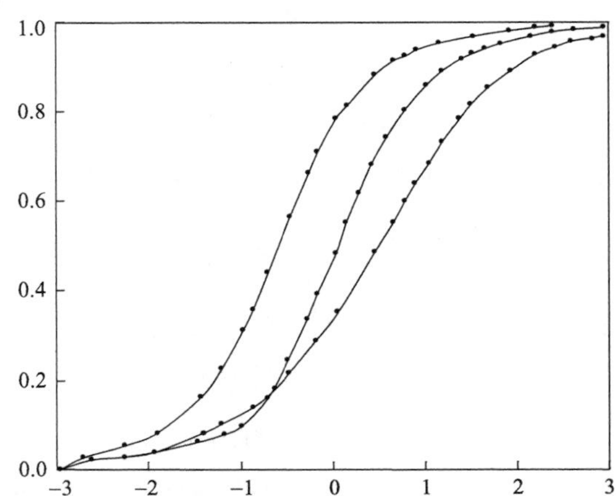

图 6-5　不同变异函数模型下非均匀性的指数 b 与无量纲样本尺度的关系

6.1.3　方差与采样区域尺度的关系

由上述分析及式(6-7)和式(6-10)可知，样本的方差不仅取决于样块本身的大小，也取决于采用区域 W_0 的大小。如果采用区域 W_0 比较小，则样块的方差就应该比较小。为说明 W_0 的影响，下面以 McCuen 和 Snyder(1986)的问题为例。假定土壤含水量的点模型是一球形模型，块金值、基台值和变程分别为 0m、23.4m 和 25m。对于 30m×50m 的采样网格(W)，W_0 为无限时，方差 $V(W,W_0)=4.14$，$W_0=100W$、$10W$、$5W$ 时，方差分别为 4.07、3.59、2.86。当然，结果还取决于所选择的变异函数模型，如果变异函数的有效变程比较大，那么 W_0 减少时，$V(W,W_0)$ 的减少也会更显著。

6.2　估值的不确定性

估计值是人们对未知变量值的可能取值范围所做的合理而有用的猜测，因此不论选用何种估值方法，都存在着误差，所以有必要研究各种引起误差的可能因素和误差范围。

可能影响估计误差的一些因素如下。

(1)待估点附近的样本个数：增加待估点附近实测样点的数量在一定程度上能够增大待估点的可靠性。

(2)待估点与用于估值的样本点的远近程度：因为空间数据存在一定的相关性，所以待估点距离样本点越近，估计值也应越可靠。

(3)样本点的空间分布情况(团聚状况)：外加的样本点离已存在的样本点的距离越远(离待估点越近)，就越增加估值的可信度。

(4)所研究的现象的特性：通过变化平滑的变量获得的估值通常比通过变化很大的变量获得的估值的可靠性更高。

对于待估值存在的这些不确定性，可以定义一些不确定性指标来量化，通过对一系列的估计值的可靠性评价估计质量。评估不确定性通常可以采用以下指标。

(1) 待估点附近的样本个数 n：n 越大，不确定性越小，这是一个简单指标。

(2) 待估值实际误差大小：不确定性指标与实际误差呈正相关，实际误差越小，不确定性越小。

(3) 样本点的相邻性和团聚性：可用的样本点与待估点之间的平均距离越小，可用的样本点之间的平均距离越大，则估值的不确定性越小。

(4) 克里金误差方差：这一指标除包含上述指标外，还包括各种因素之间的相互关系：

$$\sigma_{\mathrm{OK}}^2 = \sigma^2 + \sum_{i=1}^{n}\sum_{j=1}^{n}\lambda_i\lambda_j C_{ij} - 2\sum_{i=1}^{n}\lambda_i C_{0i} \tag{6-24}$$

式中，σ^2 为样本值的方差，它部分地说明了所研究变量的变化特性，变量在空间变化越小，其不确定性越小；$\sum_{i=1}^{n}\sum_{j=1}^{n}\lambda_i\lambda_j C_{ij}$ 为各对样本值之间协方差的加权之和，它说明样本的“团聚效应”，如果所用的样本点的统计距离越大、协方差越小，那么克里金误差就越小，不确定性就越小；$2\sum_{i=1}^{n}\lambda_i C_{0i}$ 为样本点和估计点之间的协方差的加权之和，它说明样本点相邻性对估计误差的影响，样本点与估计点的距离越近，协方差值越大，克里金误差就越小，不确定性也越小。

对估值而言，落在具有最大空间连续性方向，即相关尺度最大的资料的误差不确定性要比落在其垂直方向上的资料的不确定性小。

6.3 采样设计策略

在许多科学研究中都需要实地进行样本采集。通常，使用采集样本估计区域变量空间分布时，人们往往希望估计精度最大，采样费用最小，因此就需要进行采样策略的设计与规划，使得样本精度和费用之间达到较好的平衡。

由于许多区域化变量都具有空间连续性，简单地使用随机布置采样点的方法往往难以满足地统计学分析的要求，例如，为了研究某种土壤有机质分布情况，在 10m×10m 的网格上进行采样点的布设，但有机质分布若在 10m 以下尺度存在一定的空间连续性，这种布设就难以捕获重要的空间连续性信息。因此，可以改进采样策略为均匀布设加随机布设，这样就可能使近距离和远距离都有足够的样本点来计算变异函数，获取数据有效的空间分布。如前所述，克里金误差的方差是评价样本质量的较(最)好的指标，而克里金误差方差是由变量的空间变异结构(协方差或变异函数)和样本位置的分布形式来决定的，与样本值无关。人们在制定采样策略时可以参考这一特性，根据其空间变异结构设计采样的数量和位置以达到估计误差的方差最小。同时，样本的方差也与样本的尺度大小及样本的研究范围大小有关,区域化变量的空间变异性也与样本的尺度及形状有关，在进行采样策略设计时也要加以考虑。

6.3.1 采样设计

一个准确有效的样本设计方案应保证这些样本点能很好地代表要研究的区域，方案设计的总体原则是：首先，设计方案要保证数据的不偏，即尽量减少偏差或由人为判断引起的系统误差。其次，为了能够满足重复测量的需求，样本设计的建立要尽可能提供质量控制和质量保证。最后，样本设计应提供能准确确定所测量的变量的空间分布规律的基础。

样本总量的变异性和空间结构对于样本方案的设计尤为重要。因此，在样本设计时需要决定最佳的采集样本数量及其空间分布，同时设计的采样点的均值应该是对样本总量的均值的一个很好的估计。采集样本的最佳数量取决于样本总量的变异性、估计样本总量均值所要求的精度水平、估计样本总量均值所需的置信区间、样本分析的目的及采样的费用、劳力和设备等。当样本符合正态分布和相互独立时，为了使所研究的变量估计的均值达到所需的精度，常用下面的公式来估计所需的样本数量：

$$N = \frac{(ts)^2}{d^2} \tag{6-25}$$

式中，t 为在给定概率下的一个两侧置信区间，可从统计表中查到 Student 的 t 值；s 为对于样本总量标准方差的一个初始估值；d 为样本总量均值与测量值均值之间允许的偏离值。理论上说，因为 N 是未知的，所以式(6-25)中估计 t 值所选的合适的自由度也是未知的。Skopp 等提供了一种可以连续估计初始 N 值，以及它对应的自由度(t)和真正 N 值的迭代方法。

实际应用中，人们通常假定样本数量(N)足够大以至于自由度可以从一个很大的样本中获得。例如，要计算估计均值在 95%置信区间所需的样本数，所需的样本数为 $(1.96)^2(s/d)^2$。对于两个样本总量，均值都为 50，标准方差分别为 10 和 5，如果允许的偏离值 d 不能超过 1，那么对第一种和第二种情况，必须分别采集 384 个和 96 个样本才能在 95%置信区间中表征它们的均值。如果允许的偏离 d 不超过 3，就必须分别采集 43 个和 11 个样本；如果允许 d 不超过 10，则只需 4 个和 1 个样本。很明显，当允许从均值偏离的值减小时，所需样本数量就快速增加，当然增加的速率也取决于样本总量的标准方差。

对于空间统计学中的区域化变量，由于在空间上存在一定相关性，以上计算样本数量的公式需要考虑这种空间相关性来进行修改。一般来说，变量之间存在空间相关时，每个样本中包含的信息量就减少了，从而需要更多的样本来估计均值。所需增加的样本量可通过在给定相同的方差情况下，计算独立观测值的等同样本数量来进行估计。通常，等同独立观测值的样本数要比相关样本的数量小得多，式(6-26)是计算等同样本的公式：

$$N' = N / [1 + 2[\rho / (1-\rho)][1-(1/N)] - 2[\rho / (1-\rho)]^2(1-\rho^N) / N] \tag{6-26}$$

对于具有空间相关性的样本总体来说，N' 的值总是小于 N 值，所以需要用来估计均值的真正的样本数为 N^2 / N'。另外，针对独立样本计算的置信区间对于相关样本来说就太小了。

除了样本的数量之外，根据变量性质的不同，采样时还会考虑包括采样的深度、采样的时间、样本的体积或支撑及样本混合等。例如，土壤采样，采样深度会受到土壤类型、采集设备、耕作类型和深度、施肥类型及土壤状况等因素的影响。有的变量会随时间变化而变化，如土壤有机质含量、土壤含水量等，因此选择适当的采样时间就特别重要。样本的体积或支撑在一定程度上依赖于所研究对象的特性的小尺度变异性，只有样本体积或支撑尺寸合理，才能有效地反映研究变量之间的结构性特征和变异特征。通常可以采用变异函数或方差进行样本尺寸的估计。

为了避免采样偏差，需要统计上严格的样本位置的布置，人们构建了几种决定样本位置的方法，包括判断采样法、简单随机采样法、分层（区）随机采样法、系统采样法、分区系统非准直采样法、有目标的或直接的采样法、交替采样法和地统计采样法。

6.3.2　判断采样法

判断采样法就是根据个人观点和经验判断进行采样位置的选择。判断采样法在统计上是不严格的，样本的数量通常不足够大，因而不能准确地估计样本总量的均值。若采样时不关心严格的统计结果，可采用判断采样法。这种方法主要对可能存在问题的地方进行采样，往往可能会导致分析结果存在一定的偏差，例如，判断土地污染状况，可能仅仅在被污染的地块进行采样分析，得到的结果难以代表整个区域的情况。同时，采样点位置是人为选择的，不同设计者选择标准不同，采样方案也会不同，存在一定的主观性。

6.3.3　简单随机采样法

应用严格的统计方法来决定采样的位置可以避免偏差，随机采样便是其中一种。随机采样法获得的位置都具有相同的概率，连续的采样位置的选择完全独立于前面的选择，这一方法可以通过随机数发生器来实现[图 6-6(a)]。但是单纯地采用随机数发生器进行实际采样位置选择时会存在一定问题，如选择时遇到湖泊、建筑物、独立地物等，这时就需要采用相邻的另一个随机点来取代，同时准确地找到随机选择的位置需要依靠其他的定位技术与仪器。另外，随机采样设计常出现样本不均匀或成堆分布的情况，这会导致未采样区域具有很大的不确定性。

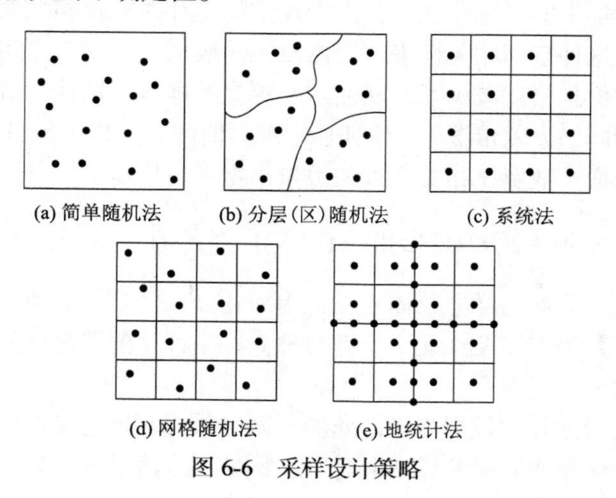

图 6-6　采样设计策略

6.3.4　分层(区)随机采样法

分层(区)随机采样法通过将区域划分为规则或不规则形状的网格或地层，在每一个网格或地层中，采样的位置用随机数发生器来随机选择[图 6-6(b)]。这种方法是简单随机采样法的改进方法，能够减少(但不能完全消除)使用简单随机采样产生的采样位置不平均或成堆的情况。使用分层(区)随机采样法时，需要根据按一定精度定义的总体均值所需的总样本数，事先分配好在每一个网格中的样本数。区域的划分通常包括规则的方格或对应于测量单位的不规则网络；如果研究变量的变异性与测量单位紧密相关，按变量类型对研究区域进行分区是最为有用的；如果选择方格，需要确定合适的网格大小，避免产生偏差。

6.3.5　系统采样法

为了避免采样位置成堆和克服在野外确定随机样本位置的困难，许多样本设计使用系统采样法。系统采样法中，样本的位置或是处于规则网格的中心或是在网格线的节点上。当样本位于网格的中心时，就认为样本的结果代表整个网格内的结果[图 6-6 (c)]；如果样本位于网格线的节点上，那么沿着网格边缘的所有样本值的平均就代表网格内的值。网格可以具有不同的大小和形状，最普通的形状是正方形、长方形、六角形和三角形网格。方网格可能是系统采样法中最广泛使用的方法，通常称为网格采样，其广泛使用的原因之一是易于确定采样的位置；如果采样变量的空间变异性具有各向异性时，可采用长方形网格；一般认为三角形网格比其他方法更有效。

系统采样法的主要缺点是采样行可能与系统变化的特性路线完全重合，如采样行可能交替与灌溉沟、作物种植行或者耕作行相重合。另一种情况是，在列方向上空间分布的分析可能是周期性的，为了避免这种系统偏差，可在网格内采用随机采样[图 6-6(d)]。由系统采样法引入的偏差可通过减少在行和列直线上的样本数来克服。

6.3.6　分区系统非准直采样法

分区系统非准直采样法是将研究区域分为规则的网格，可以是正方形、长方形、三角形或六边形，每个网格进一步分为许多相同形状更小的网格之后进行随机采样。分区系统非准直采样法结合了系统法和分区随机采样法优点，同时在野外能够较为容易地确定采样点的位置，而设计中的随机部分又解决了格网行列上有规律的变化性质所带来的问题。

6.3.7　有目标的或直接的采样法

研究变量的变异性可分为可见和不可见两类。可见变异性，是指其变异性可通过变量自身或其他相关变量直接反映出来，如土壤中某些元素的含量可通过土壤颜色呈现其空间变异性；不可见变异性是指变量的变异性是隐藏的，不能直观显示出来，如施肥造成的土壤营养可利用性的空间变异性。若研究变量的空间分布是可见的变异性，则可以在统计样本设计方案的基础上在所测量的性质有明显变化的地方加入一些有目标的或直接的样本，特别是为了找到和表征区域中明显不同于大部分地区的小区域时，这种方法就特别有用。

6.3.8　交替采样法

实际采样中某些变量是成堆或者成串分布的，如病虫灾害等，如果在某一采样位置上观察到害虫，那么相邻的位置上就有很大的可能也受到害虫的侵害。如果是这样，通过交替采样法，就可以提高前面讨论的任何一种采样设计的效果。交替采样中，首先选择一个上述统计上严格的样本设计方案，田间采样过程中，如果在一个样本位置上观察到了害虫，那么就在相邻的位置上也进行采样，如果在这相邻位置上采样的结果也显示害虫，那么就在其相邻位置上再采样，以此类推，直至不再发现害虫为止。相较于单一的统计上严格的样本设计方案，这种方法的优点是能更完全地反映出变量成堆分布的空间情况。

6.3.9　地统计采样法

使用地统计采样法主要需要解决两个问题：一个是通过系统采样获得的数据能用克里金法来精确插值而获取空间分布图；另一个是采样数据能够精确地估计变异函数。对于第一个问题，通常可以使用正方形、三角形或六角形等规则网格来达到这一目标，其中最有效的采样方案是将样本位置布置在每个网格的中心，这些网格的样本间隔应小于变异函数变程的 1/2；对于第二个问题，精确估计变异函数的一种典型方法是在系统采样网格的基础上加入一些近距离的采样位置[图 6-6(e)]，从而更好地定义变异函数的形状。

但是，使用地统计学方法设计采样方案存在一个两难境地，即采样方案的设计依赖于变异函数，而变异函数通常只有采样以后才确定。解决这一问题有两种可能的方案：第一种方案是对于研究变量，通过文献资料等获取并使用其关于变异函数的一些已有信息，一旦得到变程的估计值，就可用来布置样本间的大致距离；第二种方案是在不能获得变异函数的任何信息的情况下，在研究区域沿着几条直线进行一个初步采样勘测，采集部分样本，根据这些样本获取变异函数的初步信息，然后用这些信息修改采样方案。

如果变异函数是已知的，它就是一种强有力的工具，能够在采集样本之前评估各种采样方案。第一，它可以通过在各种可能的样本距离和布置的不同组合下，利用克里金法估计方差来决定样本位置间的最佳距离，因为估计方差只依赖于变异函数及设计的采样位置与未采样位置之间的距离，所以估计方差即使在采样位置上还没有测量值的情况下也可以进行计算。第二，它可以通过围绕样本位置的小范围内采集的混合样本及其分析，决定在每一个采样位置上为取得合成样本所需的最佳样本数量，从而大大地减小估计误差。

6.4　样本形状的影响和最佳样块大小

实际采样过程中，人们意识到由于研究变量的特性在空间上存在变异性和不均匀性，从采样精度方面考虑，除了采样策略的影响外，样块的形状及大小均对采样精度有着明显的影响。样块的形状是采样中控制特性非均匀性的一种重要方法，向不同方向延伸也会导致不同的采样精度。同时，研究也表明样块的体积与方差存在一定的关系，大体积样本的变异性要小得多。为了定量地描述这种非均匀性，提高采样精度，可以采用地统计学方法，将非均匀性与变异函数相联系，在一个有限区间建立起样本方差与样本支撑(体积)的关系。本节引入一个表征各向异性的区域变异性的通用经验公式，提出为降低样本变异性和采样费用而选取最佳样块形状的标准，最后根据非均匀指数和地统计学模型的关系，将最佳样本大小和相对采样费用与变异函数联系起来。

6.4.1　非均匀性指数

Smith(1938)将单位面积的产量方差与样块产量的方差联系起来，提出了以下的经验公式：

$$V_n = V_1 / n^b \tag{6-27}$$

式中，V_n为具有n个单位面积的样块中产生的方差；V_1为单位面积的样块中产量的方差；参数b为非均匀性指数。如果样块间在空间不相关，那么$b=1$；如果完全均匀，那么$b=0$。如果n对应于面积W，基本样块的面积为w，式(6-27)就等同于

$$V_W = V_w (w / W)^b \tag{6-28}$$

式中，V_W和V_w为对应这两种样块面积的方差。

为了考虑各向异性，一个与式(6-27)相似的通用方差公式可表示如下：

$$V_{n,s} = V_1 / (n_1^{b_1} n_2^{b_2}) \tag{6-29}$$

式中，n_1、n_2分别为沿X、Y方向所取的基本样块的数量；V_1为基本样块的方差；V_n为每一样本的面积为$n = n_1 n_2$个基本样块的大样块的方差；b_1和b_2表征在二维空间分别沿X和Y方向的介质不均匀性的指数。对于各向同性介质式(6-29)变为

$$V_{n,s} = V_1 / (n_1 n_2)^{b_1} \tag{6-30}$$

实质同式(6-27)是一样的。对于完全均匀的介质$b_1 = b_2 = 0$，对于空间不相关的随机介质，$b_1 = b_2 = 1$。

式(6-29)可写为自然对数的形式：

$$\lg(V_{n,s} / V_1) = -b_1 \lg(n_1) - b_2 \lg(n_2) \tag{6-31}$$

式(6-31)可用来根据资料计算非均匀性指数b_1和b_2，V_1通过基本单位资料(即原始资料)计算获得，而V_n则以每个样块具有$n_1 n_2$个基本单位的重组样块的资料来估计。在样块的重组过程中，如果n_2是固定的(如$n_2=1$)而变化n_1，如$n_1=1,2,\cdots$，那么$V_{n,s}$只是n_1的函数，因此式(6-31)右边的第二项是一个常数，以$\lg(V_{n,s} / V_1)$同$\lg(n_1)$的线性关系的斜率就可以计算b_1。同样，如果n_1是固定的而变化n_2，那么就可以以$\lg(V_{n,s} / V_1)$同$\lg(n_2)$的线性关系的斜率计算b_2。如果x和y取相同的基本单位，即$n_1 = n_2$，可得

$$\lg(V_{n,s}/V_1) = -(b_1+b_2)\lg(n_1) = -b_s\lg(n_1) \tag{6-32}$$

那么，b_s可通过$\lg(V_{n,s}/V_1)$同$\lg(n_1)$的线性回归获得。如果式(6-29)是可以表征非均匀性的合理的公式，那么从式(6-31)计算的b_1和b_2之和与独立地用式(6-32)计算的b_s应非常接近。

表 6-5 总结了各种资料计算所得的b_1、b_2和b_s值，应用这些数据进行的t统计表明$b_1+b_2=b_s$的假定成立，因此，式(6-29)是一个表征变量非均匀性的合理的数学表达式。

表 6-5　对于不同资料从式(6-31)所计算的 b_1 和 b_2 及从式(6-32)计算的 b_s

作物	文献	b_1	b_2	b_s
小麦粒	Mercer 和 Hall (1911)	0.607	0.359	0.960
小麦秆	Mercer 和 Hall (1911)	0.463	0.290	0.618
小麦	Kalamkar (1932 a，b)	0.558	0.835	1.418
麦穗数	Kalamkar (1932 a，b)	0.585	0.781	1.288
小麦	Wiebe (1935)	0.303	0.163	0.468
谷物	Christidis (1931)	0.794	0.265	1.110
稻谷	Gomez 和 Gomez (1984)	0.180	0.184	0.362
甜菜叶	Mercer 和 Hall (1911)	0.858	0.273	1.340
甜菜根茎	Mercer 和 Hall (1911)	0.486	0.569	1.138
红菜豆	Smith (1958)	0.403	0.467	0.917
豆(标准粉红)	Smith (1958)	0.466	0.655	0.994
土豆	Kalamkar (1932)	0.268	0.142	0.359
棉花	Kuchl 和 Kittock (1969)	0.605	0.536	0.965
脐橙	Batchelor 和 Reed (1918)	0.546	0.368	0.693
巴伦西亚橙	Batchelor 和 Reed (1918)	0.470	0.678	1.082
尤诺卡柠檬	Batchelor 和 Reed (1918)	0.538	0.341	0.780

6.4.2　样块形状的影响

由于方差与样块大小的关系取决于相邻面积的相关性，根据非均匀性指数，样块形状对方差的影响可从下面的例子看出。某作物计算的方差为 0.210，b_1=0.607，b_2=0.359，b_s=0.96，将其一个基本单位样块变为具有 4 个基本单位的样块，如图 6-7 所示。

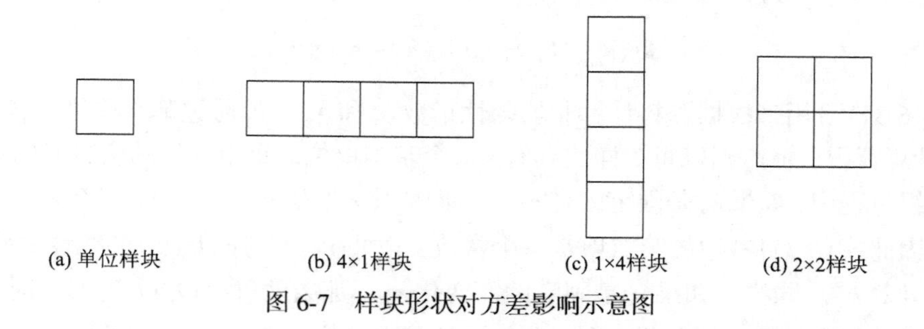

图 6-7　样块形状对方差影响示意图

对于形状 A 的大样块，方差从基本单位的 0.210 变为

$$V_1/(n_1^{b_1}/n_2^{b_2}) = 0.210/(4^{0.607}1^{0.359}) = 0.0904$$

对于形状 B 的大样块，方差为

$$V_1/(n_1^{b_1}/n_2^{b_2}) = 0.210/(1^{0.607}4^{0.359}) = 0.125$$

对于方形，方差为

$$V_1/(n_1^{b_1}/n_2^{b_2}) = 0.210/(2^{0.607}2^{0.359}) = 0.107$$

或

$$V_1/n_1^{b_s} = 0.210/2^{0.96} = 0.108$$

就减少方差的有效性而言，样块 A 比样块 B 减少了 38%的方差，比样块 C 减少了 19%的方差，样块 C 比样块 B 减少了 17%的方差。

对于方差的相对差别，定义下面的 RV 值：

$$\mathrm{RV} = 100(V_{n,s} - V_n)/V_n \tag{6-33}$$

式中，$V_{n,s}$ 用式(6-29)计算，V_n 代表采样区间各向同性时的方差：

$$V_n = V_1/(n_1 n_2)^{0.5(b_1+b_2)} \tag{6-34}$$

样块形状对方差的影响如图 6-8 所示。n_1 方向的不均匀性指数比 n_2 方向的大。如果样块的尺度沿 n_2 方向增加，RV 变成负值，逐渐减小，有效性增加；相反，当尺度沿 n_1 方向增大时，RV 值增加，有效性降低。由上述可以看出，样块的形状影响采样方差的大小。在各向异性的区域，样块形状和样本方差的关系可以通过不均匀性指数来决定，沿最大指数值方向具有最大尺度的样块形状比其他形状的样块给出的结果更精确。

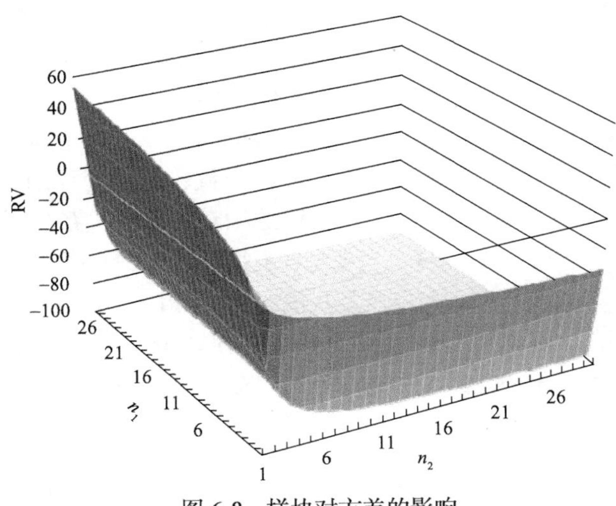

图 6-8　样块对方差的影响

6.4.3　最佳样块大小

如前所述，样本的变异性随样本尺度的增大而降低，其降低速率随样本尺度的增大而减小。同时，采用大尺度样块时涉及较高的采样费用。因此，人们希望获取最佳的样本尺度，达到平衡采样精度和费用的目的。

如果每一样块的费用可采用下式表示：

$$K_1 + K_2 n \tag{6-35}$$

那么，在一个各向同性的区域同时考虑费用和方差的目标函数可表示为

$$C = (K_1 + K_2 n)V_1 / n^b \tag{6-36}$$

式中，n 为选定样块中基本单位的数量；K_1 为处理与数量成正比的样块费用；K_2 为处理与面积成正比的样块费用。在以下条件下，目标函数达到最小值：

$$n_0 = K_1 / b[K_2(1-b)] \tag{6-37}$$

式中，n_0 为最佳样本尺度中基本单位的数量。令 $K = K_1 / K_2$，有

$$n_0 K = b(1-b) \tag{6-38}$$

目标函数可重新写为

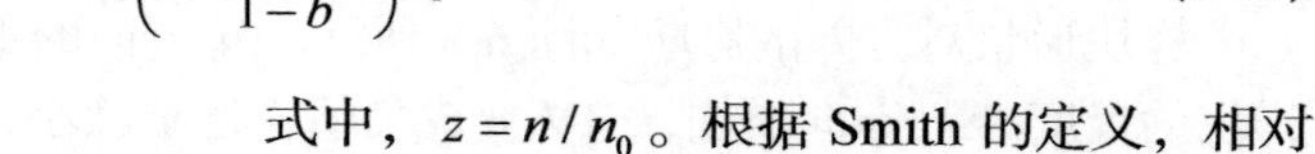

$$C = K_1\left(1+\frac{b}{1-b}z\right)V_1 / n^b \tag{6-39}$$

式中，$z = n / n_0$。根据 Smith 的定义，相对费用为

$$y = C / C_{\min} - bz^{(1-b)} + (1-b)z^{-b} \tag{6-40}$$

式中，C 为与某一特定样块尺寸的方差相联系的费用；$C_{\min}$ 为与最佳样本尺寸方差相联系的费用。

结合 b 与 w/a^2 的关系及式(6-40)，对球形、指数、高斯变异函数模型的 w/a^2 与采样的相对费用的关系分别显示在图 6-9 中。对于每一给定的 z 值，每条曲线都有一个峰值，是由通过 y [式(6-40)]对于 b 的一阶导数为 0 而产生的。

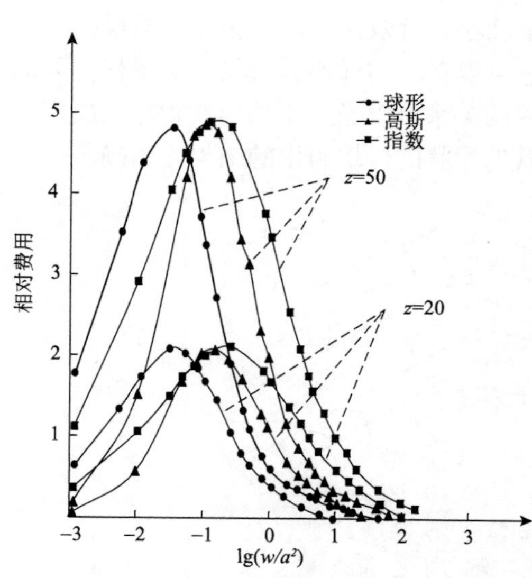

图 6-9　球形、指数、高斯变异函数模型的 w/a^2 与采样的相对费用的关系

w 是基本单位的面积，a 是变异函数的变程，参数 z 是所用样块中的单位数 n 与最佳样块中的单位数 n_0 的比值（n/n_0）

在各向异性的采样区域中，每一样块的费用可表示为

$$K_1 + K_2 n_1 n_2 \tag{6-41}$$

那么，对应于采样费用和方差的目标函数为

$$(K_1 + K_2 n_1 n_2) V_1 / n_1^{b_1} n_2^{b_2} \tag{6-42}$$

式中，$n_1 n_2$ 为所选样块中基本单位的数量。当 $b_1 \leqslant 0.5$ 和 $b_2 \leqslant 0.5$ 时，式(6.42)是 n_1 和 n_2 的单调递增函数。当 b_1 和(或) b_2 大于 0.5 时，式(6-42)的最小值取决于 b_1 和 b_2 中的较大值，如果 $b_1 > b_2$，当

$$n_1 = K_1 b_1 / [K_2 (1 - b_1)] \tag{6-43}$$

和 $n_2 = 1$ 时，式(6-42)具有最小值；相反，当

$$n_2 = K_1 b_2 / [K_2 (1 - b_2)] \tag{6-44}$$

和 $n_1 = 1$ 时，式(6-42)具有最小值。

第 7 章　地统计学计算工具及结果可视化

7.1　地统计学计算工具发展历程

地统计学软件的发展与地统计学理论研究和计算机技术的进步息息相关，因此地统计学软件的发展过程可以看做是一段依赖于地统计学理论与计算机科学技术的开发历程，分为以下三个主要阶段。

(1)20 世纪 50～70 年代：地统计学理论建立初期，软件萌芽期。这一时期主要是在空间分布特征的基础上，提出区域化变量概念，并构建以克里金法为核心的地统计学。对于区域化变量的空间分布特征的研究主要通过变差函数这一数学工具，仅在矿床储量计算和误差估计等方面应用。计算机此时还处于初级发展时期，刚刚产生操作系统的雏形和中小规模集成电路，出现 FORTRAN 与汇编语言，此时刚出现地统计学软件的萌芽，如地统计学第一个商用软件包 BLUEPACK 的产生。

(2)20 世纪 70～80 年代：地统计学理论不断扩充，软件发展期。这一时期地统计学理论实现了与数学、非线性科学及稳健统计学的结合，拓宽了地统计学的理论体系，并产生了随机模拟法，扩大了地统计学的应用领域。同时，计算机技术发展突飞猛进，出现大规模及超大规模的集成电路，UNIX、Linux、DOS 等操作系统诞生，各种高级语言涌现，为地统计学软件的研发铺平了道路，此时地统计学软件已经频频出现，如 MineSight 软件、ISATIS 软件、HERESIM 软件、SMICK 系统等。

(3)20 世纪 80 年代至今：地统计学理论完善阶段，软件涌现期。地统计学经过近 50 年的发展，已经形成一套完整的理论体系，同时涌现了一系列的方法和技巧，应用向广度和深度方向发展，已经广泛应用于地质研究、农作物估产、森林资源估算、环境保护等领域。计算机技术发展更是空前绝后，出现了 Windows 系列操作系统，此时地统计学软件开始如雨后春笋般不断涌现，如 ArcGIS、IDRISI、GEO-EAS、GS+、Surfer、GeoDa 等国外软件和 CGES、3Dmine、DIMINE 等国产软件。

7.2　IDRISI 操作与应用

7.2.1　IDRISI系统简介

IDRISI 是一个能够实现遥感与地理信息系统结合的应用系统平台。系统包括遥感图像处理、地理信息系统分析、决策分析、空间分析、时间序列分析、地统计分析等 300 多个实用且专业的模块，这一软件集地理信息系统和图像处理功能于一身，为众多相关应用领域提供了有力的研究与开发工具。尤其在科学研究方面，IDRISI 始终关注其理论、技术前沿的发展动向，不断吸收最新成果，并将其转化为扩展的功能模块加入软件系统之中，为地学环境等领域研究学者提供空间分析工具，因而得到了广泛应用。从 1987

年开始，共开发出了 18 个版本，目前最新版为 IDRISI Taiga。

IDRISI 是“世界上最普及的栅格 GIS 和图像处理系统之一”(one of the most widely distributed raster GIS and image processing systems in the world)。这种评价主要基于以下几点：①系统提供简便实用的宏建模工具 Macro Modeler；②提供最先进的决策支持工具、不确定性管理工具和图像处理工具；③简洁的一元化系统风格(没有任何附件)；④具有完全开放的系统架构及可扩展性(支持应用编程接口 API)。除了软件本身具备上述优点之外，IDRISI 还提供丰富翔实的在线帮助文档，以及配套的实例数据和实习操作指南。

7.2.2　IDRISI功能模块介绍

IDRISI 提供一组用于表面分析建模工具，它将 Gstat 软件集成到了系统中，并开发了 Kriging and Simulation、Model Fitting、Spatial Dependence Modeler 三大模块，大大丰富了空间插值、建模、预报及模拟等方面的功能。通过地统计分析，可以发现与描述采样数据空间依赖性，进而建立空间模型，对地理环境对象进行模拟预测。

1. 空间依赖性建模器

空间依赖性建模器(Spatial Dependence Modeler)是通过变异函数获取测量采样数据空间变化的工具。空间建模器界面如图 7-1 所示。空间依赖性分析是在 Surface Analysis 菜单下 Geostatistics 子菜单中的 Spatial Dependence Modeler 中进行的。

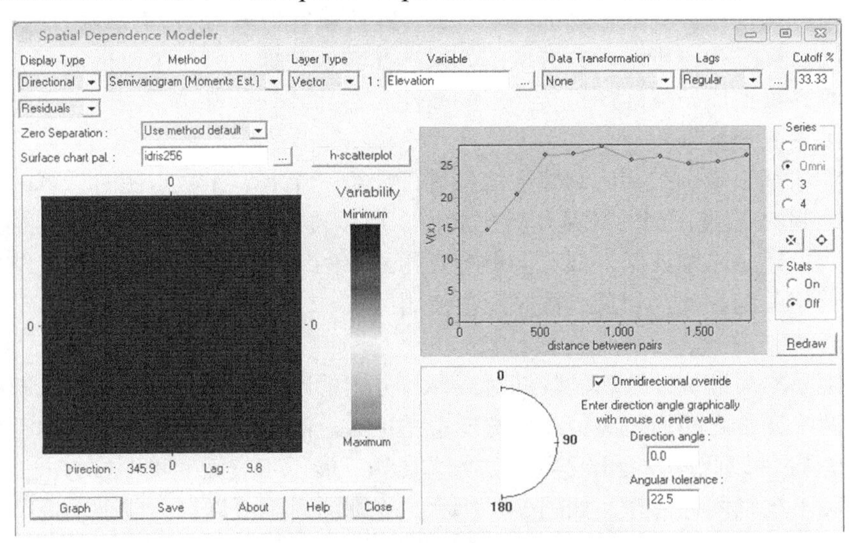

图 7-1　空间依赖建模器界面

1) 显示方式

显示方式是指对所选的一组统计数据的表示方式，分为表面方差图(surface variogram)和方向方差图(directional variogram)。表面方差图是将变异函数数云与栅格进行叠加，每一个栅格单元代表相应的变异函数值、方向及滞后距显示在栅格图下方。表面方差图是默认显示类型，显示在空间依赖建模器界面左半部分，如图 7-2(a)所示。方向方差图以折线的形式显示在空间依赖建模器界面右半部分[图 7-2(b)]。设置好计算与显示参数后，点击制图按钮，就可生成相应的变异函数方差图。

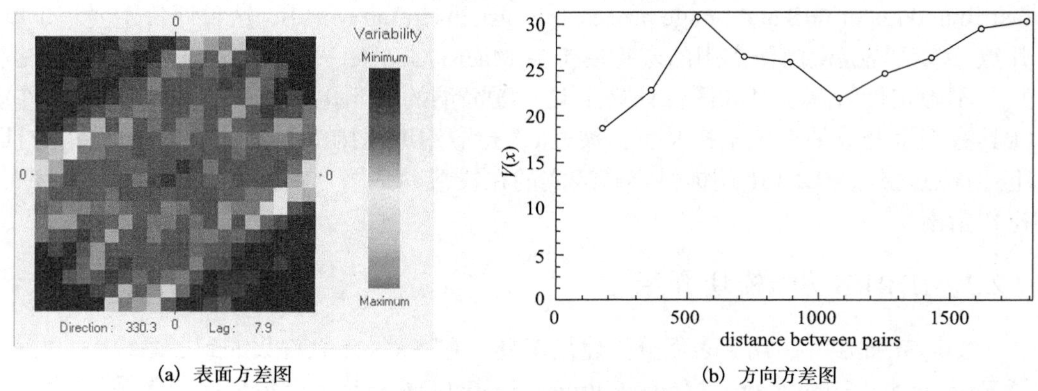

(a) 表面方差图　　(b) 方向方差图

图 7-2　显示方式效果图

2)计算方法

模型提供了 7 种空间变化和连续性的估计方式，通过 IDRISI 系统调用 Gstat 计算获取。空间变异性度量包括衡量空间变化性的矩估计变异函数、稳健变异函数和交叉变异函数，以及衡量空间连续性的协方差函数、自相关函数、交叉协方差函数和互相关函数。

3)数据转换

用户可以选择在计算变量之前转换数据，默认设置为 none(没有转换)。选项包括自然对数转换、标准化或指示函数转换。如果选择转换数据，另一个对话框将会启动，用以决定计算是根据原始属性还是转换后的属性。

4)残差或原始数据

软件默认基于最小二乘法对属性信息进行计算，当计算 H-散点图时计算的是残差数据。如果绘制 H-散点图时希望采用数据属性，可以选择原始数据选项。需要注意的是，不论选择残差还是原始数据，都不会影响变异函数的结果，但会影响协方差结果。该选项在计算自相关函数及互相关函数时无法使用。

5)滞后距

滞后距是参与地统计计算的数据对选择与分组的距离范围。滞后宽度，即滞后距离间隔，指两个样本之间的距离，滞后宽度总是正数。滞后数量是计算完成的距离间隔的数量。Gstat 插件以此计算变异函数及协方差函数，展示于表面变量图或方向曲线。滞后距有规则和不规则两种选择，如图 7-3 所示。规则滞后距可以自动或手动进行设置。在自动模式下，滞后宽度参数自动计算。如果没有选择空间依赖建模器接口中的滞后参数，则默认的滞后距数量是 10。使用手动模式，用户可以指定滞后宽度参数。如果滞后距数量乘以滞后宽度大于界值，则显示的滞后距数量将少于指定的数量。任何时候，用户都可以选择规则滞后选项来查看之前计算中使用的滞后宽度，同时可以在本系列的汇总统计信息中找到相关信息。如果选择使用不规则的滞后，则将启动另一个对话框，用户需要输入滞后数量和滞后间隔的约束值(按升序)。不规则滞后的最大数目是 20 (由空间依赖模型限制)。对于第一个滞后间隔，大于零且小于等于第一个滞后间隔值的数据对将被选取，以此类推，截止到最大滞后间隔距离。当最大滞后间隔距离大于由界值计算的距离时，显示的滞后距离数就会减少。

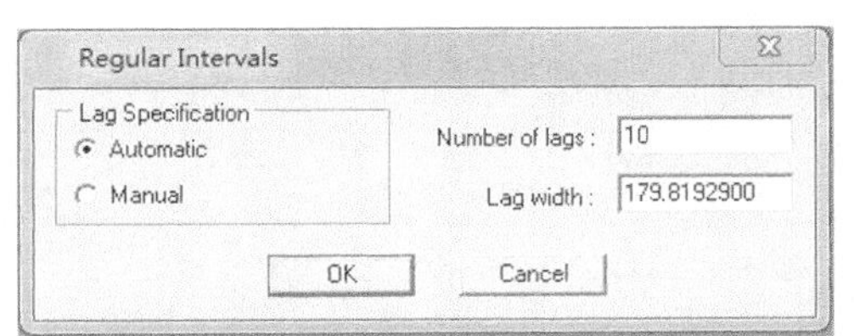

(a) 规则滞后距

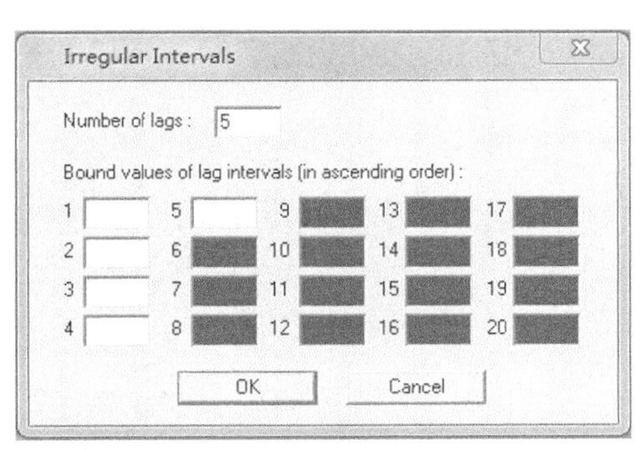

(b) 不规则滞后距

图 7-3　滞后距参数设置

6) 界值

界值是对设置滞后距的最大值，以对角线距离长度的百分比表示。它是基于数据位置的，而不是文档文件中 x 和 y 坐标的最小和最大值。空间依赖建模器默认值为 33.33%，自动转换为 Gstat 使用的比率 0.333。自动滞后宽度是最小和最大参考坐标对角线距离的三分之一，而不是实际数据位置的对角线距离。如果界值设置为 100%，在空间依赖模型的表面方差图中，Gstat 将自动选择所有的数据云；在定向方差图的情况下，Gstat 将选择与所有可能的分隔距离交叉的数据对。不过，并不是所有的数据对都会被选择，除非指定了足够多的滞后距数量。界值设置小于 100%可以节省计算时间。如果界值为 33.33%，那么超过这个百分比的数据样本将不会被包含在计算中。同样，如果指定了太多的滞后距，显示的最大隔离距离将等于滞后数量乘以滞后宽度。

7) 零间距

当在相同的位置有多个数据时，更改零间距参数，可以在不同的位置收集信息，以获得关于块金效应的信息。默认情况下，半方差图和交叉变量图省略了零间距。该参数有四个选项可供选择：使用方法默认，包含第一个间隔，省略，或者单独报告。

8) 方向方差图

方向方差图用于表征方向和全方向的变化曲线，x 轴表示样本之间的分隔距离，而 y 轴表示计算的变量变异函数方差值(图 7-4)。方向方差图的计算与展示通过下方的方向角与角度容差(两边数据对的范围)控制。方向方差图有两种类型：全向型和定向型。全向型方差曲线上的点代表在一定滞后距范围内所有的方差数云的平均值，可以通过勾选全方位覆盖复选框或者输入 180°作为方向容差。定向型方差曲线上的点代表该滞后距及方向上的变异函数值，方向角(0°～180°)和方向容差复选框限制了计算结果。方向方差图可以同时展示四个方向的结果，也可以通过 Stats On/Off 按钮显示不同系列数据及方差图的统计信息。统计表中第一个选项卡显示关于数据集和该系列的汇总统计信息，第二个选项卡显示该系列中每个滞后的信息，包括样本对数量和样本之间的平均间隔距离，如图 7-5 所示。

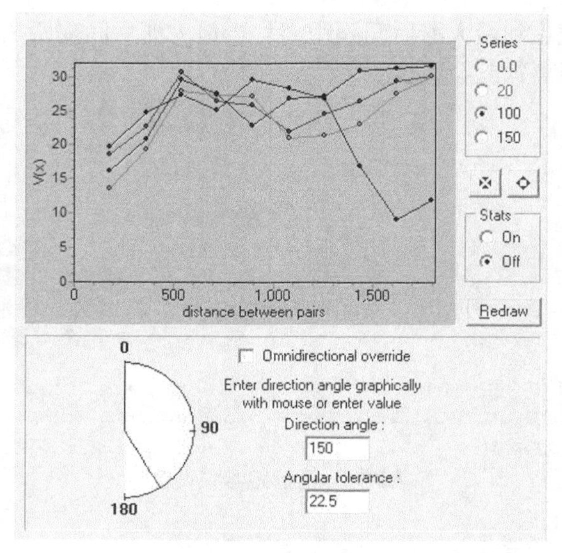

图 7-4　方向方差图

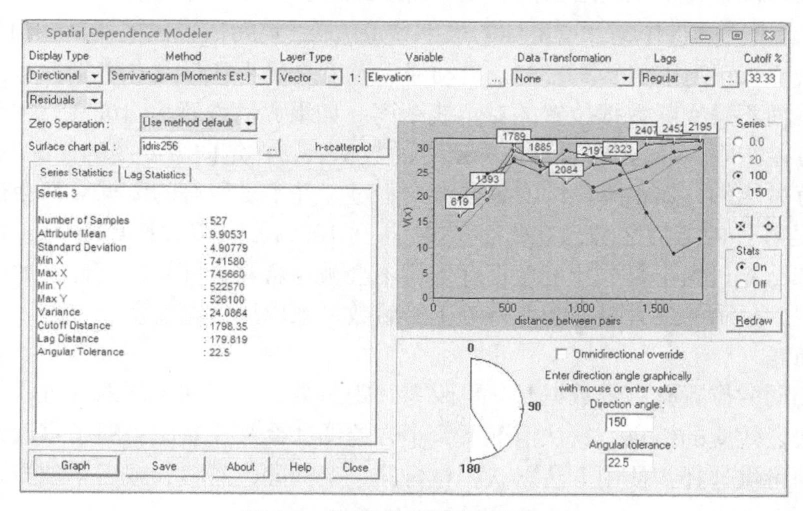

图 7-5　数据系列统计信息界面

9）H-散点图

H-散点图表示的是根据分隔距离和分隔方向选择的所有样本对，图中的每一个点表示根据样本属性绘制的一对数据，x 轴表示每个样本对属性范围的 from（头）值，y 轴表示样本对属性范围值的 to（尾）值。可以通过鼠标点击散点获取每个样本对的具体参考坐标，如图 7-6 所示。生成方向方差图之后，就可以生成 H-散点图了。如果使用了残差数据计算，那么 H-散点图在 x 轴和 y 轴上的 H 散点的属性被表示为残差值，但与原始数据的空间布局是一样的。IDRISI 为 H 散点提供了一种阈值机制，用于分析不同属性阈值对每个滞后距的贡献和分布。在阈值框中输入并应用相应阈值，直线交叉垂直地将 H 散点分成四个区域，相应的百分比值显示在阈值框下，以表示在这四个区域中的样本对占总数量的百分比。

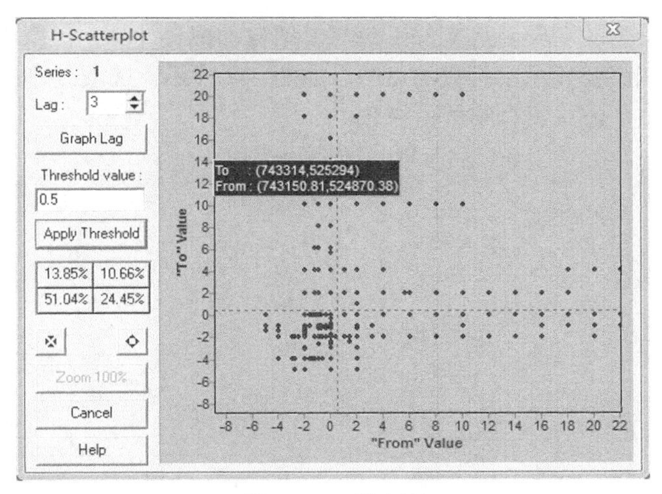

图 7-6　H-散点图

2. 模型拟合

模型拟合的目的是可视化地通过数据模型的形式将测量表面的空间变化特征展现出来，可以模拟空间依赖性建模器中获取的任何变异函数模型。模型拟合首先是可视化地将变量变化特征通过设计的数学曲线模型进行创建，如果对模型结果满意，则可以使用自动方法来拟合曲线。自动拟合的优点在于，由算法推导出的最后数学曲线本身就可以用来进行数据分析。模型拟合在 Surface Analysis 菜单下 Geostatistics 子菜单的 Model Fitting 中进行，界面如图 7-7 所示。

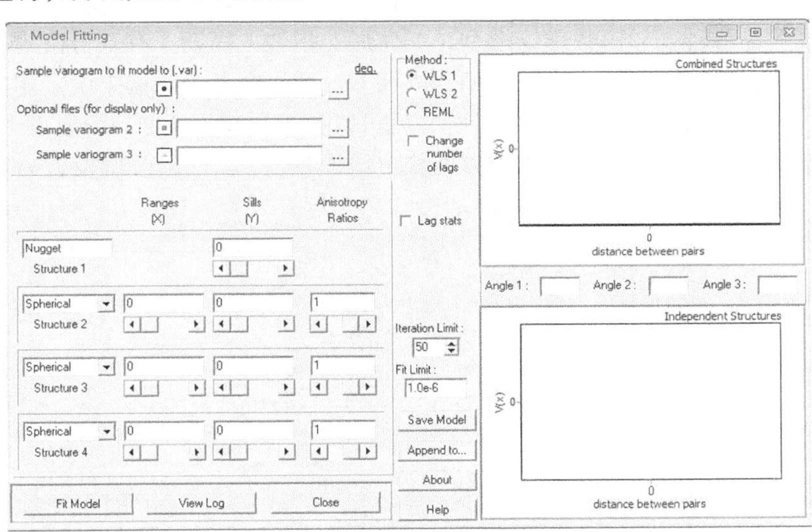

图 7-7　模型拟合界面

1) 拟合文件

模型拟合模块要求输入的文件是先前通过空间依赖性建模器生成的样本变异函数文件，文件格式为.var，通过输入的变异函数文件就可进行模型自动拟合。模型拟合同时提供了输入两个可选的样本变异函数文件的途径，分别为样本变异函数 2 和样本变异函数 3。这两个可选的变异函数文件不参与模型自动拟合计算，仅用于辅助显示。输入文件后，界面右侧就会显示出相应的点图，如图 7-8 所示。需要注意的是，右侧下方是独立结构可视化，上方是组合结构可视化。

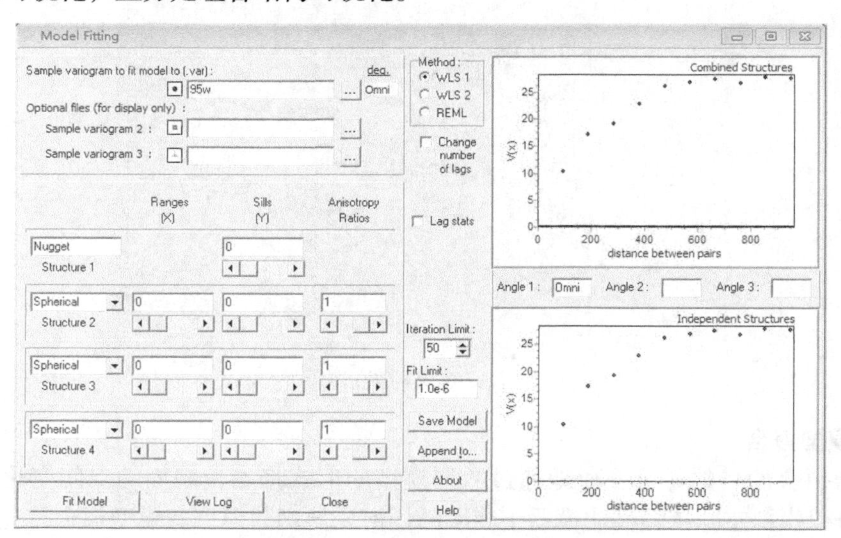

图 7-8　变异函数文件输入效果图

2) 结构

结构表示用户想要构造的模型的不同数学描述。软件提供最多四种结构的组合，通过不同的结构组合就会产生一个反映所有结构的复合形状。结构 1 是块金值，其他三个结构可以设置为各种变异函数理论模型，如球形、指数、高斯、有基台值线性、线性、幂指数型、对数型、圆形型、贝塞尔型和周期型。通过在各个结构中设置相应的理论模型及其参数(变程、基台值、各向异性比值)就可以初步构建相应的拟合模型了。如图 7-9 所示，结合右侧结构图，将图中降水数据块金值设置为 6，理论模型设置为球形，变程

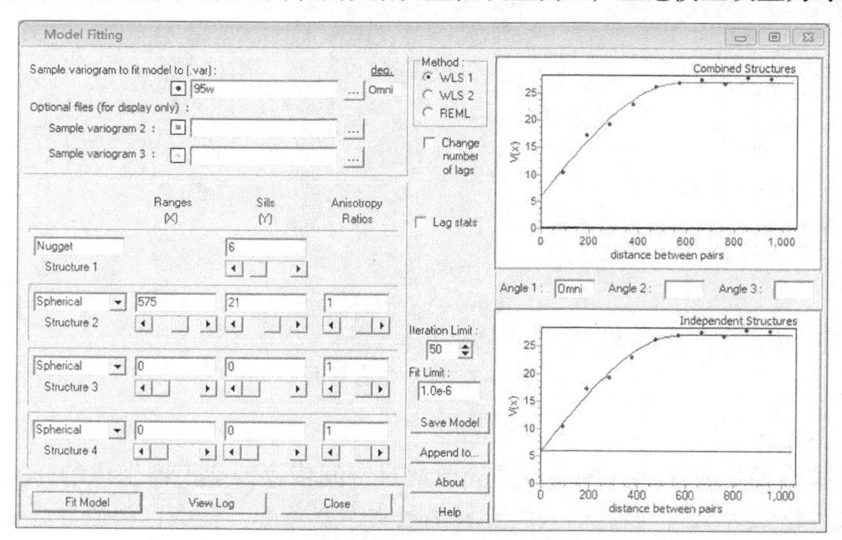

图 7-9　各个变异函数结构模型设置示意图

和基台值参数设为 575 和 21，各向异性比值(各向同性)，曲线与样本之间获得了很好的拟合效果。图中右下侧是结构 1 与结构 2 的各自曲线显示，右上侧是结构 1 与结构 2 组合后的可视化效果。

3) 方法

(1) 拟合算法。拟合算法是指试图将样本变异函数和理论模型变异函数之间的误差最小化。在每次迭代计算过程中，随着对参数的调整，都会重新估计误差，直至误差小于限差，计算结束。软件提供两种拟合算法：加权最小二乘法(WLS)和限制性最大似然估计法(REML)。WLS1 假设随着样本对数量的增加，样本方差的可靠性会增加，因此每个滞后距的权重与其包含的样本数量成正比；WLS2 为较小滞后距分配更大的权重，算法认为虽然在这一范围包含的样本数量少，但它们之间距离更近，对创建最终的空间连续性模型更重要。因为非平稳性问题难以采用最大似然法拟合，所以软件采用了限制性最大似然估计法，使得模型与实验变异函数之间的差异最小化。当数据接近正态分布时，可以选择限制性最大似然估计法。

(2) 改变滞后距数量。该复选框表示是否改变滞后距数量，如果需要改变，输入新值。当滞后距大于变程时，采用自动匹配更容易获得拟合，当滞后距内参与计算的样本对大于 30 时，可以将滞后距数量减少为滞后距最大值的一半。

(3) 迭代限制。如果拟合误差大于拟合限差，得到“拟合不收敛”的提示，单击 View Log 按钮，在日志文件的结尾，检查 Gstat 停止处理的迭代。如果是迭代次数较少导致，尝试增加迭代次数，直到算法成功。需要注意的是，有时虽然达到拟合限差，但是程序不会停止迭代，这是因为如果任何参数的变化超过 20%，Gstat 就不会接受用户构建的迭代。

(4) 拟合限差。可以通过调整拟合限差，帮助拟合算法成功收敛。

(5) 添加。如果用户要执行分层的克里金和协同克里金，可通过该按钮为每个层次或每个变量的变异函数模型添加额外的函数(.prd)，如图 7-10 所示。协同克里金需要三个方程，两变量各自的变异函数及其交叉变异函数；多变量指示克里金需要为每个变量添加一个函数，以及根据需要添加交叉变异函数。添加的函数模型可以在不执行模型拟合的前提下保存为.prd 文件。

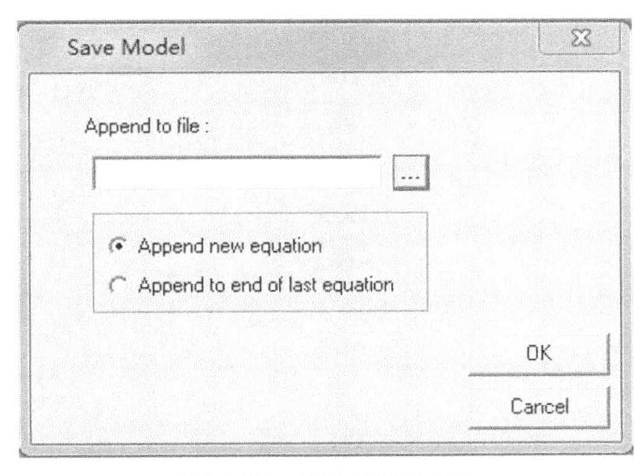

图 7-10　添加函数界面

4) 拟合

选择模型拟合按钮来执行自动拟合过程。如果没有指定任何模型变量，它就不会运行。拟合结果可以保存为.prd 文件。从图 7-11 可以看出，拟合后的参数显示在操作界面中，相应的图件也进行了更新。块金值、变程、基台值由原始设置的 6、575、21 变为了 8.81312、567.119、18.3965。

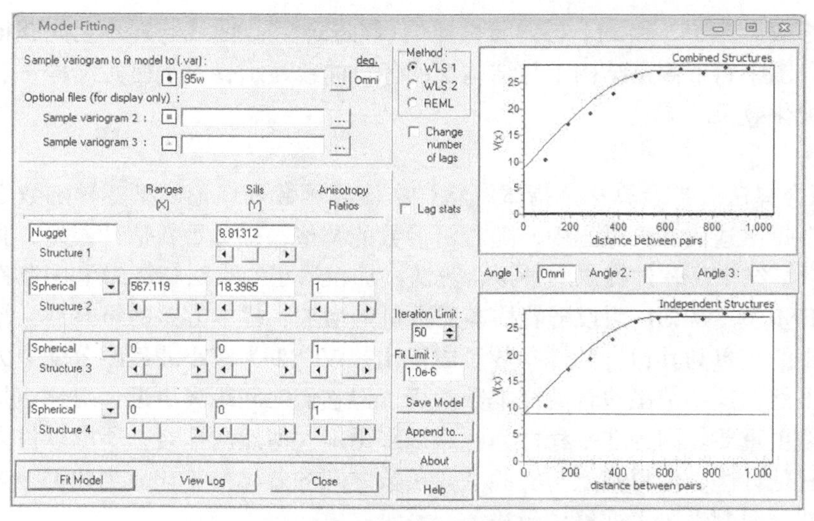

图 7-11　模型拟合后结果展示

3. 克里金及模拟

克里金和模拟模块提供了一组能够用于对样本数据进行插值和预测，获得完整的表面图像的工具。通过使用模型拟合模块中获得的拟合模型，就可以进行克里金插值与模拟，并且在创建完整的插值或模拟之前，交叉表和分位数/中位数估计能够使用户快速查看结果，运行界面如图 7-12 所示。

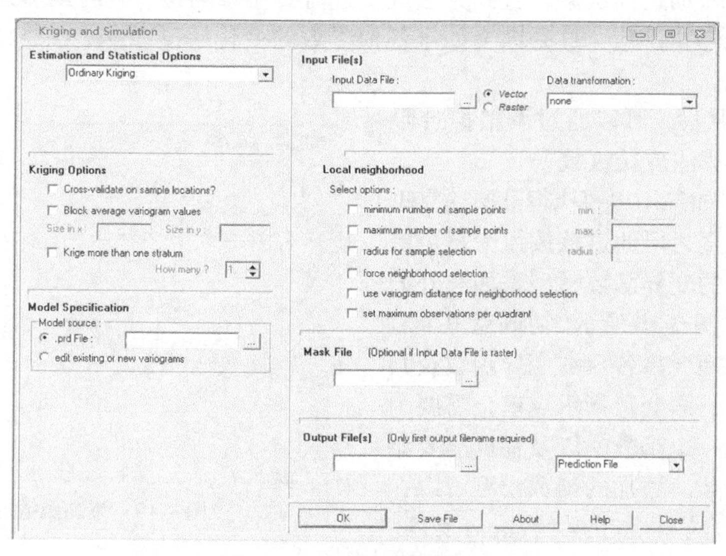

图 7-12　克里金及模拟界面

1）估计和统计选项

从估计和统计选项的列表中选择插值和模拟的模型，软件提供了简单克里金、普通克里金、简单协同克里金、普通协同克里金、高斯模拟、泛克里金、指示模拟、局部线性模型预测、接近/最远观测距离计算模拟、邻域样点数量分析，或者局部的分位数或中位数估计。根据所选择的选项，进行其他参数的设置。

2) 克里金选项

根据所选择的估计和统计选项，对话框显示内容动态变化，部分内容可能不可见。

(1) 交叉验证。交叉验证是诊断模型拟合效果的一种方式，它会每次移除一个数据位置，然后使用剩余数据预测关联的数据值，以此类推在样本数据的不同子集上重复，并映射到所有数据位置。使用交叉验证检查模型变异函数的目的是暴露模型明显的错误，并确定和查看模型在预测中可能出现的问题的位置。它不能证明这个模型是正确的，只显示模型失败的地方。这一选项无法用于泛克里金和模拟。

(2) 块间平均变异函数值。块段克里金是通过在一个大块段中采用矩形排列形式进行估值的，它的计算能力非常强。平均协方差是基于某一样本点位置和所在块段中的所有点估计的块协方差计算的，因此，用户必须指定块段区域内需要的离散点的个数。这些点以网格形式排列，如果各向异性存在，那么各点的间距可能会在一个方向上被拉长。对于一个二维的块，使用 4×4 网格 16 个点可以达到理想的精度。克里金计算时，可以指定 X 和 Y 方向的点数。但高斯模拟必须是一个常规则的块段。

(3) 分层克里金。分层克里金允许用户将克里金内插到多层上。分层数据通过将样本分成不同的空间组，并单独地统计与处理。该方法是解决平稳性问题的一个方案。运行一次计算，所有层都会完成克里金插值，每一层都会有一个拟合度检验，最终生成一个输出结果。这个选项目前还不能用于泛克里金和模拟。

3) 模型参数

该选项用以指定插值模型的参数，可以选择在模型模拟模块中生成的变异函数参数文件(.prd)，也可以通过手动编辑新的变异函数参数(图 7-13)。对于编辑参数，格式如下：块金+基台值　结构类型(变程)，假设块金值 200，基台值 900，球形结构，变程为 9.5，可写成 200 Nug(0) + 900 Sph(9.5)。对于协同克里金，需要三个方程式；多变量高斯模拟至少需要三个方程式；泛克里金只需要一个方程式；分层克里金的方程数应与相应的层数一致。

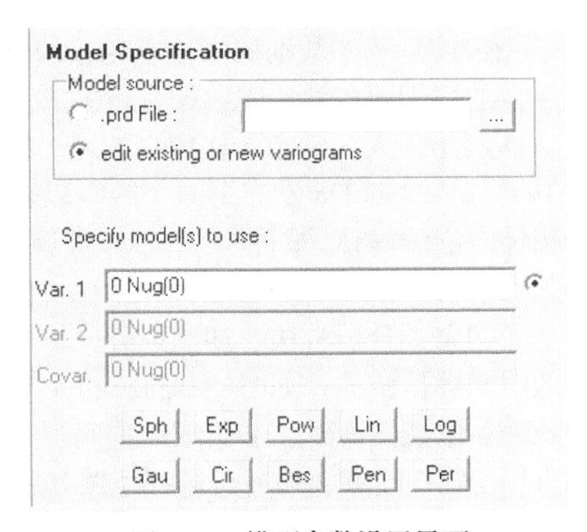

图 7-13　模型参数设置界面

4) 局部邻域

在进行插值与模拟过程中，必须为每个文件指定一个邻域。指定的方式包括：参与计算的最少样本点数、最大样本点数、样本选择半径、强制邻域范围、基于变异函数值为距离选择、设置象限最大观测数。

5) 掩膜文件

掩膜文件用于定义像素的分辨率和输出的范围。如果输入的是矢量文件，则需要输入掩膜文件，可以通过 Data Entry 菜单中的 INITIAL 创建。如果输入文件是栅格格式，则掩膜文件不是强制要求的，可以通过掩膜文件设置输出分辨率及范围。如果采用分层克里金，掩膜文件需要以递增次序进行赋值，且与输入数据顺序相同。

6)成果输出

软件可以输出预测结果和方差结果，效果如图 7-14 所示。

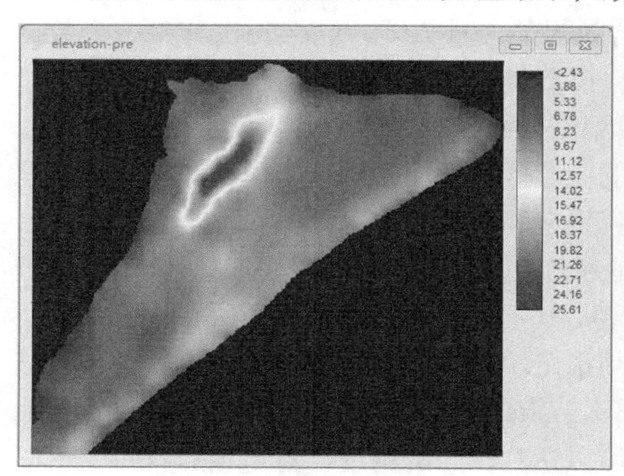

(a) 预测结果图

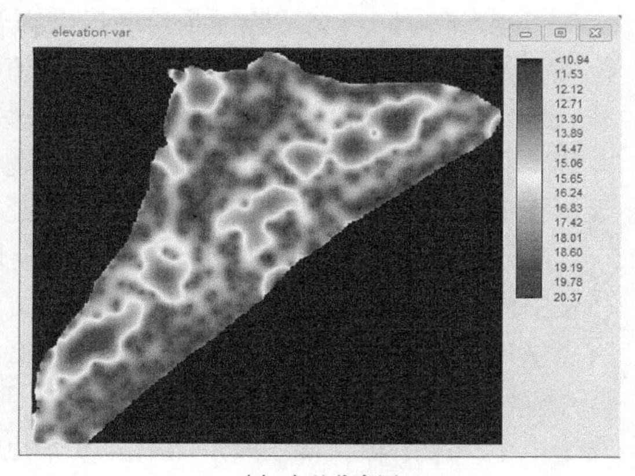

(b) 方差分布图

图 7-14 普通克里金插值预测及方差分布图

7.3 GeoDa 操作与应用

7.3.1 GeoDa系统简介

GeoDa 是一个数据探索性空间数据分析的软件工具，该程序提供了友好的用户界面及丰富的用于探索性空间数据分析的方法，如空间自相关统计和基本的空间回归分析。GeoDa 利用强大的动态链接窗口技术，构建了一个由地图和统计图表相联合的环境。从 2003 年 2 月 GeoDa 发布第一个版本以来，用户数量成倍增长，GeoDa 软件得到了用户和媒体广泛的好评，被称为“一个非常重要的分析工具”。GeoDa 最新发布的版本是 1.10，新版本包含了很多新的功能，如单变量和多变量的局部 Geary 聚类分析，集成了经典的非空间的聚类分析方法，如主成分分析、*k* 均值、分层聚类等。同时，GeoDa 也支持更多的空间数据格式，如时空(space-time)数据、Nokia 和 Carto 提供的底图数据、均值比较图表、散点图矩阵、非参数的空间自相关图等，同时软件也增加了更为灵活的数据分类方法。软件能够实现通过链接地图和图表进行统计数据探索性空间分析，进行单变量/多变量的空间聚类分析，探索多种空间数据分类，检测多元空间关系，获取空间相关性边界阈值，同时新版本支持时空数据，能够进行时空数据的均值比较与时空模式分析，检测空间聚集性随时间的变化情况，并能够将数据与分析连接 Carto 云端空间数据库。软件的目标就是提供一个能够探索和分析地理空间数据的工具，作为一个桥梁，能够将地理空间数据的简单描述和可视化与数据结构分析和建模很好地结合起来。不需要庞大的地理信息系统，但能够深入了解地理信息数据的结构。

7.3.2 GeoDa功能与操作

1. 启动 GeoDa

双击图标，启动 GeoDa，界面如图 7-15 所示。GeoDa 引入 GDAL 软件库后，目前可以支持多种矢量数据格式，包括 ESRI Shapefile、ESRI File Geodatabase、GeoJSON、MapInfo、GML、KML 等。同时，GeoDa 也能从表格数据(如.csv、.dbf、.xls、.ods)中通过制定坐标数据(*X*，*Y* 或者经纬度)来创建点空间数据。GeoDa 也能让用户将感兴趣的、选中的数据另存为一个新的矢量数据。装载入文件之后，所有的菜单和工具栏都变为可用。

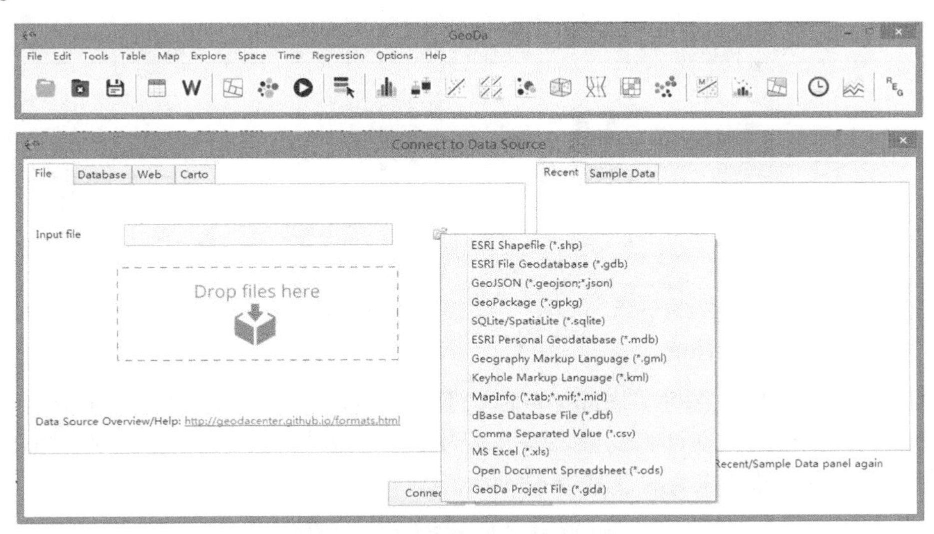

图 7-15　GeoDa 完整的菜单和工具栏

菜单栏由 11 项组成，其中包括 Edit(时间编辑、分类编辑)、Tools(权重设置、制作格网)、Table(数据表格处理)、Map(各种专题图的制作)、Explore(探索性数据分析工具)、Space(空间自相关分析工具)、Regress(空间回归)和 Options(工具参数设置)。工具栏由 9 组按钮组成，从左到右分别是：打开和关闭项目；空间权重计算；制图；数据分类；探索性数据分析；空间自相关；时间管理；平均图和回归。单击工具栏中按钮与在菜单中选择相应的选项功能是相同的。

2. 多变量 EDA

1) 散点图矩阵

散点图是指在回归分析中，数据点在直角坐标系平面上的分布图，用来表示因变量随自变量而变化的大致趋势，可以据此选择合适的函数对数据点进行拟合。在探索性数据分析过程中，可以通过散点图判断两变量之间是否存在某种关联或总结点的分布模式。当研究需要针对多个变量时，若一一绘制它们间的简单散点图，十分麻烦。GeoDa 为用户提供了多变量的散点图矩阵(图 7-16)，可供用户对多个变量之间的相关性进行研究，这样可以快速发现多个变量间的主要相关性，这一点在进行多元线性回归时显得尤为重要。

图 7-16 显示了由 PCINC、LIF40、NOSAFH20 三个变量构成的 3×3 散点图矩阵，由 6 幅散点图及与其相匹配的柱状图构成，图中直线为各自散点图的线性拟合，并标注了相应的斜率，用以判断变量之间的相关性。

当选中部分数据点时，选中的部分及未选中的部分各自进行线性拟合，并同时显示于散点图矩阵中(图 7-17)，从而能够使得用户理解数据子集的相关性。

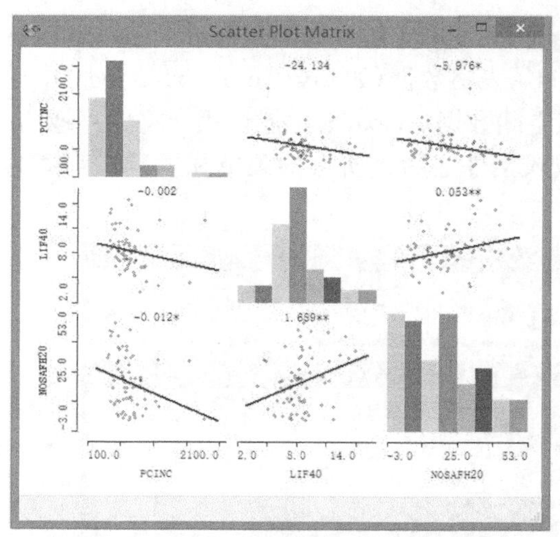

图 7-16　3×3 散点图矩阵(PCINC、LIF40、NOSAFH20)

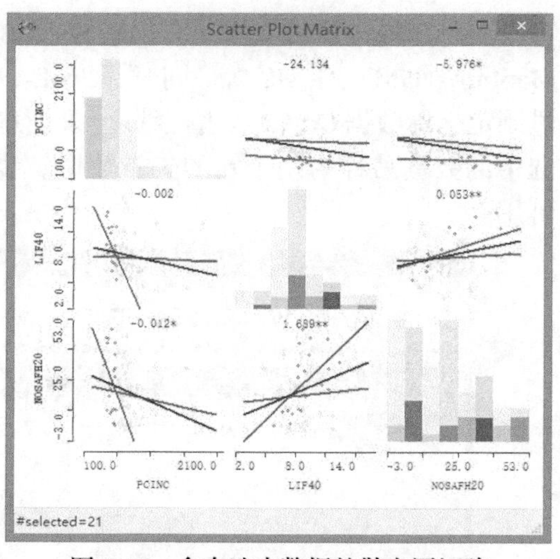

图 7-17　含有选中数据的散点图矩阵

GeoDa 同时为用户提供了局部加权回归散点平滑法(Lowess)来拟合散点图矩阵，不套用现成的函数公式，在计算变量之间关系时采用开放式算法，帮助用户通过曲线了解数据相关性关系的细微变化，如图 7-18 所示。

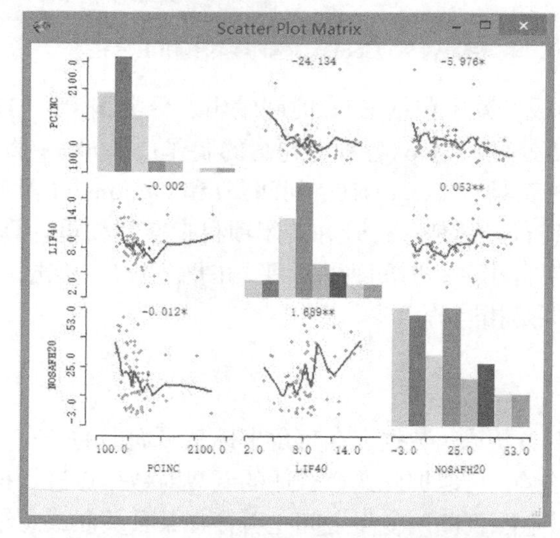

图 7-18　采用 Lowess 算法拟合的散点图矩阵

2) 平行坐标图

平行坐标是一种可视化方法，用于对多元数据的可视化。为了克服传统的笛卡儿直角坐标系容易耗尽空间、难以表达三维以上数据的问题，平行坐标将高维数据的各个变量用一系列相互平行的坐标轴表示，变量值对应轴上位置。在每一个轴上，变量的观测值从最低(左)到最高(右)，如图 7-19 所示。为了反映变化趋势和各个变量间的相互关系，将描述不同变量的各点连接成折线。这些折线是与多变量(多维)散点图中的点相对应的。平行坐标图(PCP)是散点图矩阵的一个替代者。

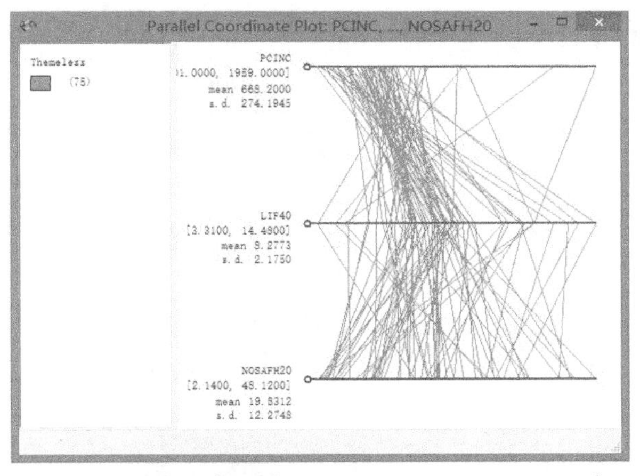

图 7-19　平行坐标图(PCINC、LIF40、NOSAFH20)

在 GeoDa 中用户可以在相应直线上点击或使用选择多边形(任何横切线将会被选中)，来选择单独的观测值。例如，点击其中一条折线，其余折线(图 7-20)变暗。

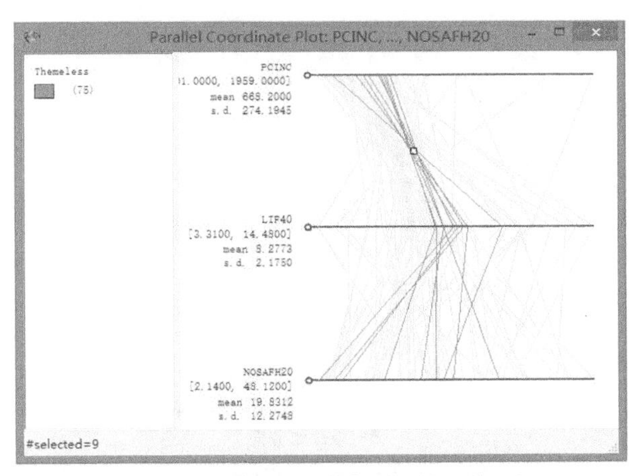

图 7-20　含有选中数据的平行坐标图

平行坐标图的一个重要应用在于识别多变量空间中观测值的丛聚，当沿某条轴移动选择时，潜在的丛聚反映在折线上为相同的分布；同时这些的斜率分布也能够反映出变量之间的相关性(正相关、负相关或没有相关性)。在 GeoDa 中，因为图表都是链接的，可以评估多变量丛聚相对应的空间丛聚的程度。

3) 条件图

条件图是实现多元数据探索的另一种方法。条件散点图通过使用两个条件变量将数据子集分成不同的类别，每个类别的观察结果都属于条件变量的特定范围。例如，以经纬度为条件变量，分别置于水平轴和垂直轴，经过地理分位处理，将整体样本按照地理区位划分为几个区域。在这些区域内研究相应的因变量与自变量之间的相关关系。在 GeoDa 中，每个条件变量可以有三个子集，共有九个子图。支持三种条件图：条件图、条件直方图和条件散点图，如图 7-21 所示。通过设置条件变量，可以发现在不同的条件范围内变量的相互影响，若是不存在这种相互影响，则在条件图中的各个单元将表现得一样。

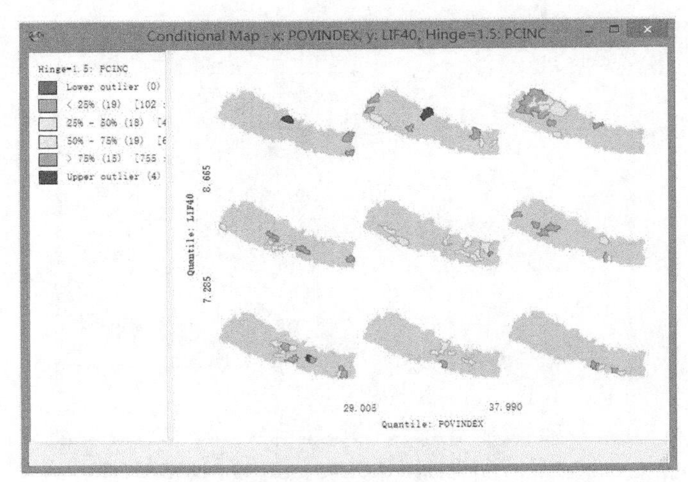

(a) 条件图

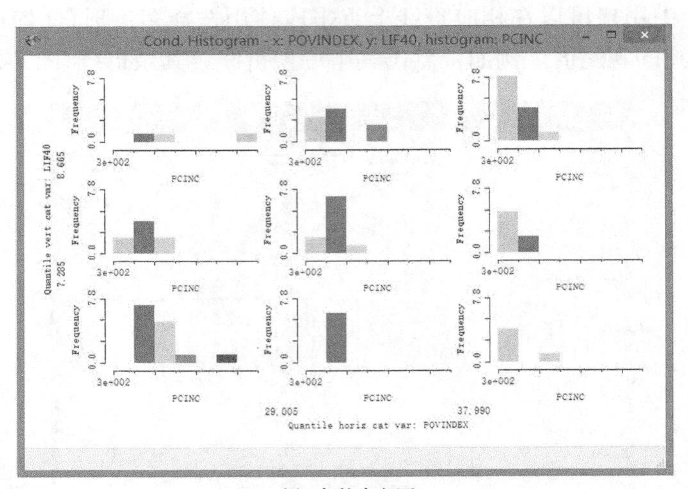

(b) 条件直方图

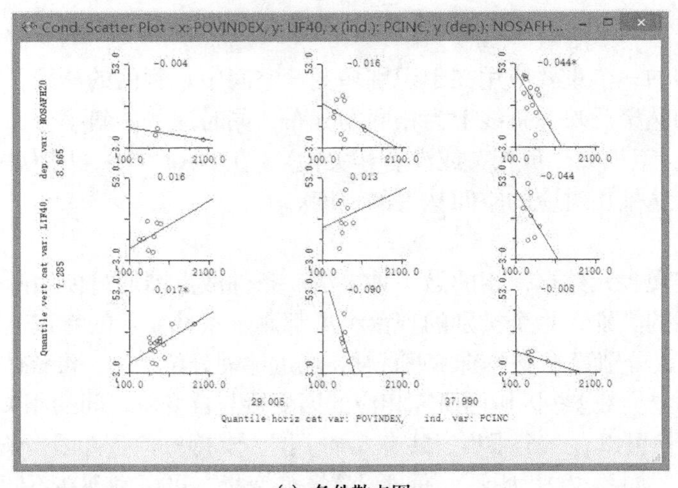

(c) 条件散点图

图 7-21　条件图（POVINDEX、PCINC、LIF40、NOSAFH20）

4) 三维散点图

在散点图矩阵中虽然可以同时观察多个变量间的联系，但是两两进行平面散点图的观察时，有可能漏掉一些重要的信息。三维散点图就是在由 3 个变量确定的三维空间中研究变量之间的关系，由于同时考虑了 3 个变量，常常可以发现在二维图形中发现不了的信息(图 7-22)。三维散点图与所有其他地图和图表也是链接的。

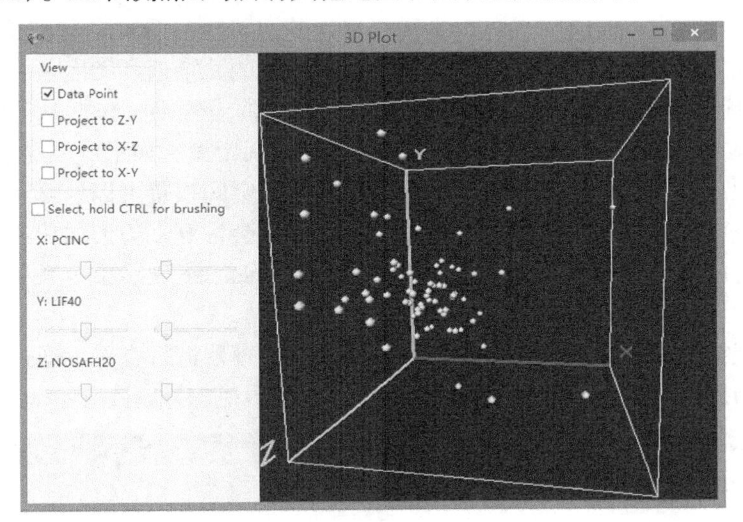

图 7-22　三维散点图(PCINC、LIF40、NOSAFH20)

3. GeoDa 空间自相关分析

1) 空间权重

空间权重是计算空间自相关统计必不可少的一步，在 GeoDa 中，空间比率平滑也需要用到它。空间权重既可以通过多边形边界文件计算获得，也可以通过两点之间的距离计算获得，如图 7-23 所示。

Weights File Creation
Weights File ID Variable　ID　Add ID Variable...
Contiguity Weight
Queen contiguity　Order of contiguity　1
Rook contiguity　Include lower orders
Precision threshold　0
Distance Weight
Distance metric　Euclidean Distance
X-coordinate variable　<X-Centroids>
Y-coordinate variable　<Y-Centroids>
Threshold distance　0.609171
k-Nearest Neighbors　Number of neighbors　6
Create　Close

图 7-23　空间权重创建界面

(1)基于邻接(Contiguity)关系的空间权重。GeoDa 中，基于邻接关系的空间权重算法包括 Rook 权重和 Queen 权重矩阵。Rook 权重和 Queen 权重矩阵都是根据多边形的邻居关系来指定权重矩阵的，Rook 权重将共享一条边的多边形作为邻居，Queen 权重矩阵将共享一条边或共享一个点的多边形看作邻居。Queen 方法对两个区域距离的远近，或者是邻近关系表达得更细致；对于只有顶点相接的两区域，在 Rook 方法中会定义为 0，即不相邻，在 Queen 中会定义为 1，表示相邻。基于邻接关系的权重，可以设置计算阶数，高阶的权重构建过程中，通过算法去除了数据中的冗余值和圆度。

(2)基于距离的空间权重。距离权重。距离权重的设置中，包括基于欧氏距离和弧段距离两种模式，若计算采用 *XY* 坐标，可以选择欧氏距离；如果点以经度和纬度表示，则选择弧段距离。注意：对于邻接权重，基于距离的空间权重可以计算点文件和多边形文件的距离。对于距离权重，如果不指定坐标变量，会计算多边形的质心，用于距离的计算。其中，阈值设置表示既定距离下的相关性，*k*-nearest 表示指定某个多边形周围的多边形个数后计算的权重。

对于空间权重的构建情况，用户可以利用权重管理器进行查看，通过直方图和连接图了解样本与周边样本连接的数量统计及空间分布(图 7-24)。

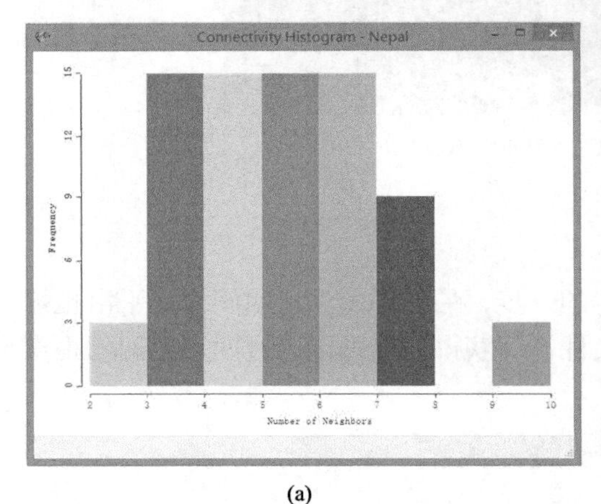

(a)

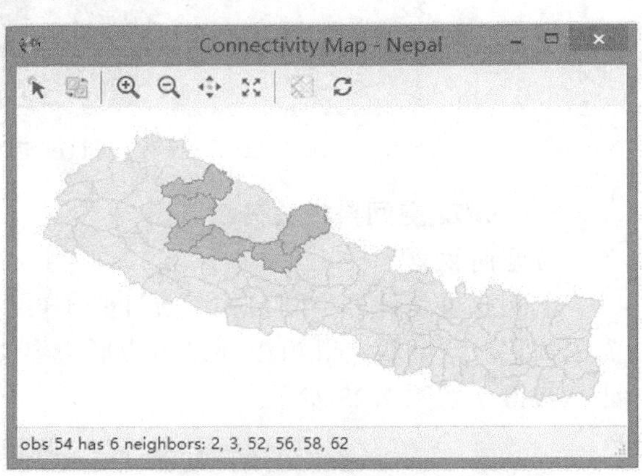

(b)

图 7-24　权重连接直方图与连接图

2)空间自相关

空间自相关统计量用于度量某位置上的地理数据与其他位置上的数据间的相互依赖程度，有多种指数可以使用，常用的包括 Moran's *I*、Geary's *C*、Getis、Join count 等。一般来说，自相关方法在功用上可大致分为两大类：一为全局型(global spatial autocorrelation)；二为区域型(local spatial autocorrelation)。全局型指标用于探测整个研究区域的空间模式，使用单一的值来反映该区域的自相关程度，但其并不能确切地指出聚集在哪些地区。若将全局型不同的空间间隔(spatial lag)的空间自相关统计量依序排列，还可进一步作空间自相关系数图，能够分析该现象在空间上是否有阶层性分布。区域型指标计算每一个空间单元与邻近单元就某一属性的相关程度，区域型能够推算出聚集地的范围。GeoDa 提供了 Moran 的 *I* 指数、Gi*及 Geary 的 *C* 指数用以分析空间自相关。全局自相关指数包括全局单变量 Moran's *I*、全局双变量 Moran's *I*、全局差异 Moran's *I*、

EB 比率 Moran's I。如图 7-25 所示，全局自相关反映了区域现象的整体特性，以斜率的大小表征相关程度，取值一般在[-1,1]，小于 0 表示负相关，等于 0 表示不相关，大于 0 表示正相关。

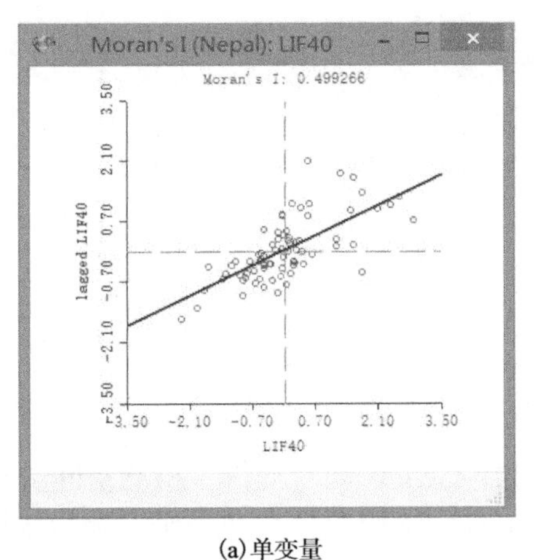

(a) 单变量

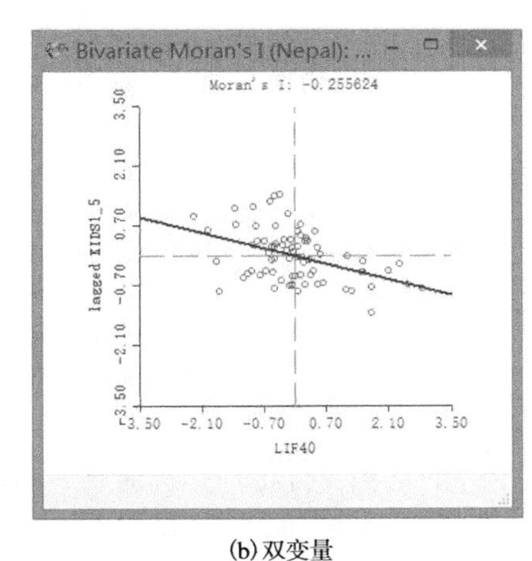

(b) 双变量

图 7-25　全局 Moran's I

局部自相关指数包括局部单变量 Moran's I、局部双变量 Moran's I，局部 EB 比率 Moran's I、局部单变量 Geary's C、局部双变量 Geary's C、局部 G 聚集图、局部 G*聚集图。局部自相关性，除了局部 Moran's I 散点图外，还能够通过显著性图和聚类图表征(图 7-26)。显著性图用不同的颜色显示了不同显著性的局部 Geary's C(在图例中给出了相应的 p 值)统计的空间位置。聚类图能够帮助用户发现空间聚集区域和空间离群值。高-高和低-低位置(正局部空间自相关)典型的被称为空间聚集，但高-低和低-高位置(负局部空间自相关)被称为空间离群。需要注意的是，显示在 LISA 聚集图中的空间聚集只是聚集中心。当一个位置的值(高或低)与其邻居值相似超过空间随机的情况时，聚集就这样划分。这种情况下的任何位置都会被标上地图。

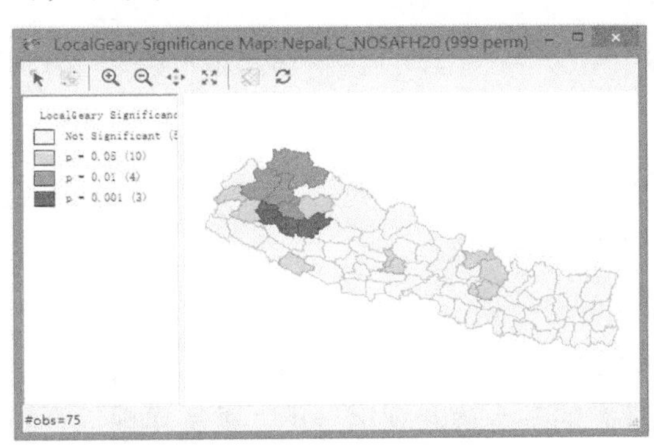

(a) 显著性图

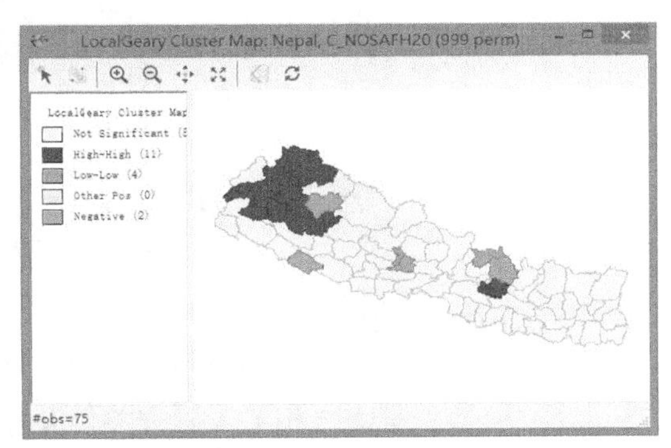

(b) 聚类图

图 7-26　局部单变量 Geary's C 显著性图和聚类图

新的版本中还提供了非参数空间自相关分析，用以检测空间相关性边界阈值。通过设置变量参与计算数据分段、距离或随机样本数，生成自相关直方图及拟合曲线图，并将相应统计信息展示于底部，从而发现邻近点不再具有相关性的取值，如图 7-27 所示。

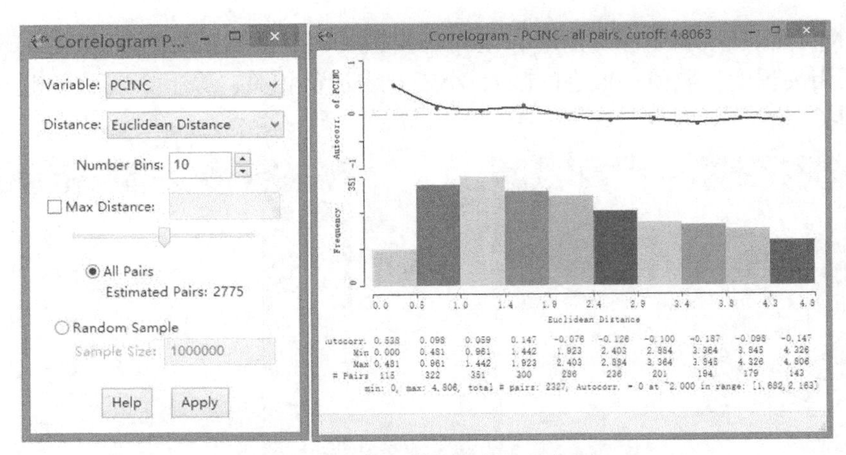

图 7-27　非参数空间自相关分析

上述的自相关分析均是针对某一时间点的数据，GeoDa 同时提供了检测空间上聚集随时间变化的工具，即差异 Moran's I 指数。这个工具能够检验某个变量所发生的变化是否与它的周边变化存在统计上的相关性，这些聚集是否随时间产生了空间变化。2002～2008 年，纽约地区的儿童市场份额在热点区域发生了很大的变化，而冷点区域变化不大（图 7-28）。

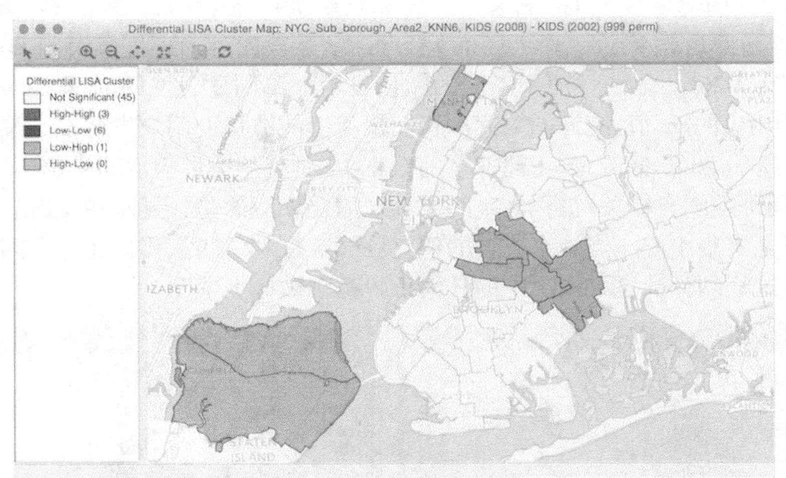

图 7-28　差异局部自相关聚集图

4. GeoDa 空间回归分析

GeoDa 提供了空间回归分析的工具，能够实现经典线性回归模型、空间滞后模型及空间误差模型。空间自相关、异方差性及非常态的基本诊断利用最小二乘法实现，空间滞后及空间误差模型估计采用最大似然估计法实现。GeoDa 软件提供了经典线性回归模型、空间滞后模型和空间误差模型三个选项。经典线性回归模型没有考虑空间自相关的影响，空间计量模型把空间相关性考虑进去，以被解释变量自相关和误差项自相关为空间自相关形式，分别对应空间滞后模型和空间误差模型。空间滞后变量及空间误差是空间自相关计算和空间回归模型解释的重要部分。通过回归工具，能够定量地了解变量、滞后变量及误差之间的空间相关性，进行变量的预测及影响因素的判断，并通过相应的预测值与残差值对模型进行评估与诊断。GeoDa 空间回归工具能够计算模型的预测值与残差、协方差矩阵和怀特检验结果，用户可以将回归结果保存在数据文件中，并生成预测值地图与残差地图进行可视化展示。如图 7-29 所示，预测值地图和残差地图，对模型的可视化检验是非常有用的。特别是残差地图，它能够给出特定地区系统高值(预测值高于真实值)或低值(预测值低于真实值)的空间指示，这可能是存在空间自相关的证据。

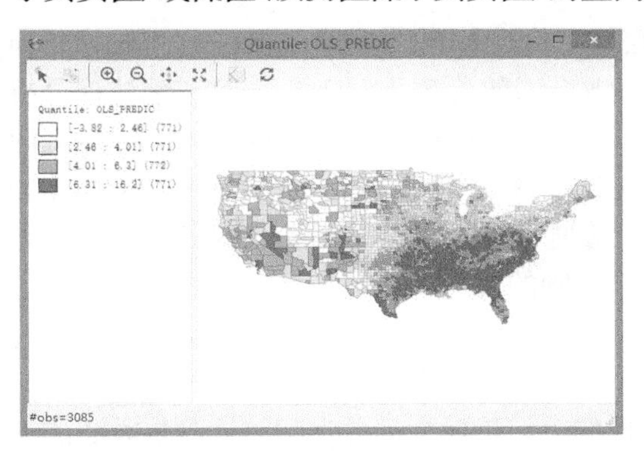

(a) 预测值地图

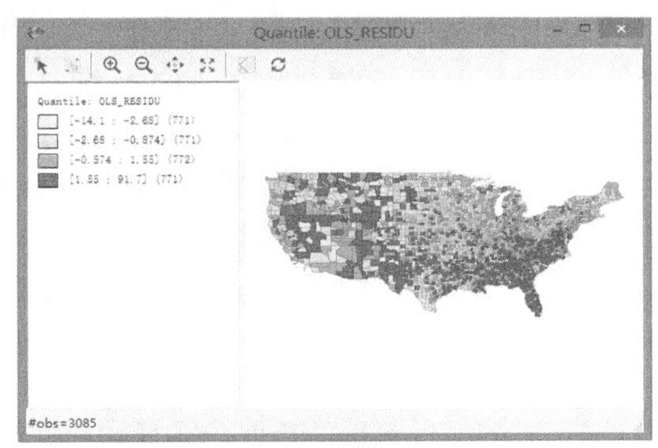

(b) 残差地图

图 7-29　预测值地图和残差地图

7.4　ArcGIS 操作与应用

7.4.1　ArcGIS地统计分析简介

ArcGIS 地统计分析模块弥补了地统计分析不能很好地和 GIS 分析模型紧密结合在一起的遗憾，使得复杂的地统计方法可以在 GIS 软件中实现与可视化，并且能够通过测定预测表面的统计误差，对预测表面的模型质量进行量化。

ArcGIS 地统计分析模块(ArcGIS Geostatistical Analyst)是一个完整的工具包，主要由三个功能模块组成，探索性数据分析(Explore Data)、地统计分析向导(Geostatistical Wizard)，以及生成数据子集(Create Subsets)，如图 7-30 所示。利用这些基本功能模块，可以方便地完成多种地统计分析，创建表面预测，进行误差建模分析，实现模型的检验与对比。

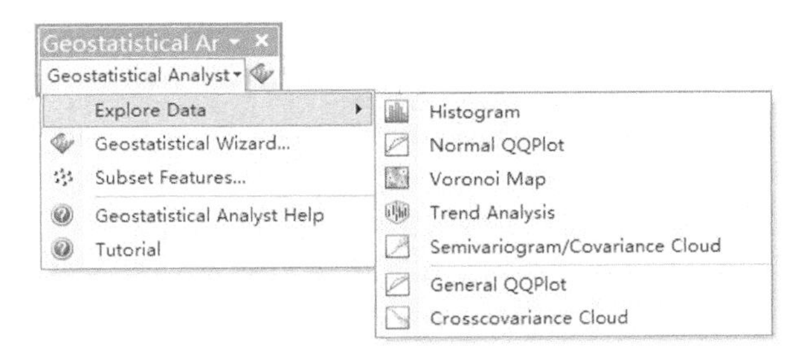

图 7-30　ArcGIS 地统计模块界面

ArcGIS 地统计分析模块为用户提供了一套完整的空间数据分析过程。在获取分析数据后，首先需要对数据进行分析，包括检查数据是否服从正态分布、是否含有趋势效应、各向同性还是异性等。然后选择合适的模型进行表面预测，其中包括半变异函数模型和预测模型的选择。最后检验模型是否合理或几种模型进行对比，通常还需要将采样点分解为训练样本与检验样本。以上这些操作可以在 ArcGIS 地统计分析模块中完整实现。

7.4.2 ArcGIS功能模块介绍

1. 探索性数据分析工具(Explore Data)

探索性数据分析工具可以让用户更全面地了解所使用的数据，检查数据的分布规律，提取其中存在的趋势，以便为后续建模选取合适的参数及方法。ArcGIS 地统计分析模块中，内嵌了多种探索性空间数据分析工具，包括直方图(Histogram)、正态 QQ 图(Normal QQ Plot)、趋势分析图(Trend Analysis)、维诺图(Voronoi Map)、半变异函数/协方差云(Semivariogram/Covariance Cloud)、普通 QQ 图 (General QQ Plot)、交叉协方差云(Cross-covariance Cloud)。它们对数据以不同的视图方式进行分析，为用户提供了多种方法检测空间数据。

1) 直方图

直方图显示数据的概率分布特征及概括性的统计指标。部分空间统计分析方法的前提是分析数据服从正态分布，同时克里金法对正态分布数据的预测精度最高，因此通常需要在模拟计算前期分析数据的分布状况，而直方图能够很好地反映数据的概率分布状况。该工具在显示数据的概率分布的同时，在直方图右上方的小视窗中也显示了一些基本统计信息，包括个数(Count)、最小值(Min)、最大值(Max)、平均值(Mean)、标准差(Std. Dev.)、峰度(Kurtosis)、偏态(Skewness)、1/4 分位数(1-st Quartile)、中数(Median)、3/4 分位数(3-rd Quartile)，通过这些信息可以对数据有一个初步了解。如图 7-31 所示的数据，中数接近均值、峰度值指数接近 3，可认为近似于正态分布。

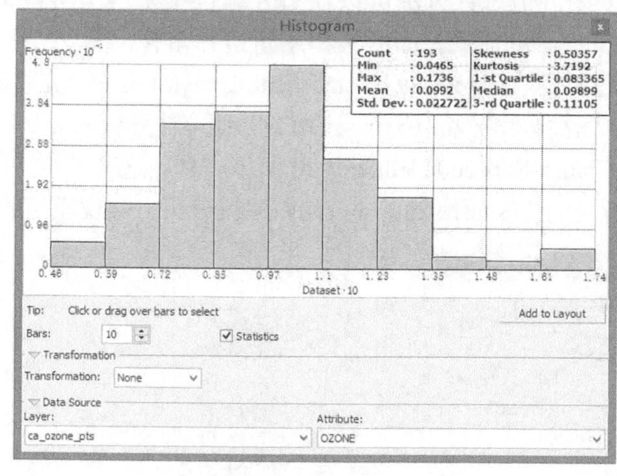

图 7-31 直方图

2) 正态 QQ 图

正态 QQ 图主要用于检查数据的正态分布情况。它是基于分位图思想，采用直线表示正态分布，如果采样数据服从正态分布，其正态 QQ 图中采样点分布应该是一条直线。

如果个别采样点偏离直线太多，那么这些点可能是一些异常点，应该对其进行检验。从图 7-32 可以看出数据点大多在直线附近，仅在右上角存在个别偏离点(被选中)，说明数据接近正态分布。

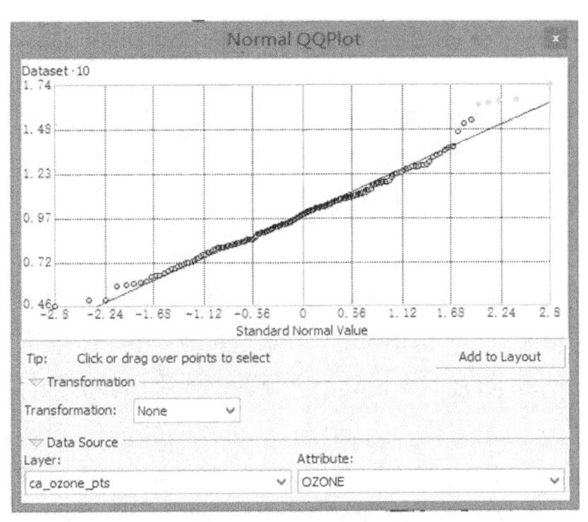

图 7-32　正态 QQ 图

3) 趋势分析图

趋势分析图主要用于分析数据中是否存在趋势及将趋势可视化展示。趋势分析图中的每一根竖线代表了一个数据点的高度(值)和位置。这些点被分别投影到一个东西向和南北向的正交平面上。在正交平面上，将投影点进行拟合，绘制出最佳拟合曲线，进而判断其在特定方向上是否存在趋势。如果拟合曲线是平直的，则表明没有趋势存在。如图 7-33 所示，投

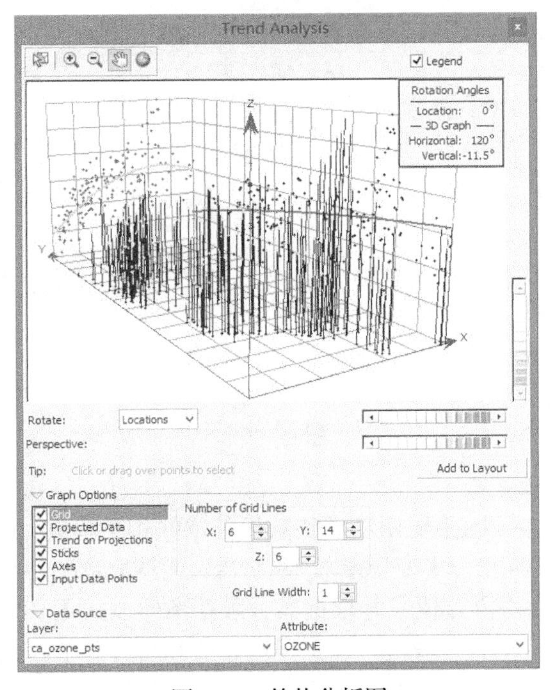

图 7-33　趋势分析图

影到东西向上的趋势线(*X*轴方向)，呈倒“U”形，臭氧浓度在中部地区最高，可采用二阶曲线拟合，而南北方向上(*Y*轴方向)，趋势线呈直线，可见南北方向无趋势存在。趋势分析工具对观察变量的空间分布具有简单、直观的优势，还可以找出最优拟合多项式对区域中的散点进行内插，得到趋势面。

4) 维诺图

维诺(Voronoi)图主要用来发现离群值。Voronoi 图由一组连接两邻点直线的垂直平分线组成的连续多边形组成，每个多边形内仅有一个样点，多变形内任一点到该点的距离都小于其他多边形到该点的距离。相邻样点形成的多边形之间存在公共边。软件提供了多种计算多边形的方法，包括简单、平均值、众数、聚类、熵等，具体计算方法可以在 Type 下拉菜单中选择(图 7-34)。其中，简单是指取值是在该面内的采样点处记录的值；平均值是指取值是根据面及其相邻面计算出的平均值；众数是指利用五个组距对所有多边形进行分类，取值是面及其相邻面的众数(最常出现的组)；聚类是指利用五个组距对所有多边形进行分类，如果面的组距与其每个相邻面的组距都不同，则该面将灰显并放进第六组以区分该面与其相邻面；熵是指所有的面都基于数据值(小分位数)的自然分组的五个组进行分类，取值是根据面及其相邻面计算出的熵。

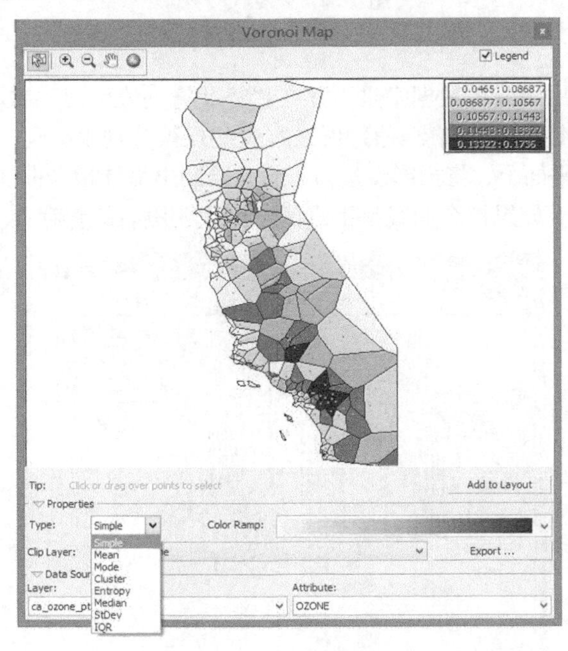

图 7-34　Voronoi 图

5) 半变异函数/协方差云

半变异函数/协方差云图主要用于反映数据的空间相关程度，只有数据存在空间相关性，才有必要进行空间插值。半变异函数/协方差云工具显示了一个数据集内的所有位置对的经验半变异函数和协方差值，并根据其分隔距离绘制成图。图中横坐标表示任意两点的空间距离，纵坐标表示这两点的半变异函数值和协方差值。根据空间相关性，样点间距离越近越相似，因而 x 值越小，y 值应该越小。如果任意两点的值都要计算，当采样点很多时，数据量便很大，因而根据距离和方向对样点距离进行了分组。下列参数便是为此要求而设置：Lag，步长值(滞后距)；Number of，步长组数。在实际分析过程中，步长值和步长组数之乘积应小于采样点区域的坐标范围的一半(图 7-35)。该工具还提供了搜索方向的功能，能够通过设置角度方向、角度容差及带宽(间隔)获取某一方向的样点对的半变异函数和协方差值子集的空间分布状况，发现数据是否具有各向异性。

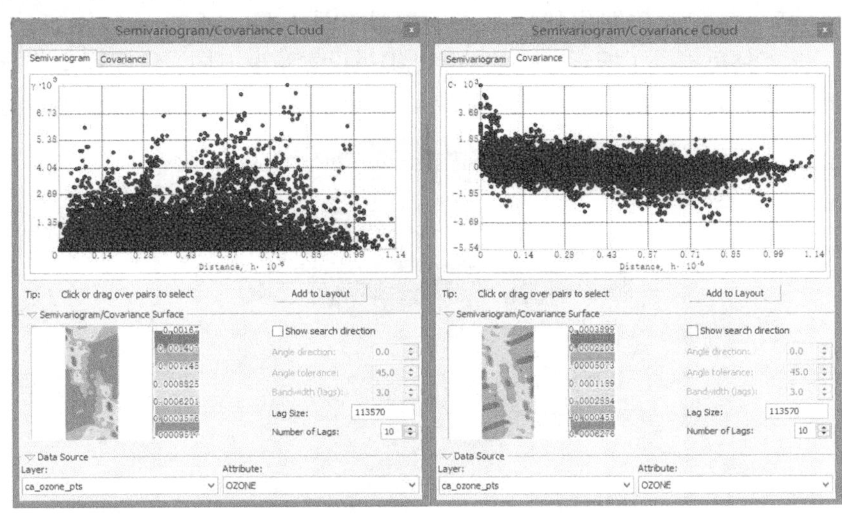

图 7-35　半变异函数/协方差云

6) 普通 QQ 图

普通 QQ 图主要用于评估两个变量分布的相似程度。普通 QQ 图的创建和正态 QQ 图的过程类似，利用两个数据集中具有相同累积分布值的数据值来作图，不同之处在于第二个数据集不一定要服从正态分布，使用任何数据集均可。

普通 QQ 图揭示了两个变量之间的相关关系，如果普通 QQ 图中曲线呈直线，说明两变量呈一种线性关系，可以用一个一元一次方程式来拟合；如果普通 QQ 图中曲线呈抛物线，说明两变量的关系可以用一个二元多项式来拟合；如果普通 QQ 图中的点落在 45°直线上，说明两变量具有相同的分布(图 7-36)。

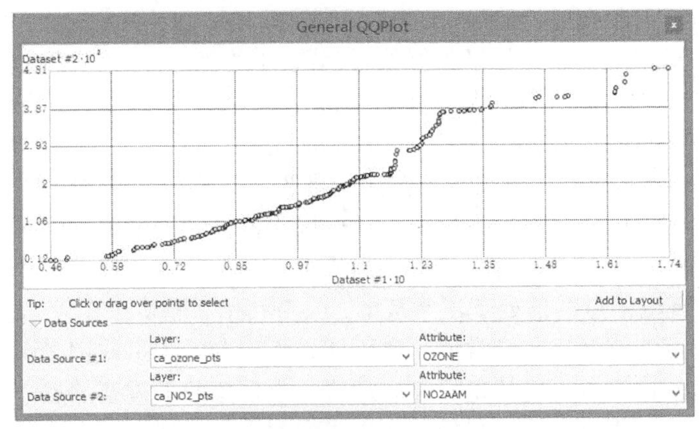

图 7-36　普通 QQ 图

7) 交叉协方差云

交叉协方差云主要用于检查两个变量之间空间相关的局部特征，并且用于在两个变量之间的相关中查找空间平移。交叉协方差云显示了两个变量间的所有位置对的经验交叉协方差，并根据其分隔距离进行绘图。横坐标表示两点间的距离，纵坐标表示两点间的距离所对应的样点对的理论交叉协方差，图中每个点显示为一对位置之间的经验交叉协方差，其包含取自第一个变量数据集的一个点的属性和取自第二个变量数据集的点的属性(图 7-37)。该工具也提供了搜索方向的功能，提供设置角度方向、角度容差及带宽(间隔)的选项查看交叉协方差云的值的子集，获取某一方向的交叉协方差子集的空间分布状况。

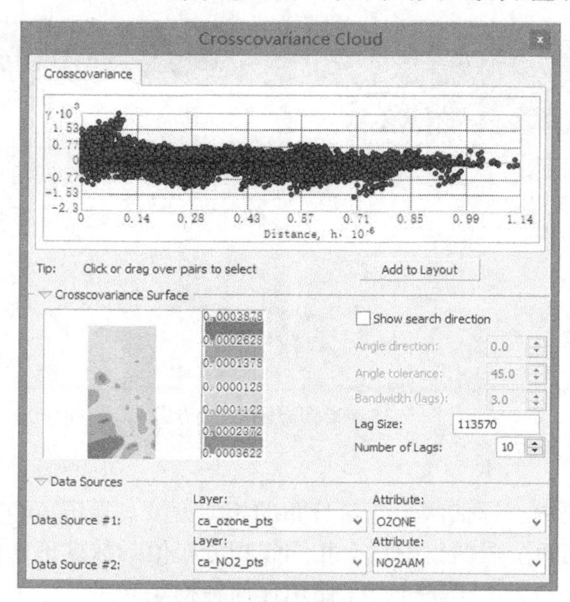

图 7-37　交叉协方差云

通过上述探索性数据分析工具的介绍，用户能够利用工具进行空间数据的操作与探索，主要包括以下几个方面。

(1) 检验数据分布。在进行地统计分析前，检验数据分布特征，了解和认识数据具有非常重要的意义。数据的检验可以通过直方图和正态 QQ 图完成。地统计分析中的一些方法要求数据呈正态分布，如果数据偏斜(分布不均衡)，则需要将数据变换为正态分布。直方图和正态QQ图都允许对数据集分布进行变换,软件提供的变换包括Box-Cox(又称幂变换)、反正弦和对数变换。

(2) 寻找数据离群值。在一组平行测定的数据中，有时会出现个别值与其他值相差较远，这种值叫做离群值。数据离群值分为全局离群值和局部离群值两大类。全局离群值是指对于数据集中所有点来讲，具有很高或很低的值的观测样点。局部离群值对于整个数据集来讲，观测样点的值处于正常范围，但与其相邻测量点比较，它又偏高或偏低。离群点的出现有可能就是真实异常值，也可能是不正确的测量或记录引起的。如果离群值是真实异常值，这个点可能就是研究和理解这个现象的最重要的点。反之，如果它是由测量或数据输入的明显错误引起的，在生成表面之前，就需要改正或剔除。用户可以通过直方图、Voronoi 图、半变异/协方差函数云查找识别离群值。

(3) 全局趋势分析。一个表面主要由确定的全局趋势和随机的短程变异两部分组成。空间趋势反映了空间物体在空间区域上变化的主体特征，主要揭示了空间物体的总体规律，而忽略了局部的变异。趋势分析是根据空间抽样数据，拟合一个数学曲面来反映空间分布的变化情况。它可分为趋势面和偏差两大部分，其中趋势面反映了空间数据总体的变化趋势，受全局性、大范围的因素影响。如果能够准确识别和量化全局趋势，在后续地统计建模中可以方便地剔除全局趋势，从而更能准确地模拟短程随机变异。

(4) 空间自相关及方向变异。大部分的地理现象都具有空间相关性，地统计分析中，这种相关性可以通过半变异/协方差函数云来定量化表示。如果变量之间的空间相关性仅仅与两点间距离有关，称为各向同性；如果变量之间各个方向上的相关性不同，这种由方向效应引起的空间分布称为各向异性。在实际应用中，各向异性现象更为普遍。分析各向异性具有很重要的意义，如果能探测出自相关中的方向效应，就可以在半变异或协方差拟合模型中考虑这个因素。用户可以通过半变异函数/协方差云进行探究，通过动态改变搜索方向和角度，观察半变异函数/协方差视图中半变异/协方差函数云的变化，确定方向效应。

(5) 多数据集协变分析。世界上的事务都处于广泛联系之中，相互制约和相互影响。用户可以通过协变分析研究多因素（数据集）之间的关联特征。同时，在地统计空间分析中可以有效利用这种相关特征增强建模效果，如协同克里金插值分析。

2. 地统计分析向导（Geostatistical Wizard）

地统计分析模块提供了一系列利用已知样点进行内插生成研究对象表面图的内插技术。地统计分析向导通过完善的用户界面引导用户逐步了解数据、选择内插模型、评估内插精度，完成表面预测（模拟）和误差建模。地统计分析向导能提供用户的主要图形界面包括：

(1) 选择内插方法与数据集界面。通过此界面可选择所用的数据、插值方法等，输入数据选项中包含 4 个 DataSet，可选择输入数据及其属性；在 Methods 中，选择相应的内插方法，如图 7-38 所示。向导为用户提供了三类插值方法：①确定性方法，包括反距

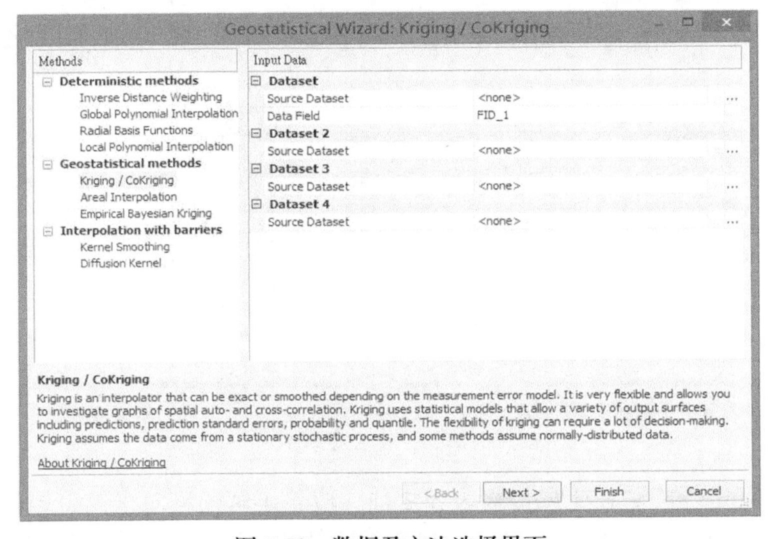

图 7-38　数据及方法选择界面

离权重法、全局多项式插值法、径向基函数插值法、局部多项式插值法；②地统计方法，包括克里金/协克里金插值法、面插值法、经验贝叶斯克里金法；③含障碍的插值法，包括扩散核插值法、核平滑插值法。其中，克里金/协克里金插值法包含了普通克里金法、简单克里金法、泛克里金法、指示克里金法、概率克里金法、析取克里金法。

(2)参数设置界面。通过此界面设置模型所用的各项参数，如模型所用的幂指数、最少包含的样点数、多项式的阶、最大邻近、最小邻近等，参数设置应根据实例而定。不同的方法，所展示的向导界面动态变化。本书以克里金插值方法为例，展示向导参数设置界面，如图 7-39 所示。首先，用户在向导第二步进一步选择克里金插值模型，并判断数据是否需要进行数据转换、剔除趋势。其次，向导向用户展示数据探索分析工具界面，用户可以分析数据是否满足计算要求，工具展示了密度图、累积图及正态 QQ 图，同时用户可以在右侧设置显示效果、拟合方法等参数。再次，向导展示了半变异/协方差云图，用户可以根据空间分布设置变异函数拟合理论模型、步长、步长组数、方向角度等参数。最后，用户可以设置参与计算的邻域内最大样点数、最小样点数等参数，完成插值参数设置。

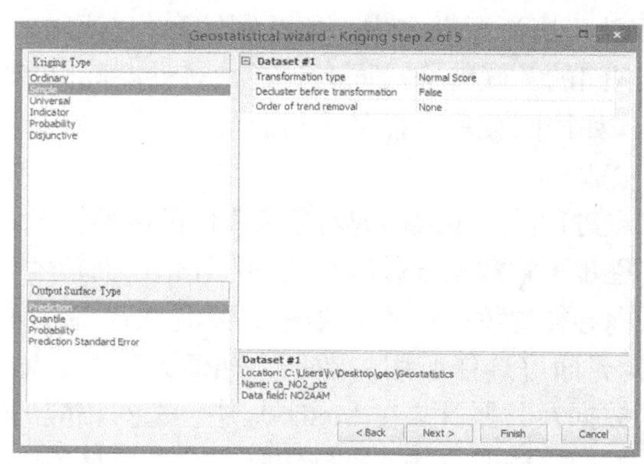

(a) 插值方法选择

(b) 趋势分析及数据正态变换

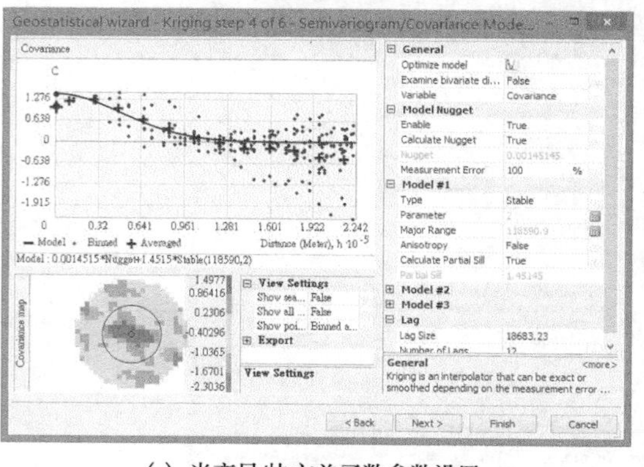

(c) 半变异/协方差函数参数设置

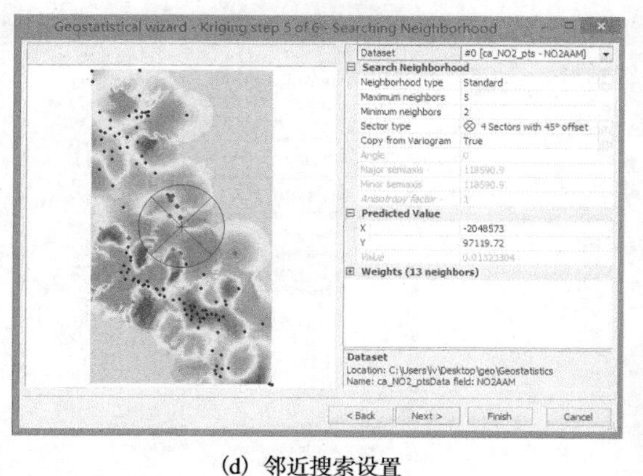

(d) 邻近搜索设置

图 7-39　参数设置图

(3)精度评定界面。在生成最终表面之前，应该了解模型对未知位置的值所做预测的准确程度。交叉验证和验证有助于用户准确地判断模型是否提供了最佳预测。交叉验证和验证图表中的统计数据可用作指示模型和/或其相关参数值是否合理的诊断信息。精度评定界面主要包括误差分布图、误差标准化值分布图等，通过这些界面可以了解模型的精确度，为模型的改进也提供了必要的信息。对于不同的内插方法，上述界面提供的信息一般是不一样的，弹出的对话框的个数、参数设置界面或精度评定界面有时不止一个，应根据具体内容具体对待，如图 7-40 所示。

(4) 结果可视化。在完成地统计设置向导后，即可获得插值结果。数据空间插值的结果是以生成.shp 文件的形式展示在数据视窗中的，可以通过 ArcGIS 软件的制图操作，添加相应的地图要素，生成相应的图件成果，如图 7-41 所示。

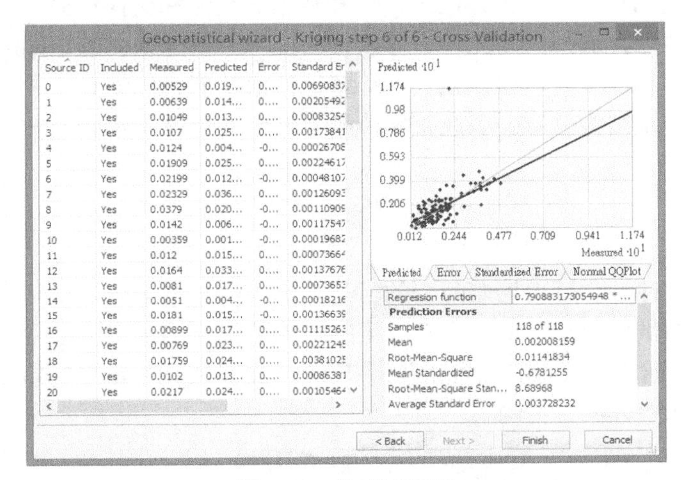

图 7-40　精度评定图

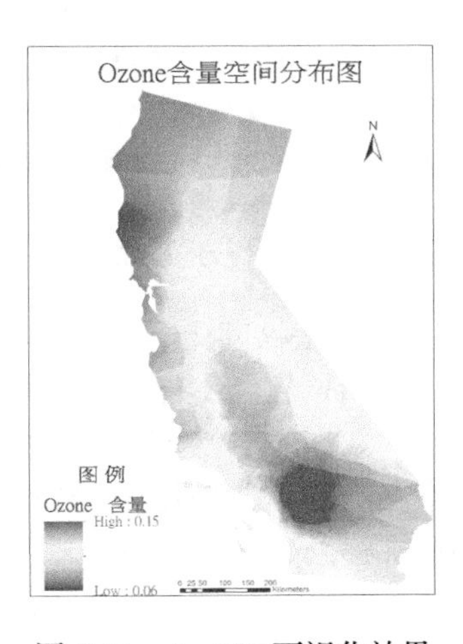

图 7-41　ArcGIS 可视化效果

3. 生成数据子集(Create Subsets)

就评估输出表面的质量而言，最严格的方法就是将预测值与测量值进行比较。通常情况下，无须用户返回到研究区采集独立的验证数据集，可将原始数据分割成两部分：一部分用来空间结构建模及生成表面；另一部分用来比较和验证预测的质量。生成数据子集工具对话框(图 7-42)可以让用户生成测试和训练数据集，用户可以通过设置子集所占百分比或是具体数量来生成子集。

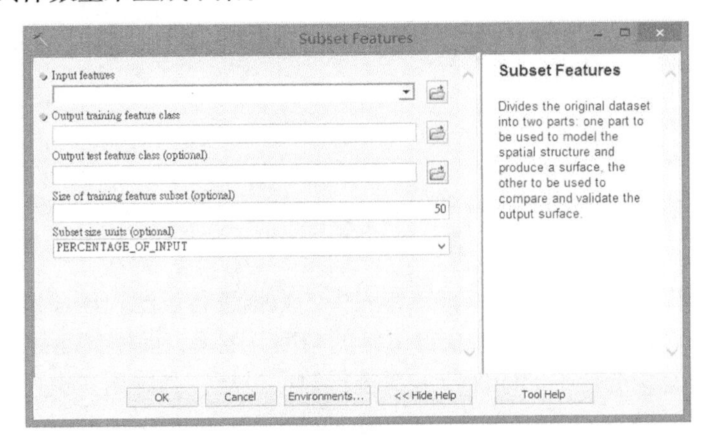

图 7-42　生成数据子集图

7.5　Surfer 操作与应用

7.5.1　Surfer系统简介

Golden Software Surfer（以下简称 Surfer）是一款具有插值功能，可以处理不等间距的三维图画软件。Surfer 可以轻松制作基面图、数据点位图、分类数据图、等值线图、线框图、地形地貌图、趋势图、矢量图及三维表面图等；提供了 12 种数据网格化方法，包含几乎所有流行的数据插值方法；提供了各种流行图形图像文件格式的输入输出接口及各大 GIS 软件文件格式的输入输出接口，大大方便了文件和数据的交流和交换；提供了脚本编辑引擎，自动化功能得到极大加强。因此，它可以称为是一个功能强大的空间统计图形展示软件。虽然，Surfer 软件本身提供了强大的地统计插值功能，但没有变异函数的求解、变异函数模型的拟合及结构分析，因此其插值的可信度有待进一步研究。

7.5.2　Surfer功能模块介绍

1. 数据格网化

Surfer 软件文件基础是格网文件，它是由均匀间隔的行与列组成的矩形区域。在制作格网数据的时候，通过不规则的坐标数据生成一个有固定间隔的数组格网。实际上生成格网的过程，就是一个数据空间插值的过程。格网文件由“数据”工具实现，如图 7-43 所示。格网生成是通过数据中的 XY 数据，格网属性值为 Z。

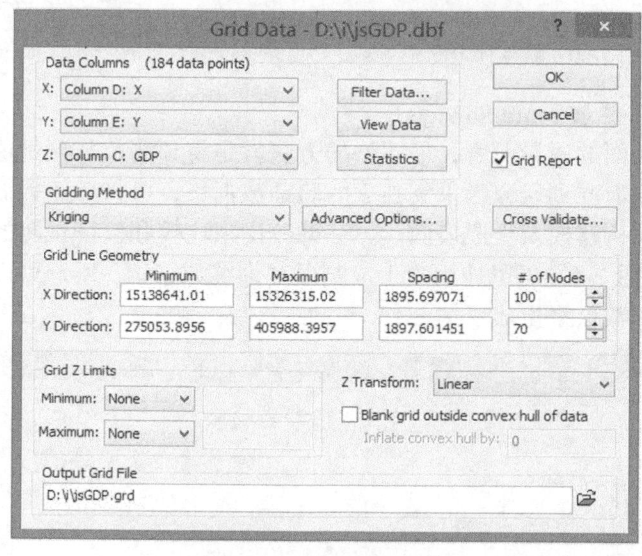

图 7-43　格网生成界面

在格网数据界面中，用户可以将工作表中的数据进行过滤，该项操作主要是针对数据存在重复。减少数据的重复能够获得更好的精度与效率，操作界面如图 7-44 所示。根据 XY 设置的容差，选择不同的保留方案进行数据过滤，当然用户也可以自定义相应的数据过滤准则。

工具也提供了数据查看与统计报告的功能。在查看数据选项中用户可以查看原始数据表格，但不能修改。统计选项为用户提供了数据统计报告，内容包括了数据来源、过滤后的数据统计、单因素统计、相关变量的协方差、相关变量的相关性、相关变量的等级相关性、主成分分析、平面回归方程、最近相邻的统计及完整的空间随机性结果，用户能够根据详细的数据信息了解所使用的数据情况。工具同时提供了 Z 值的线性转换和对数转换。

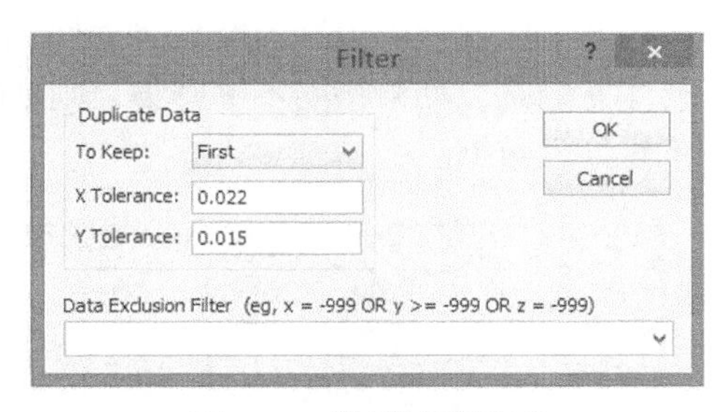

图 7-44　数据过滤界面

在格网化算法选项中，Surfer 软件提供的格网插值方法有 12 种，包括反距离权重法、克里金插值法、最小曲率法、改进谢别德法、自然邻近点插值法、最近邻点插值法、多项式回归插值法、径向基函数插值法、线性三角网插值法、移动平均法、数据度量法、局部多项式插值法。通过选择不同的格网化算法及高级设置，就可以获得相应的格网化结果。以克里金插值为例，在高级选项常规选项卡中用户可以看到变异函数模型，并对其进行编辑，如图 7-45 所示。软件提供了 12 种变异函数理论模型供用户选择，通过简单设置相应的参数进行变异函数模型的拟合。在该界面中，还能够设置克里金类型(点、块)、偏移类型等操作。在搜索选项卡中能够设置搜索椭圆参数及扇区内参与计算的数据个数。

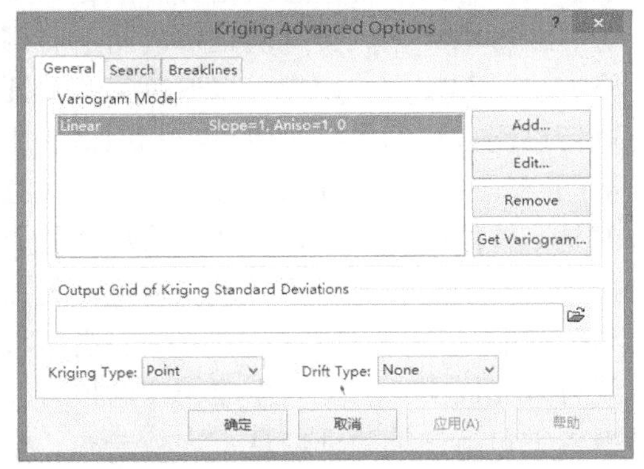

(a)

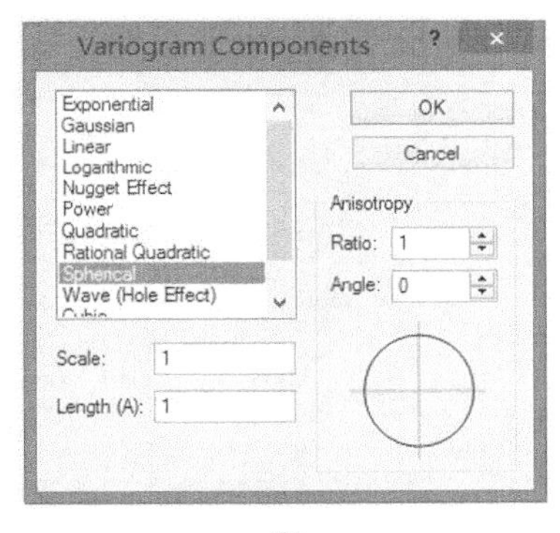

(b)

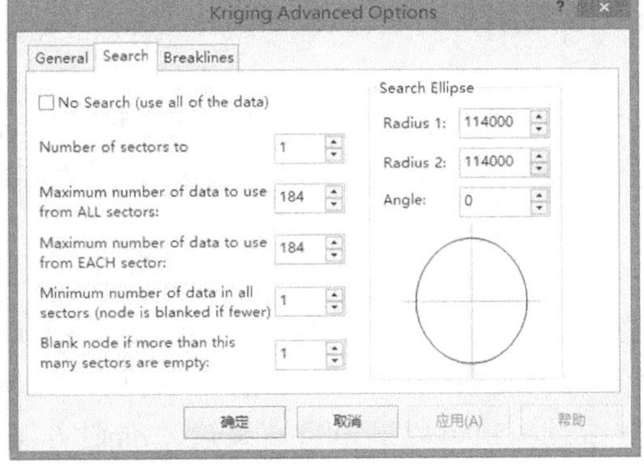

(c)

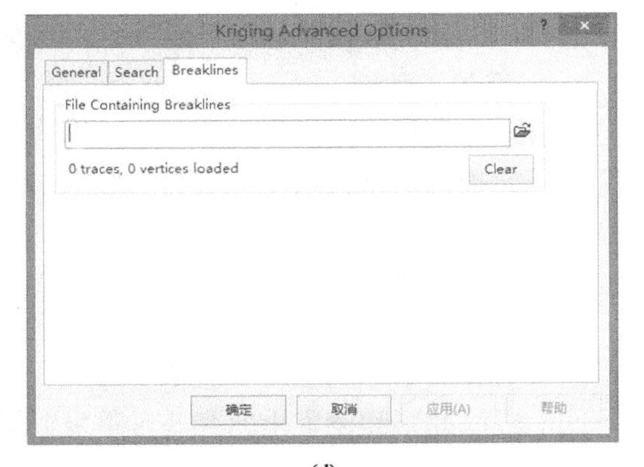

(d)

图 7-45　高级选项界面

断层线选项可以导入断裂线文件，解决地理显示不连续的问题，如图 7-46 所示。需要注意的是，如果格网不够密集，则断裂线效果显示不好，这时可以用更密集的格网来重修处理数据。

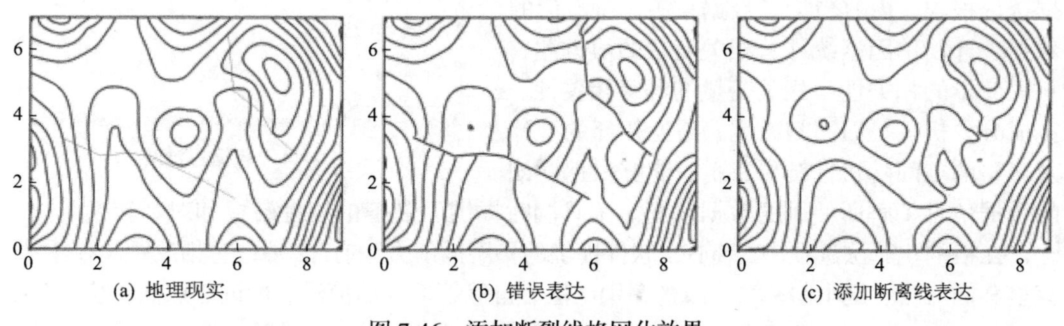

(a) 地理现实　(b) 错误表达　(c) 添加断离线表达

图 7-46　添加断裂线格网化效果

完成格网化设置后，就能够生成.grd 格网文件，用于后续制图。它是 Surfer 制图的必需文件，可以生成等值线图、阴影地貌图、三维曲面图等。各种类型的成图具有不同的表现力，都需要利用.grd 文件。

一般来说，交叉验证既可以被认为是评估构建格网方法质量的客观方法，也可以用于比较两种或多种候选网格方法的相对质量。在 Surfer 中，交叉验证可以与所有网格方法一起使用，用户可以通过交叉验证进行格网方法的选择，也可以利用格网质量的空间变化并指导数据抽样。需要注意的是，软件中交叉验证总是在原始 Z 值上执行，而不是转换后的 Z 值。通过设置参与验证的点数、验证数据限制区间及容差，就可以完成交叉验证并生成相应的报告。报告中包括详细验证信息，如数据源、格网化规则、单因素交叉验证统计、验证残留回归点、相关变量关联值及验证点等级的相关性等(图 7-47)。

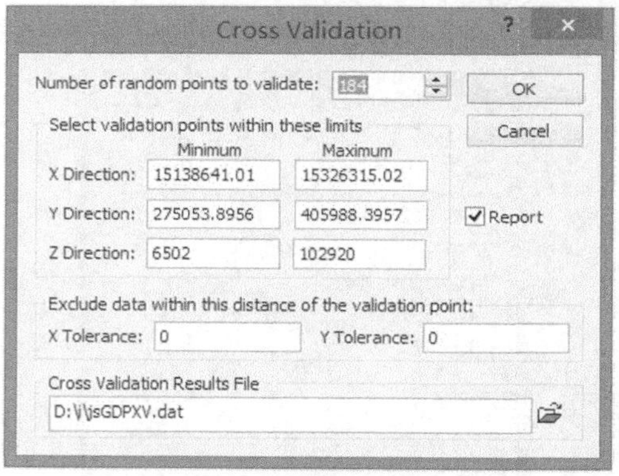

图 7-47　交叉验证界面

2. 变异函数图

Surfer 软件为用户提供了一个计算变异函数的工具，能够实现计算变异函数，拟合变异函数理论模型的功能，以此为数据格网化中克里金插值服务，或用于定量地评估数据的空间连续性。

1) 新建变异函数图

通过格网工具栏下新建变异函数工具即可进行变异函数的构建，界面如图 7-48 所示。在该界面中，用户需要设置变量位置 XY 坐标及变量的属性值。用户同时可以选择不同的过滤原则和设置坐标容差对重复数据进行过滤，也可以通过自定义过滤准则实现。在数据选项卡下方会显示出数据的一些统计信息，帮助用户进行参数的设置。用户在常规选项卡能够设置最大滞后距、角度分割、径向分割、去趋势等，并可以将设置的参数生成报告存储下来。最大滞后距指定了变异函数格网中最大分离距离，任何大于最大滞后距的数据对均不参与变异函数计算，默认值是数据对角线范围的三分之一。角度分割是指角度划分的数量，取值 0～180°，上下半圆对称，默认值是 180°。径向分割是指同心圆的数量，默认值是 100。角度分割与径向分割的增大会导致用于存储格网所占用内存的增大。去趋势是基于最小二乘法实现的，用于在创建变异函数图之前进行数据处理，包含不剔除趋势、线性、二次项三种。生成的变异函数如图 7-49 所示。

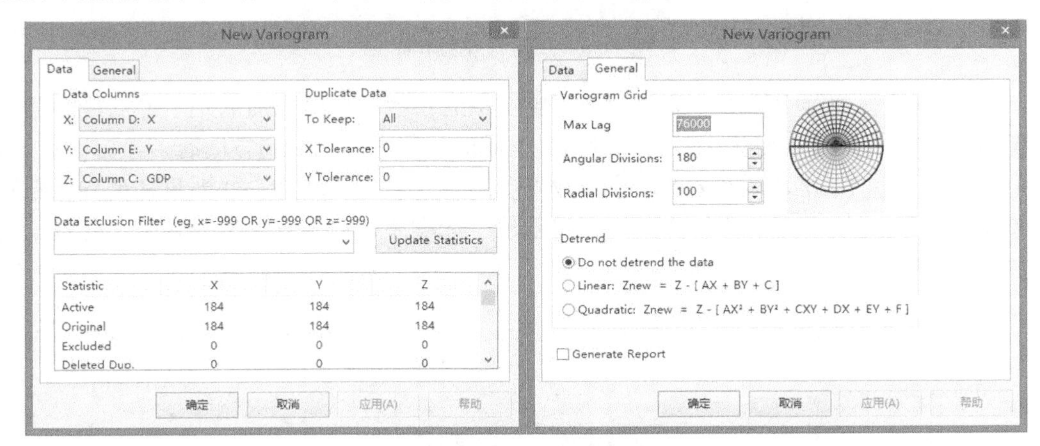

图 7-48　新建变异函数操作界面

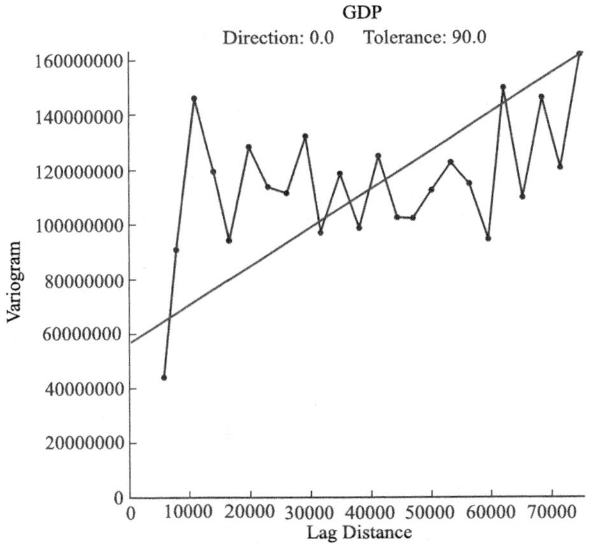

图 7-49　Surfer 生成变异函数图(GDP)

2) 函数特性管理

一旦创建了格网变异函数图，就可以在属性管理器中改变变异函数图的属性。属性管理器包括实验、模型、统计、绘图及信息 5 个页面，如图 7-50 所示。

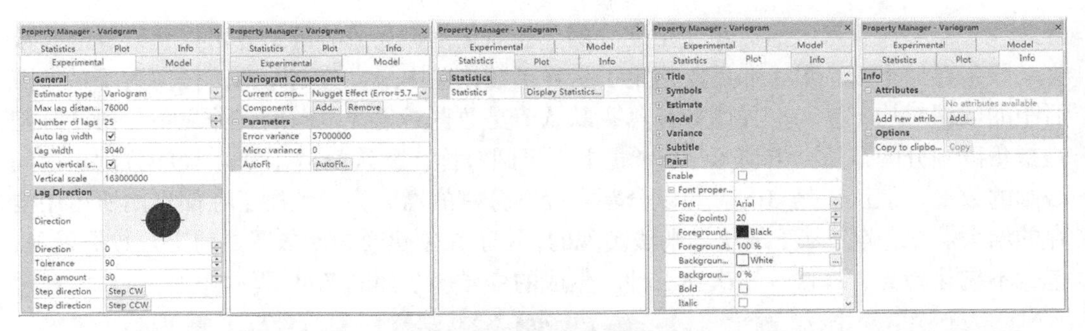

图 7-50　属性管理器界面

实验属性管理器中，用户能够设置实验变量的参数，如最大滞后距、滞后距数量、滞后距宽、垂直尺度、变异函数方向及容差。同时，若用户在不同方向有多个方案设计，Surfer 提供通过 Step CW 和 CCW 按步数以动画方式衰减或增加，并同步在变异函数图中更新。软件提供了四个评估选项，变异函数、标准差、自协方差及自相关，并且绘制成图(图 7-51)。

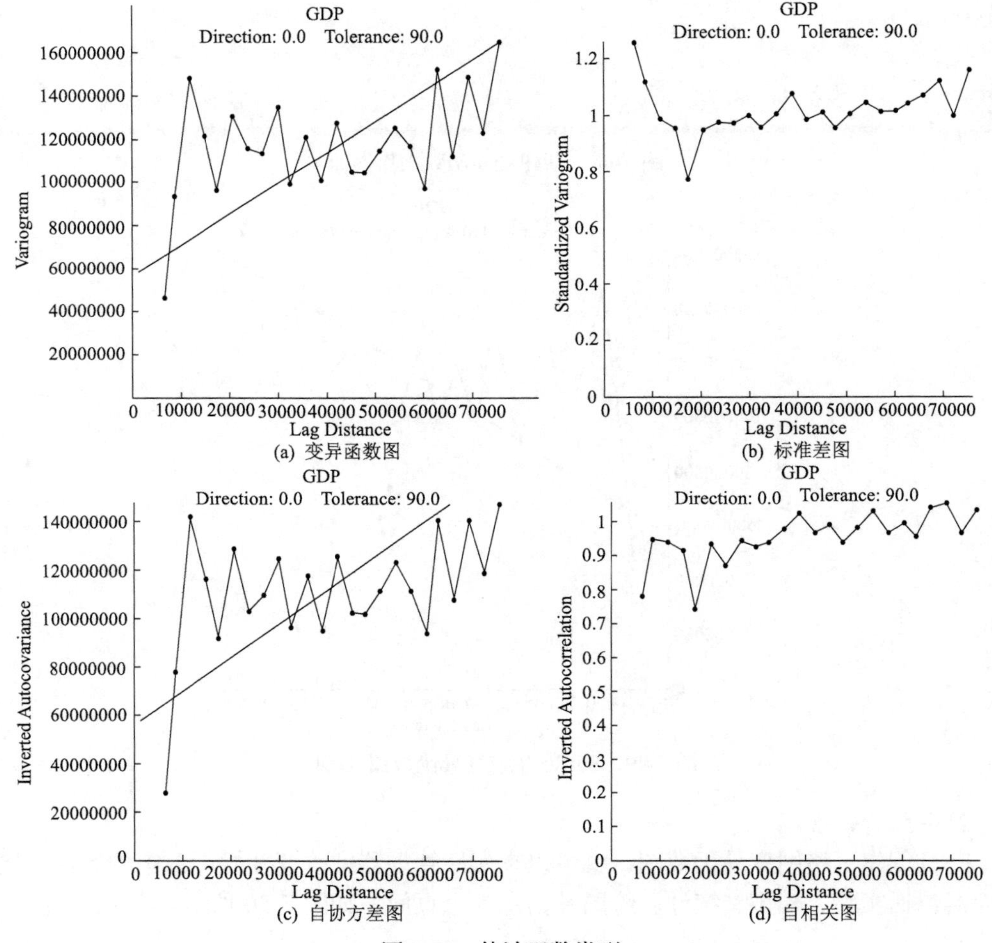

图 7-51　估计函数类型

模型页面允许用户为变量设置不同的变异函数理论模型及组合，Surfer 软件对模型数量没有限制，因此有数百种可能的变异函数理论模型组合，通过添加按钮实现，该组件会弹出相应模型的参数以便用户设置。当模型设置完成后，就可以通过自动拟合按钮进行拟合变异函数(图 7-52)。自动拟合对话框中，除了显示用户设置的理论模型及参数外，还需要用户选择拟合标准，包括默认值、最小二乘法和最小绝对值法，确定精度目标、循环次数、拟合限制等参数。

统计界面主要展示了数据变量的统计信息，用户通过统计界面能够了解数据的分布状况。界面显示包括 XYZ 的直方图及 XY 坐标位置散点图(图 7-53)，并能够将这些统计信息形成报告保存。

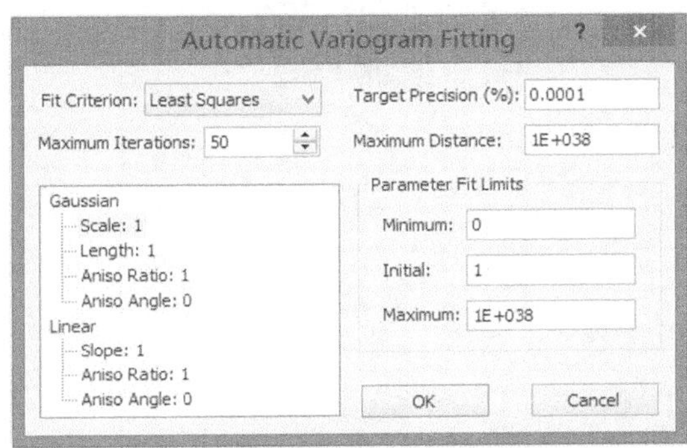

图 7-52　自动拟合设置界面

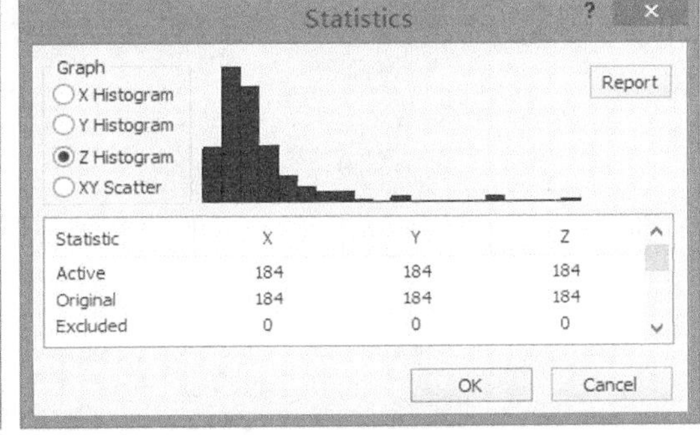

图 7-53　统计界面

3. 可视化展示

用户可以利用等值线图将前述通过不同格网化算法获得的.grd 文件可视化展示出来，如图 7-54 所示。用户通过双击绘图区域，在左侧出现的制图属性选项内可以设置等值线的属性，如颜色填充、曲线平滑、标注设置、坐标轴设置、图例设置等。

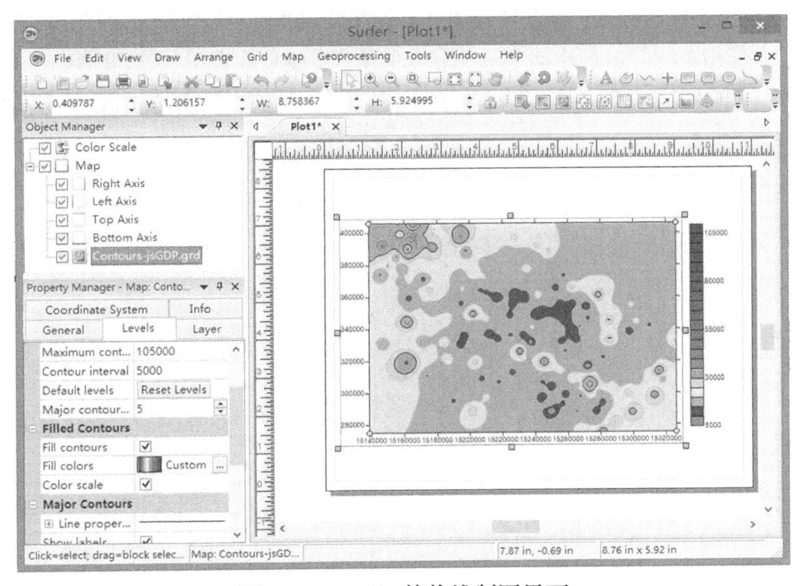

图 7-54　Surfer 等值线制图界面

Surfer 软件以其强大的制图功能著称，通过该软件用户可以轻松制作基面图、数据点位图、分类数据图、等值线图、线框图、地形地貌图、趋势图、矢量图及三维表面图等，将网格化的结果可视化展示，图 7-55 展示的是利用软件制作的等值线图、三维图及任意折线范围的剖面图。

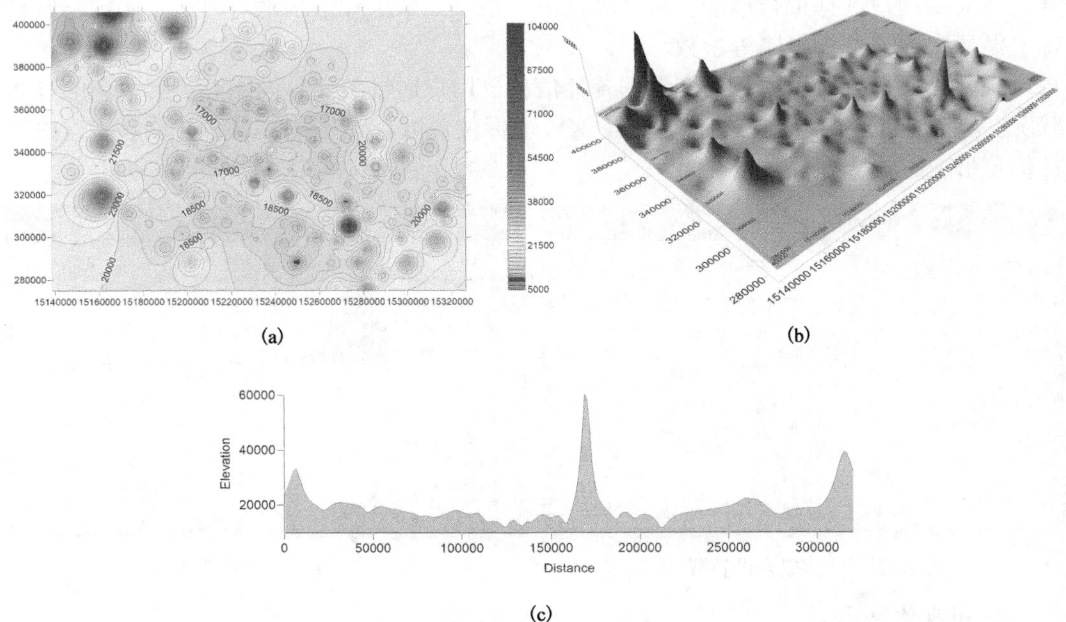

图 7-55　Surfer 图形展示效果

4. 文件统计

当然，在应用数据作图前，有时候需要知道每列数据的统计性质，如最大值、最小值、标准差等。应用 Surfer 的工作表可以很方便地解决此问题。通过菜单中的统计工具能够直观地获取数据的统计信息。同时，还可以利用菜单中的变换工具对各列进行数学运算，生成新列。用户还可以用 Surfer 的工作表做很多类似 Excel 的实用性的计算与操作。

第 8 章　上 机 练 习

8.1　ArcGIS 上机练习

背景：现有加利福尼亚州臭氧含量采样点若干，需要通过内插生成该地区的臭氧分布表面，为后续研究提供合理的数据层面信息。

目的：地统计模块中提供了六种克里金插值方法，每种方法的原理及适用范围不尽相同。通过练习掌握并理解克里金方法的原理及实现过程。

要求：根据数据特征，通过交叉验证选用一种克里金方法内插生成表面，并分析该方法的适用性。

数据：加利福尼亚州臭氧含量采样点(ca_ozone.gdb)。

8.1.1　使用默认参数创建表面

1) *启动 ArcMap 地统计分析扩展模块*

步骤：

(1) 单击开始→所有程序→ArcGIS→ArcMap，启动 ArcMap。

(2) 在主菜单上，单击自定义→扩展模块。

(3) 选中地统计分析复选框。

(4) 单击关闭。

(5) 在主菜单上，单击自定义→工具条→地统计分析。地统计分析工具条即被添加到 ArcMap 会话中。

2) *向 ArcMap 会话添加数据*

步骤：

(1) 单击标准工具→工具条上的添加数据按钮，导航至数据文件夹。双击 ca_ozone.gdb 地理数据库可查看其内容。

(2) 按住 Ctrl 键并选择 O3_Sep06_3pm 和 ca_outline 两个数据集。单击添加。

(3) 右键单击内容列表中的 ca_outline 图层图例，然后单击无颜色，只显示加利福尼亚州的轮廓，如图 8-1 所示。

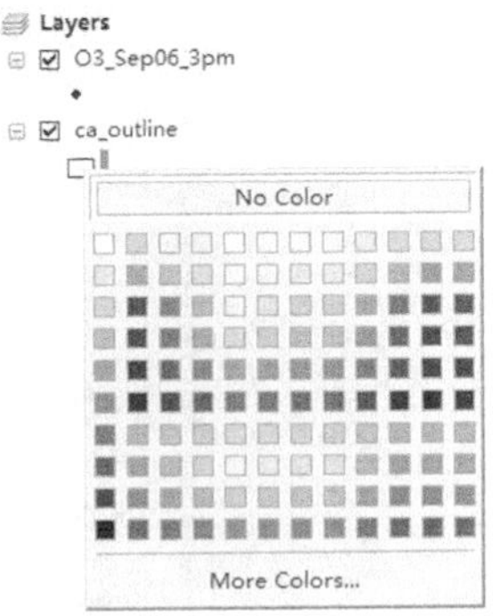

图 8-1　颜色选择

(4) 双击内容列表中 O3_Sep06_3pm 图层的名称。在图层属性对话框中，单击符号系统选项卡。在显示对话框中，单击数量，然后单击分级色彩。在字段框中，将值设置为 OZONE。

选择“黑色到白色”色带，以便这些点可以在将要创建的颜色表面之上凸显出来。符号系统对话框如图 8-2 所示。

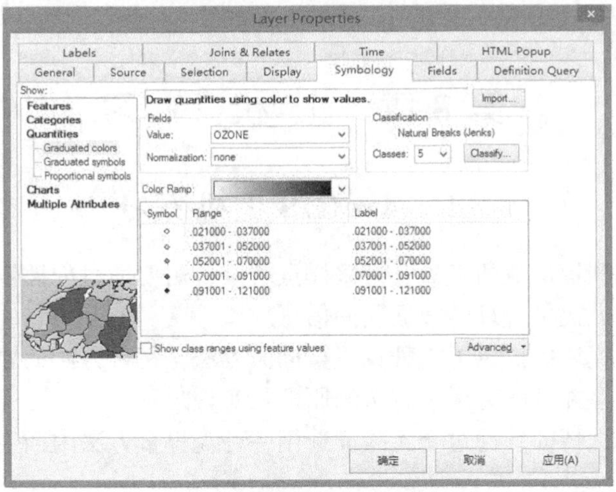

图 8-2　符号系统对话框

(5) 单击确定。在主菜单上，单击文件→保存，将工程文件保存为 Ozone Prediction Map.mxd。

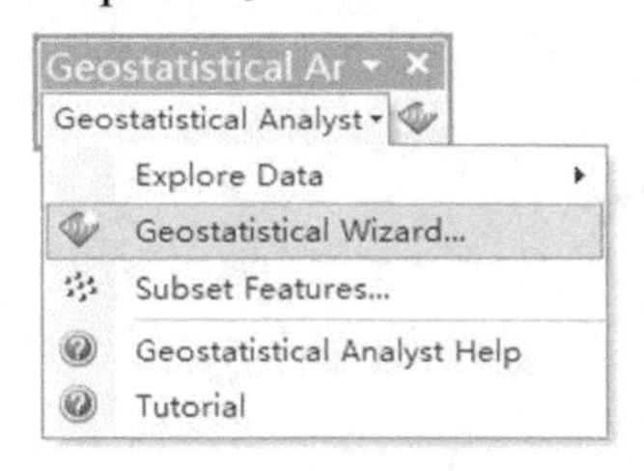

图 8-3　地统计向导对话框

3) 采用普通克里金法插值(默认选项)

步骤：

(1) 单击地统计分析工具，然后单击地统计向导。弹出地统计向导对话框(图 8-3)。

(2) 在方法列表框中，单击克里金法/协同克里金法。单击源数据集箭头，然后单击 O3_Sep06_3pm。单击数据字段箭头，然后单击 OZONE 属性(图 8-4)。

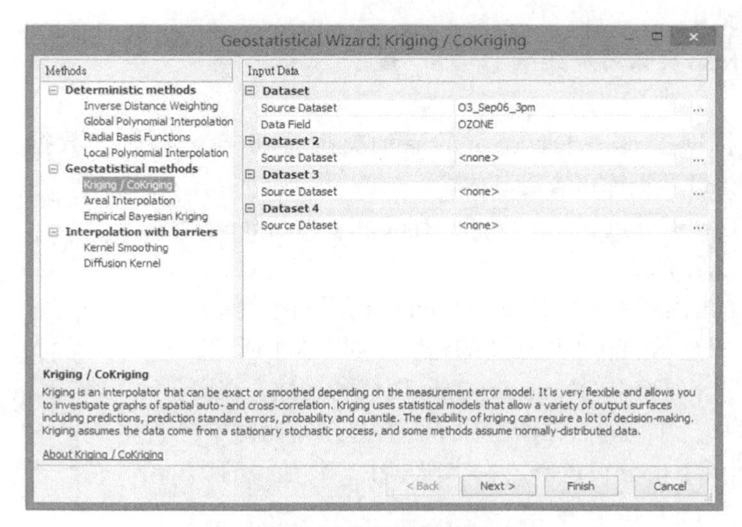

图 8-4　克里金法选择

(3)单击下一步。选择普通克里金法；注意“预测图”已选为输出类型。选择臭氧表面的制图方法之后，即可单击完成来使用默认参数创建表面(图 8-5)。

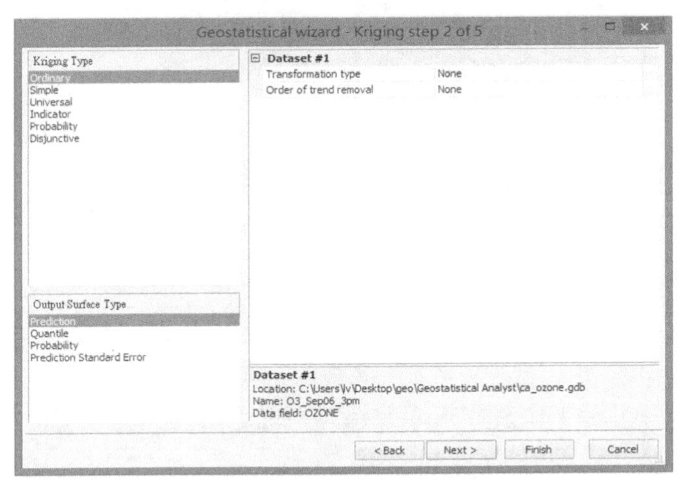

图 8-5　参数设置

(4)单击下一步。显示半变异函数/协方差模型，检查测量点之间的空间关系。通过拟合半变异函数模型来获得数据的空间关系(图 8-6)。

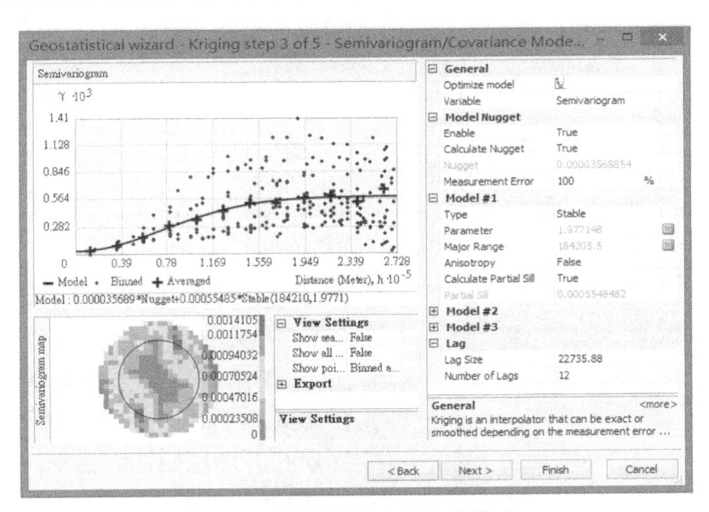

图 8-6　探测数据空间分布模式

(5)单击下一步。十字光标处显示没有测量值的位置，要预测出十字光标处的值，可利用已测量位置的值。图 8-7 中十字光标周围红点赋予的权重(或对未知值的影响)将大于绿点，因为红点更接近预测位置。通过使用周围的点及之前拟合出的半变异函数/协方差模型，可预测出未测量位置的值。

(6)单击下一步。获得交叉验证图，了解模型对未知位置的值所做预测的准确程度(图 8-8)。

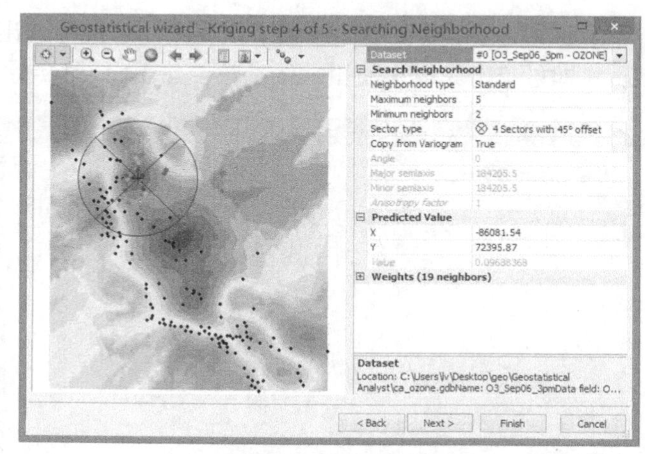

图 8-7　数据点值观测

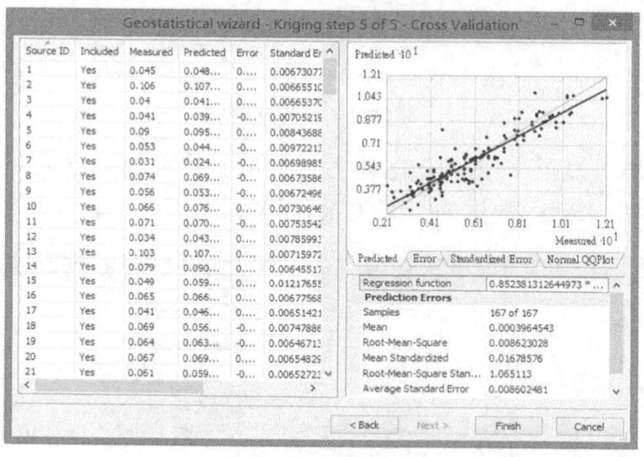

图 8-8　预测结果

(7)单击完成，生成方法报告。对话框用于汇总进行创建输出表面所用方法(及其相关参数)有关的信息(图 8-9)。

Method Report

Input datasets
Dataset　C:\Users\lv\Desktop\geo\Geostatistical Analyst\ca_ozone.gdb\O3_Sep06_3pm
Type　Feature Class
Data field 1　OZONE
Records　167

Method　Kriging
Type　Ordinary
Output type　Prediction
Dataset #　1
Trend type　None
Searching neighborhood　Standard
Neighbors to include　5
Include at least　2
Sector type　Four and 45 degree
Major semiaxis　184,205.54207886063
Minor semiaxis　184,205.54207886063
Angle　0
Variogram　Semivariogram
Number of lags　12
Lag size　22,735.88177094771
Nugget　3.568854444304942e-005

Save...　OK　Cancel

图 8-9　输出窗口

(8)单击确定。预测的臭氧地图以置顶图层的形式添加到内容列表中。在内容列表中双击图层打开图层属性对话框。

(9)单击常规选项卡，将该图层名称更改为 Default Kriging，再单击确定(图 8-10)。

(10)单击标准工具条上的保存按钮，保存工程。

(11)右键单击 Default Kriging 图层，然后单击属性。单击范围选项卡。单击将范围设置为 ca_outline，即可将插值区域扩展以覆盖整个加利福尼亚州(图 8-11)。

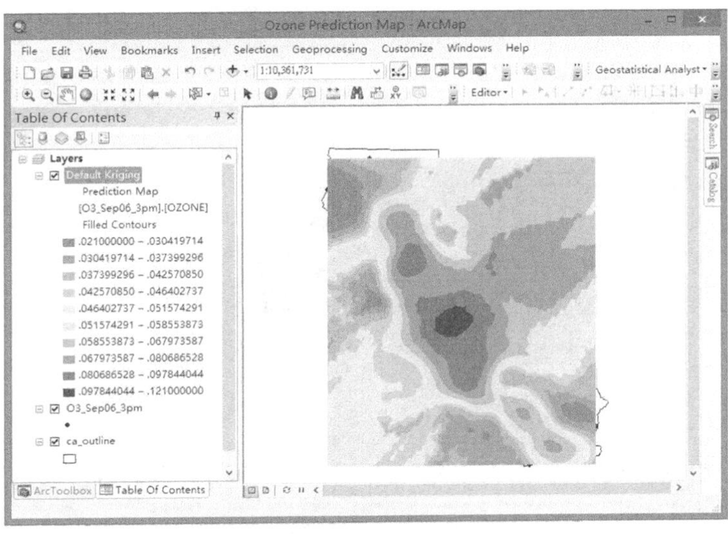

图 8-10　结果窗口

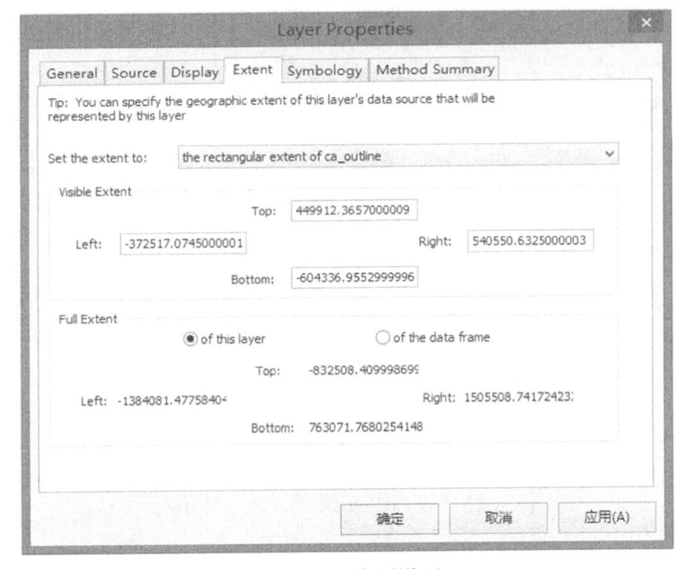

图 8-11　范围设置

(12) 右键单击内容列表里的图层数据框，单击属性，然后单击数据框选项卡。单击裁剪选项，选择裁剪至 shape，然后单击指定 shape 按钮。在数据框裁剪对话框中，单击要素的轮廓按钮，选中 ca_outline。单击确定，然后再次单击确定。预测的表面被裁剪，从而不会显示州界以外的数据，而是显示整个州内的区域，如图 8-12 所示。

(13) 将 O3_Sep06_3pm 图层拖动至内容列表的顶部。从视觉上判断 Default Kriging 图层表达臭氧测量值的准确程度。一般来说，高臭氧预测值同样会出现在高臭氧浓度的区域里（图 8-13）。

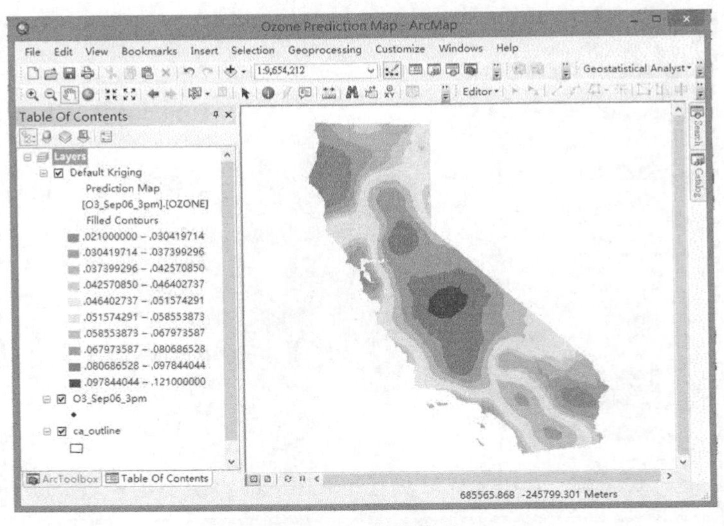

图 8-12　数据裁剪

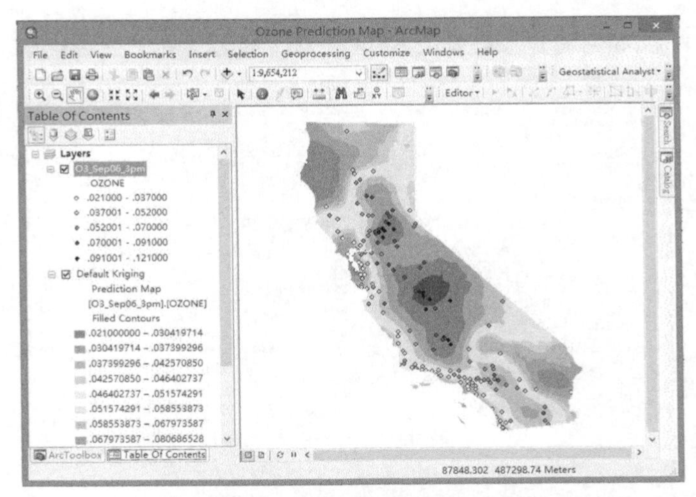

图 8-13　采样点和预测结果分布情况

4) 验证/预测

步骤：

(1) 右键单击内容列表中的 Default Kriging 图层，然后单击验证/预测，如图 8-14 所示。这将打开“GA 图层至点”地理处理工具，同时将 Default Kriging 图层指定为输入地统计图层。

对于观测点位置，导航至 ca_cities 数据集。保持要验证的字段为空，因为只想生成对主要城市的臭氧预测，并不想使用测量值来验证预测值。对于输出点位置处的统计数据，导航至为输出创建的文件夹并将输出文件命名为 CA_cities_ozone.shp。保持从输入要素追加所有字段为选中状态，从而能够在输出要素类中看到城市的名称。

“GA 图层至点”地理处理工具对话框如图 8-15 所示。

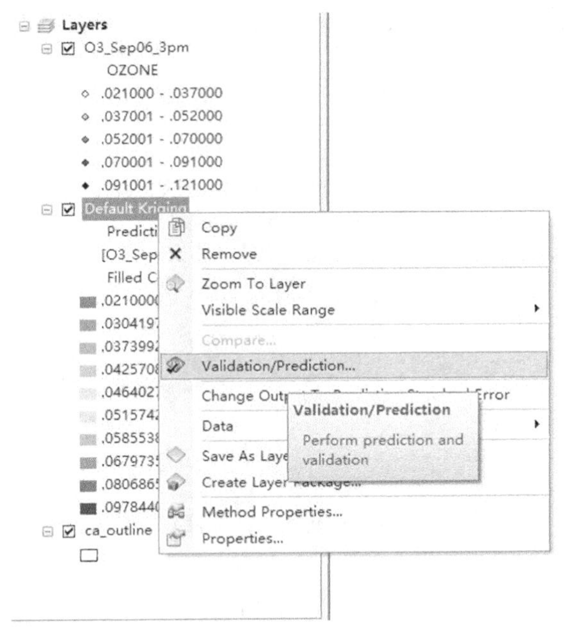

图 8-14 打开交叉验证工具

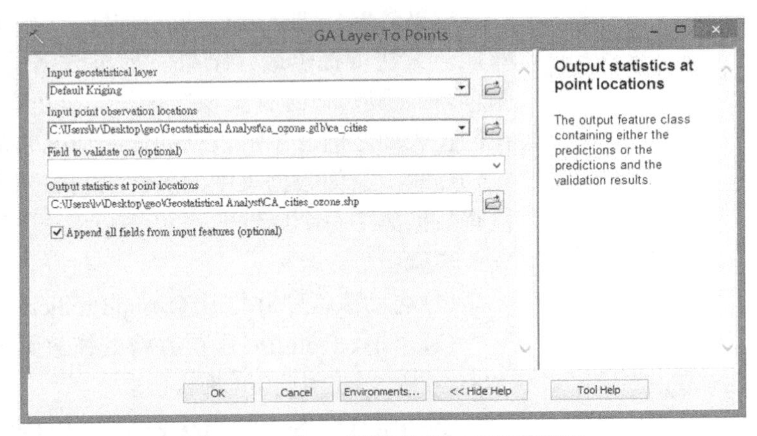

图 8-15 “GA 图层至点”工具对话框

(2)单击确定以运行工具。该工具运行以后，单击标准工具条上的添加数据按钮✚。导航至该数据，单击 CA_ozone_cities.shp，然后单击添加。观测点图层即被添加到地图中。

(3)右键单击 CA_cities_ozone 图层，然后单击打开属性表。现在每个城市除具有标准误差值(用于指示各城市臭氧预测的不确定性级别)以外，还具有一个臭氧预测值，如图 8-16 所示。

(4)关闭表窗口。右键单击 CA_cities_ozone 图层，然后单击移除，从该项目中移除该图层。保存 ArcMap 文档。

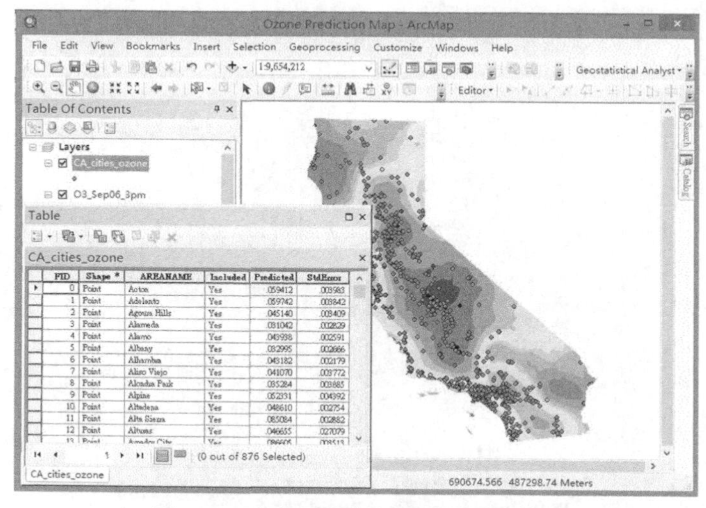

图 8-16　臭氧预测值与标准误差值结果

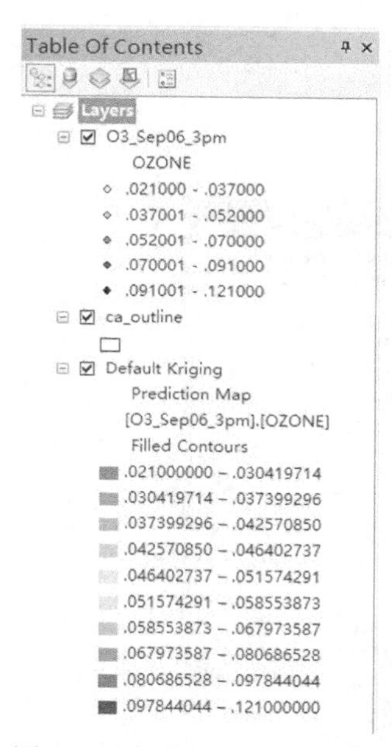

图 8-17　加载 ca_outline 图层

8.1.2　探索性数据分析

1）使用“直方图”工具检查数据的分布

如果数据呈正态分布(钟形曲线)，则用于生成表面的插值方法可提供最佳结果。如果数据呈偏斜(倾向一侧)形状，则可以选择变换数据使其呈正态分布。因此，在创建表面之前，了解数据的分布情况非常重要。通过“直方图”工具为数据集中的属性绘制的频数直方图可以检查数据集中每个属性的一元(一个变量)分布。

步骤：

(1)启动该程序并打开 Ozone Prediction Map.mxd。

(2)单击 ca_outline 图层并将其拖放到内容列表中的 O3_Sep06_3pm 图层下(图 8-17)。

(3)单击 O3_Sep06_3pm 图层以选择此图层。在地统计分析工具条上，单击地统计分析→探索数据→直方图(图 8-18)。

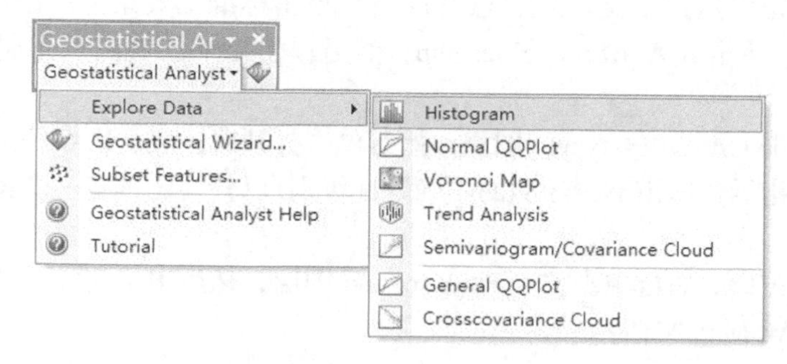

图 8-18　打开直方图工具

(4)在直方图对话框中，单击属性箭头，然后选择OZONE，见图8-19。在直方图中，臭氧值的分布以分成10个级别的臭氧值范围加以描述。每个级别中数据的频数以各条块的高度表示。通常，分布的重要特征包括中心值、偏离程度和对称度。作为一种快速检查手段，如果平均值和中值近似相同，则初步表明数据可能呈正态分布。该臭氧数据直方图表示数据为单峰(一个高峰)并且向右偏移。分布图的右侧尾部表示存在的采样点相对较少但臭氧浓度值较高。似乎该数据不接近于正态分布。

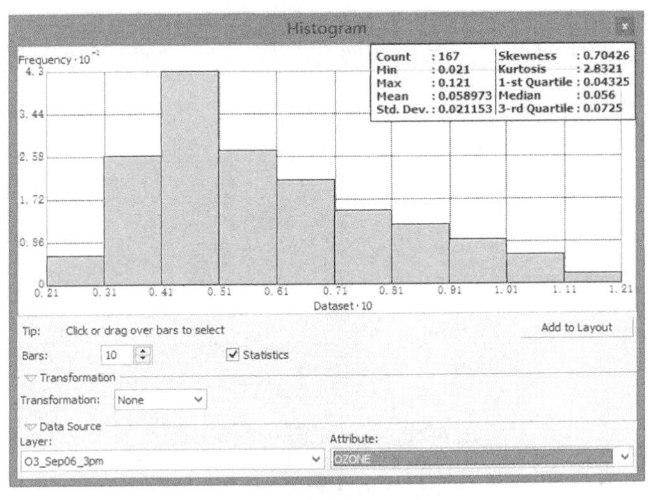

图8-19　直方图界面

(5)通过单击并在其上方拖动光标来选择那两个臭氧值大于 0.10ppm($1ppm=1\times10^{-6}$)的直方图条块(值已经按系数10做过重新调整)。同时地图上会对应选择处于此范围内的采样点，从图8-20中可以看出这些采样点中的大多数位于加利福尼亚州的中央峡谷。

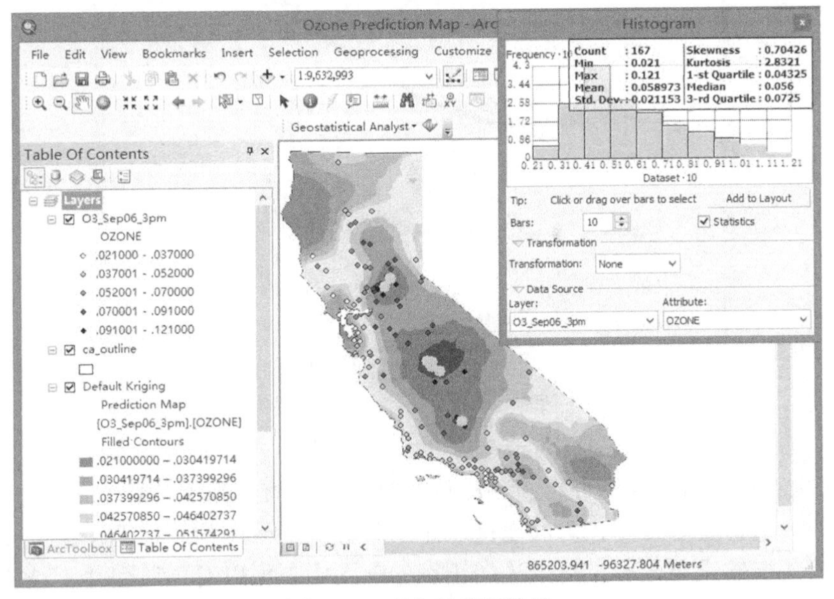

图8-20　直方图分析结果

(6)单击工具条上的清除所选要素按钮 以清除地图和直方图上的所选点。单击直方图对话框右上角的关闭按钮。

2)创建正态 QQ 图

分位数是指将一个随机变量的概率分布范围分为几个等分的数值点。QQ 图用于将数据的分布与标准正态分布进行比较。它提供了另一种测量数据正态分布的方法。这些点与图中呈 45°的直线间的距离越近，这些样本数据越接近于正态分布。

步骤：

(1)在地统计分析工具条上，单击地统计分析→探索数据→正态 QQ 图(图 8-21)。

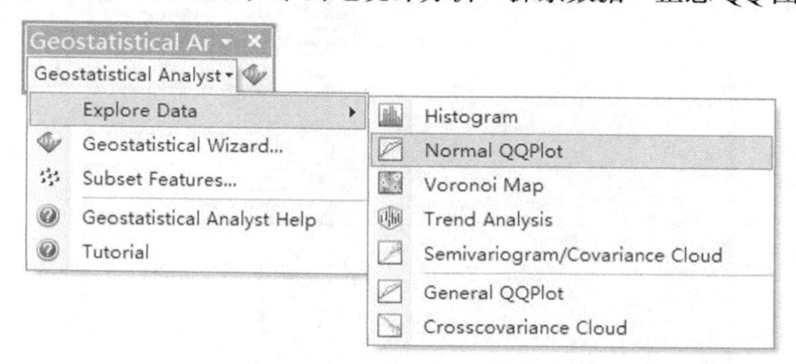

图 8-21　打开正态 QQ 图工具

(2)单击属性箭头，然后选择 OZONE(图 8-22)。

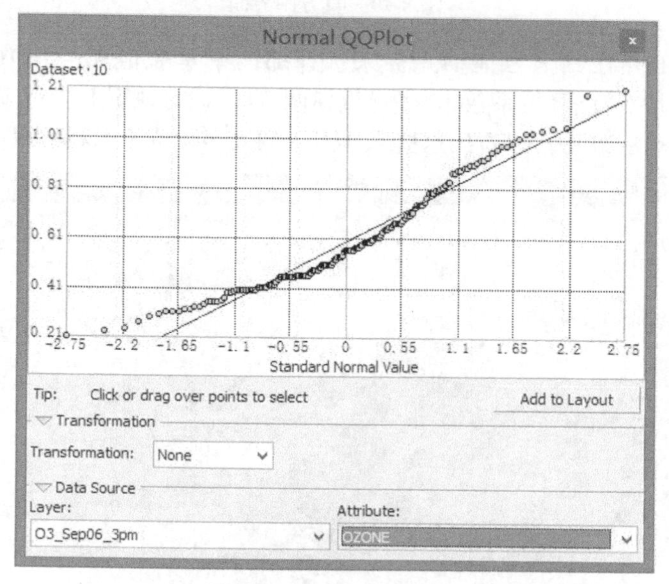

图 8-22　正态 QQ 图界面

(3)常规的 QQ 图是两个分布的分位数对照绘制出的一种图。对于两个相同的分布，QQ 图将是一条直线。因此，可以通过对照绘制数据的分位数与标准正态分布的分位数来检查臭氧数据的正态分布。从上述的正态 QQ 图中，可以看到该图并不是非常接近于一条直线，与此线的主要偏离发生在低臭氧浓度值处(图 8-23 中高亮显示)。

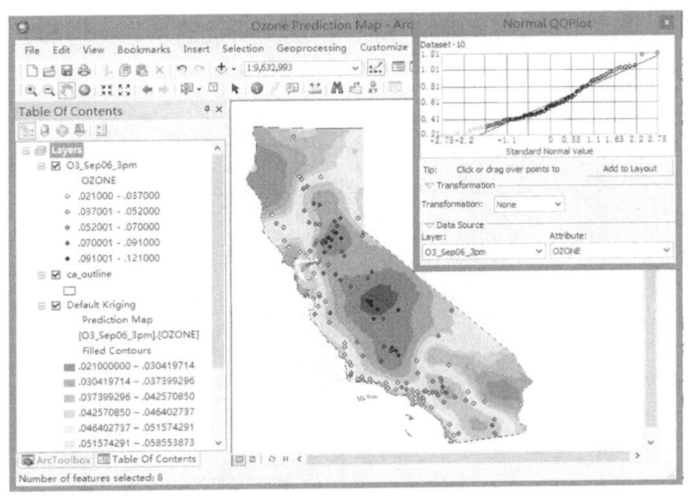

图 8-23　正态 QQ 图分析结果

(4) 如果这些数据在直方图或正态 QQ 图中未呈现正态分布，可能必须对这些数据进行转换使其符合正态分布，然后应用某些克里金法插值技术。单击位于正态 QQ 图对话框右上角的关闭按钮。

3) 识别数据中的全局趋势

如果在数据中存在趋势，则该趋势就是可以通过数学公式表示的表面的非随机(确定性)组成部分。通过趋势分析可以使用某个平滑函数为趋势建模，从数据中移除趋势并通过为残差建模用于后续数据分析。通过“趋势分析”工具可以识别输入数据集中存在的/不存在的趋势，并且可以识别出最佳拟合此趋势的多项式阶数。

步骤：

(1) 在地统计分析工具条上，单击地统计分析→探索数据→趋势分析(图 8-24)。

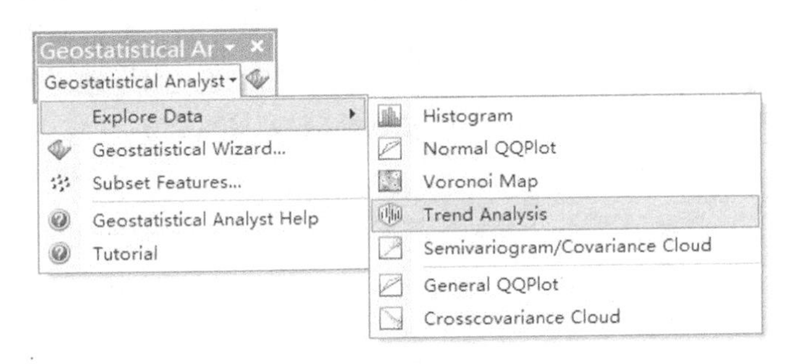

图 8-24　打开趋势分析工具

(2) 单击属性箭头，然后选择 OZONE。趋势分析图中的每个垂直杆对应表示一个臭氧测量的位置和值(高度)。这些数据点都投影到垂直平面上，即东西向平面和南北向平面。穿过这些投影点绘制出一条最佳拟合线(多项式)，显示特定方向上的趋势。如果此线是平的，则表示不存在趋势。观察图 8-25 中浅绿色的线，可以看到该线从低值开始，其值随着该线向 x 轴的中心移动而增加，随后下降。与此类似，蓝线的值随着此线向北移动而增加，并且从该州的中心开始下降。这就说明数据从数据值域的中心向所有方向都呈现了很强的趋势。

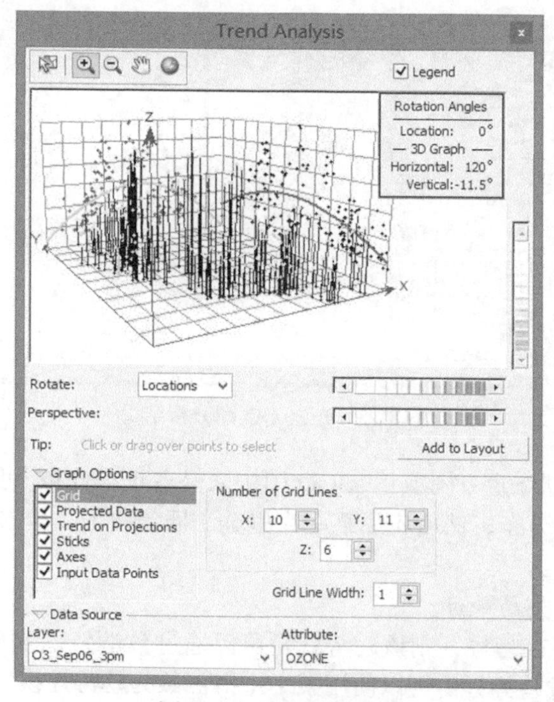

图 8-25　趋势分析界面

(3) 单击旋转位置滚动条并且向左滚动直到旋转角度为 90°。可以看到在旋转这些点时，趋势始终呈现为倒置的“U”形。此外，对于任何特定的旋转角度，该趋势似乎并未表现出更强的趋势(更明显的“U”形)，再次印证了之前的观察结果，即从数据值域的中心向所有方向都呈现了很强的趋势。因为此趋势为“U”形，所以将二阶多项式用作全局趋势模型是不错的选择。产生此趋势的可能原因是：海岸地区的人口较少，而较远的内陆地区人口众多，通往山区时人口又逐渐减少(图 8-26)。

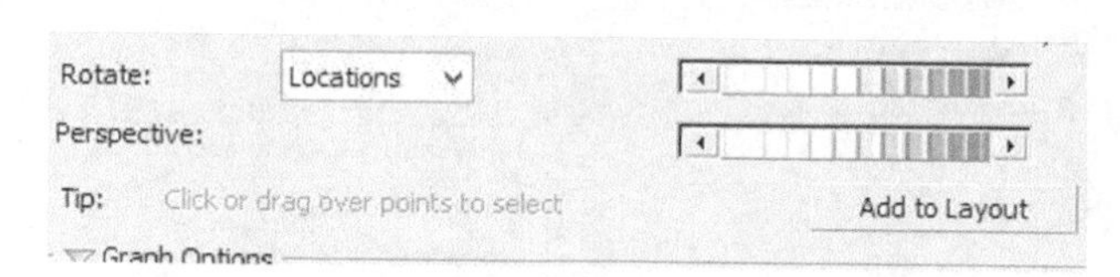

图 8-26　趋势分析结果

(4) 单击位于趋势分析对话框右上角的关闭按钮。

4) 浏览空间自相关和方向影响

步骤：

(1) 在地统计分析工具条上，单击地统计分析→探索数据→半变异函数/协方差云(图 8-27)。

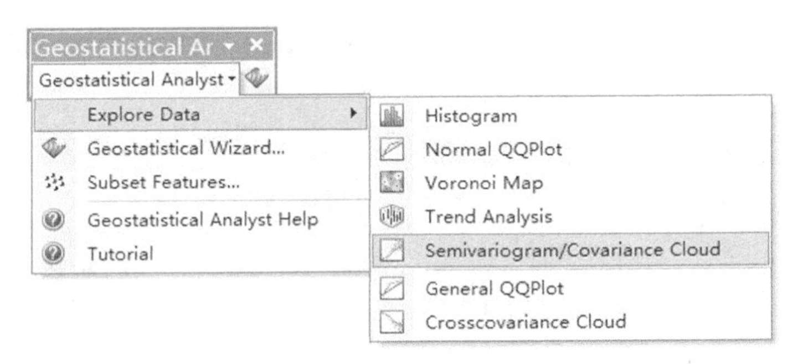

图 8-27　打开半变异函数/协方差云工具

(2) 单击属性箭头，然后选择 OZONE。通过半变异函数/协方差云可以检查测量样本点之间的空间自相关。横轴表示每对测量值的距离，纵轴表示每对测量值的半变异函数值。半变异函数/协方差云中的每个圆点表示一个位置对(图 8-28)。因为相互之间位置越接近就应该越相似。在半变异函数图中，相互之间最接近的位置(在横轴的最左侧)应该具有较小的半变异函数值(纵轴上的低值)。随着位置对之间的距离增加(在横轴上向右移动)，半变异函数值也应该增加(在纵轴上向上移动)。但当到达某个距离时云会变平，这表示相互间的距离大于此距离的点对的值不再相关。观察半变异函数图，如果出现某些非常接近的数据位置却具有高于预期的半变异函数值，则应该检查这些位置对是否存在不准确的数据。

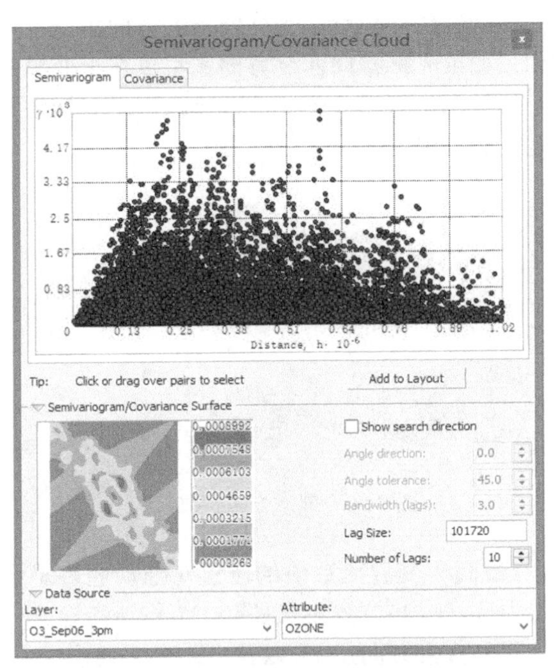

图 8-28　半变异函数/协方差云界面

(3) 在工具条上单击通过矩形选择要素按钮，然后在半变异函数/协方差云对话框中某些具有较大的半变异函数(纵轴)值的点的上方单击并拖动光标以选择这些点。

在半变异函数图中选择的采样位置对高亮显示在地图上，连线位置对的线指示配对关系(图 8-29)。

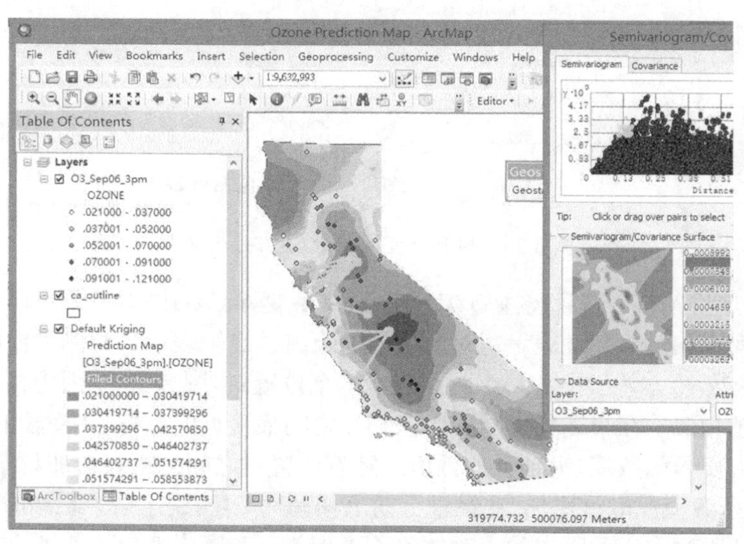

图 8-29　高亮显示采样位置对

(4) 选中显示搜索方向。使用“搜索方向”工具，可浏览半变异函数云中的方向影响。单击并将方向光标移动到任一角度。光标所指的方向决定了将在半变异函数图上绘制的数据位置对。例如，如果光标指向西北方向，将仅在半变异函数上绘制其相互之间处于西北或东南方向上的数据位置对，这样可以排除不感兴趣的位置对并且可以浏览施加于数据上的方向影响(图 8-30)。

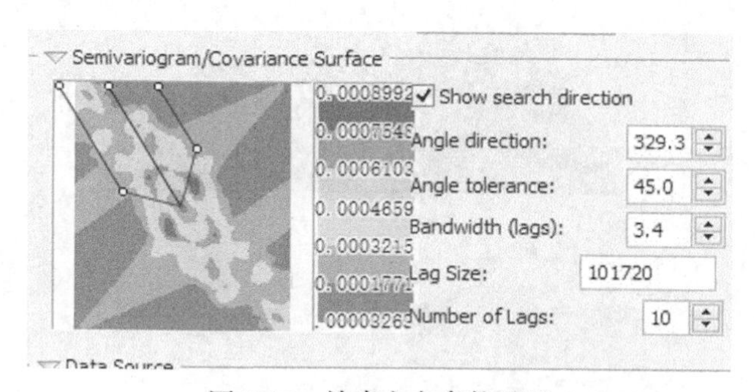

图 8-30　搜索方向参数设置

(5) 单击并沿着具有最高半变异函数值的位置对拖动通过矩形选择要素工具，以便在半变异函数图和地图中选择这些位置对(以图 8-31 作为指导，不必选择与图 8-31 中相同的点，也无须使用相同的搜索方向)。可以看出，大多数连接的位置(用于表示地图上的点对)对应于加利福尼亚州中部区域的采样点之一。这是因为此区域的臭氧值高于加利福尼亚州的任何其他地区。

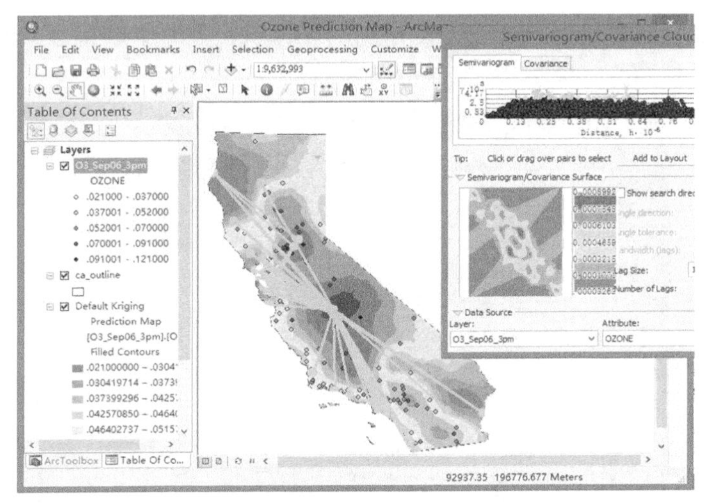

图 8-31 选择位置对结果显示

(6) 单击位于该对话框右上角的关闭按钮。单击基础工具工具条上的清除所选要素按钮，以清除地图上的所选点。

5) 小结

通过上述探索性数据分析，可以发现：

(1) 臭氧数据为单峰，但并不是非常接近于正态分布，如直方图中所示。正态 QQ 图也显示出数据不呈正态分布，因为图中的点没有形成一条直线，可能需要进行数据转换。

(2) 通过“趋势分析”工具可以看到数据呈现一种趋势，将该趋势细化后，可以看出二阶多项式是对其进行的最佳拟合。

(3) 半变异函数/协方差云说明了极高的半变异函数值大部分以垂直于海岸线的连线表示。使用此工具进行的分析表明插值模型应该考虑各向异性。半变异函数表面表示在数据中存在空间自相关。在已知数据集中不存在异常(或错误)的采样点的前提下，可在对表面插值有把握的情况下继续进行操作。

8.1.3 绘制臭氧浓度图

1) 趋势去除

步骤：

(1) 启动程序并打开 Ozone Prediction Map.mxd。

(2) 在地统计分析工具条上，单击地统计分析→地统计向导。

(3) 在“方法”列表框中，单击克里金法/协同克里金法。单击数据源下拉箭头，然后单击 O3_Sep06_3pm。单击数据字段下拉箭头，然后单击 OZONE 属性。

(4) 单击下一步，再单击普通克里金法。

(5) 在练习 8.1.2 的数据探索过程中，利用“趋势分析”工具发现了全局趋势。趋势为“U”形曲线，进行细化后，确定二阶多项式比较合理。这种趋势可由数学公式表示，并且可以从数据中移除。趋势移除后，将对表面的残差或短程变化分量进行统计分析。

在最后一个表面创建之前，趋势将自动添加回去，以便预测生成有意义的结果。单击趋势的移除阶数下列箭头，然后单击二阶(图 8-32)。

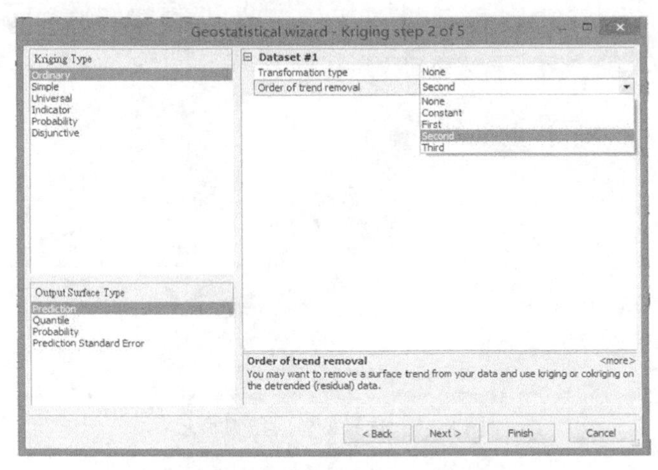

图 8-32　地统计向导工具界面

(6)单击下一步。默认情况下，Geostatistical Analyst 将绘制数据集的全局趋势图。表面表明西南—东北方向的变化最快，西北—东南方向的变化较为平缓(所以是椭圆形)。西南—东北方向的空气质量趋势可归因于山地与海岸之间臭氧的增加。高程和盛行风方向也是山地和海岸处出现相对低值的因素。人口密度过大也会导致山地与海岸之间的污染等级较高。因此，在合理的情况下，可移除这些趋势(图 8-33)。

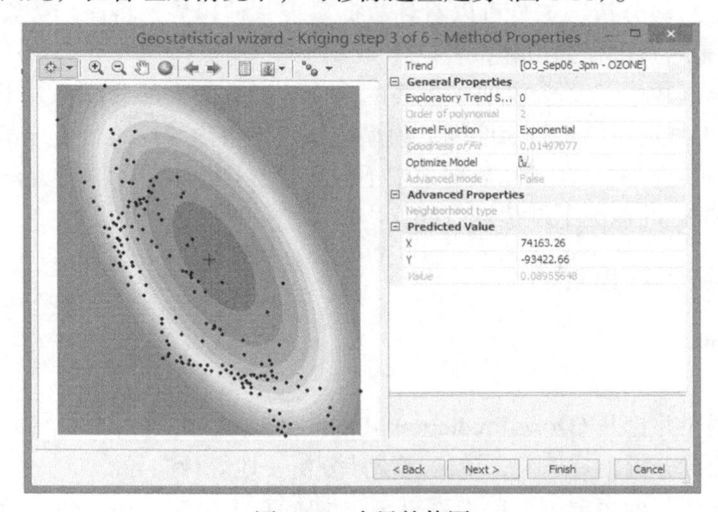

图 8-33　全局趋势图

2)半变异函数/协方差建模

在练习 8.1.2 中，利用“半变异函数/协方差云”工具，探索了测量点的总体空间自相关。半变异函数/协方差建模的目标是为模型确定经过半变异函数中的点的最佳拟合曲线(在图 8-34 中以蓝色线表示)。半变异函数是一种图形表示法，用于展示数据集的空间相关性。地统计分析中，首先确定对半变异函数值进行分组所需的合适的步长大小。步长大小是指距离类的大小，位置对按其进行分组，以减少大量的可能组合。在练习 8.1.2 中，“半变异函数/协方差云”为数据集中的每个点对显示一个红点。现在的目标就是拟合出一条经过那些点的曲线。从半变异函数表面可看出，与南北方向相比，臭氧值在东西方向上的相异性增加得更快。之前，移除了一个粗尺度趋势。自相关仍然存在方向分量，所以需要将该方向分量插入下一个模型中。可利用“搜索方向”工具浏览某个方向的数据点的相异性。

步骤：

(1) 输入新的步长大小值 15000，减小步长大小意味着对局部空间数据变化的详细信息进行建模。

(2) 将“显示搜索方向”选项从 False 更改为 True。注意：半变异函数值的数量的减少。图 8-34 中仅显示搜索方向上的那些点。单击并使鼠标指针停留在“搜索方向”工具的蓝色中心线上。拖动中心线更改搜索方向，更改搜索方向时，注意半变异函数图的改变。只有搜索方向上的半变异函数表面值将绘制在上面的半变异函数图上(图 8-34)。

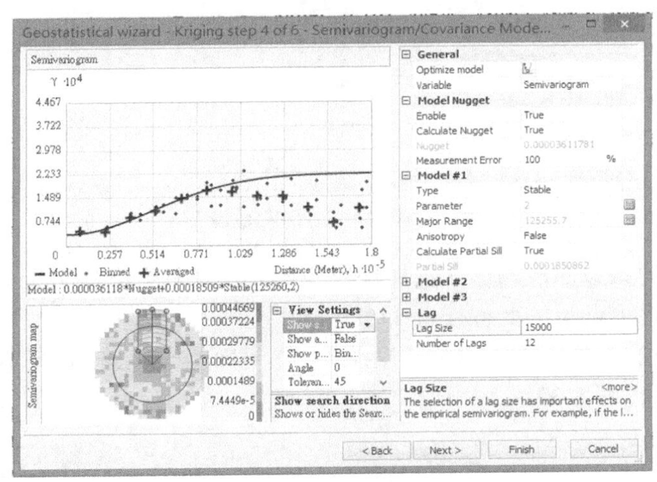

图 8-34　“显示搜索方向”参数设置

(3) 要想确切考虑表面计算结果的半变异函数模型受到的方向影响，必须计算各向异性的半变异函数或协方差模型。将各向异性选项从 False 更改为 True(图 8-35)。

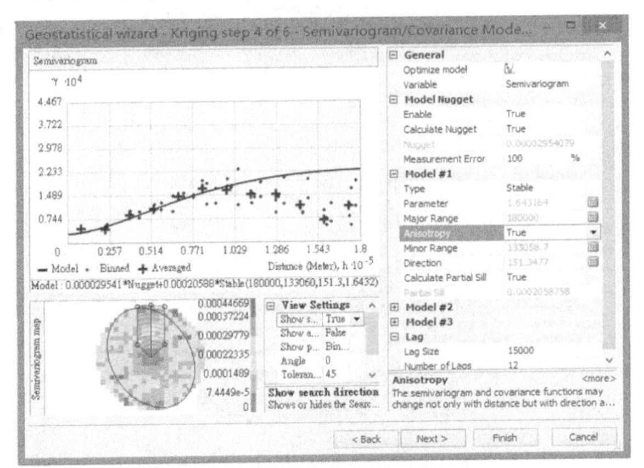

图 8-35　各向异性参数设置

(4)半变异函数表面上的蓝色椭圆表示半变异函数在不同方向上的变程。这种情况下，长轴近似位于 NW—SE 方向。现在，各向异性将被纳入模型中以针对输出表面中自相关的方向影响进行调整。在视图设置下将搜索方向的角度从 0 更改为 61.35，以便方向指针与各向异性椭圆的短轴重合(图 8-36)。

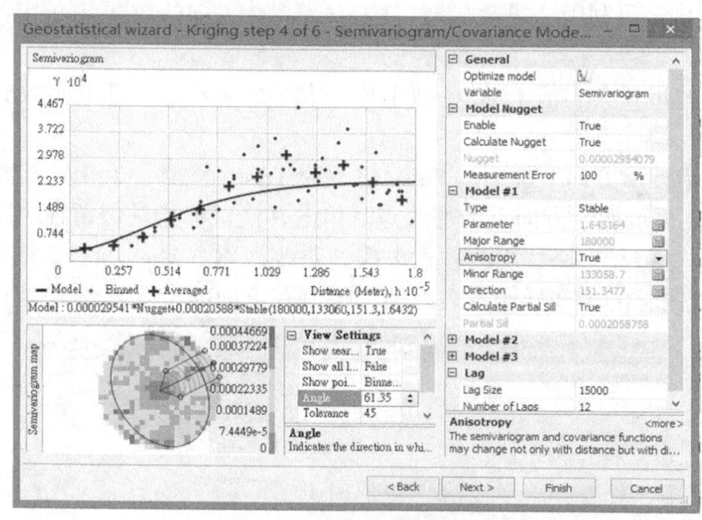

图 8-36　搜索方向参数设置

注意：半变异函数曲线的形状更加快速地增大到其基台值。因为 x 坐标和 y 坐标以米为单位，所以该方向上的变程接近 110km。

(5)在视图设置下将搜索方向的角度从 61.35 更改为 151.35，以便方向指针与各向异性椭圆的长轴重合(图 8-37)。

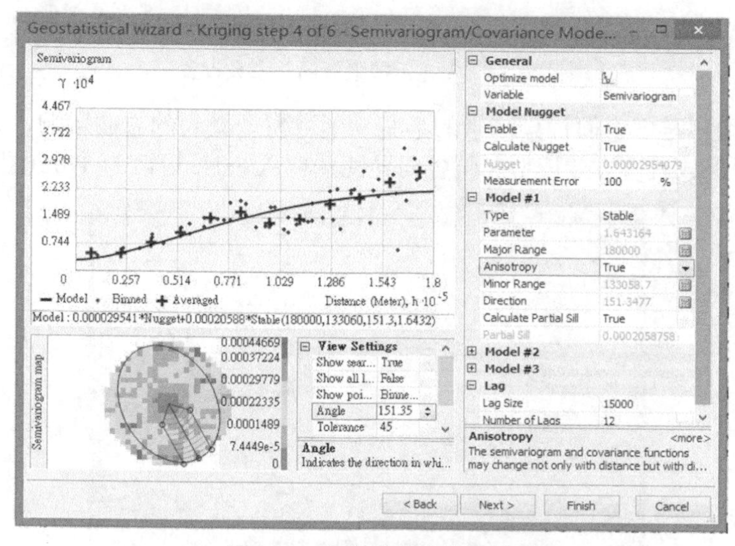

图 8-37　调整搜索方向参数

半变异函数模型更加平缓地增大，然后达到稳定状态。该方向的变程大约为 180km。

半变异函数模型在步骤(4)和步骤(5)中达到的稳定值是相同的，称为基台。变程是半变异函数模型达到其极限值(基台)的距离。在变程以外，随着步长距离的增加，点与点之间的相异性趋于恒定，彼此之间的距离大于变程的点在空间上不具有相关性。块金表示测量误差和/或微刻度变化。单击下一步。

3) 搜索邻域

除将数据的趋势和方向影响纳入考虑范围外，还应考虑预测位置周围位置的配置和测量值的影响。一般的做法是，定义一个圆(或椭圆)将用于预测未测量位置的值的点包围起来，并限制使用的数据。此外，为避免特定方向出现偏差，可以将圆(或椭圆)分成若干个扇形，在每个扇形中都选择相同数量的点。利用“搜索邻域”对话框，可以指定点的数量、半径及要用于预测的圆(或椭圆)的扇形的数量。

步骤：

(1) 单击“表面预览”以选择预测位置(十字光标所在处)。注意：在要用于计算预测位置值的数据位置(连同其关联的权重)的选择中发生的变化。

(2) 将从变异函数中复制更改为 False，然后在角度文本框中输入 90。注意：搜索椭圆的形状的变化。不过，要考虑方向影响，则需将“从变异函数中复制”控件改回 True（图 8-38）。

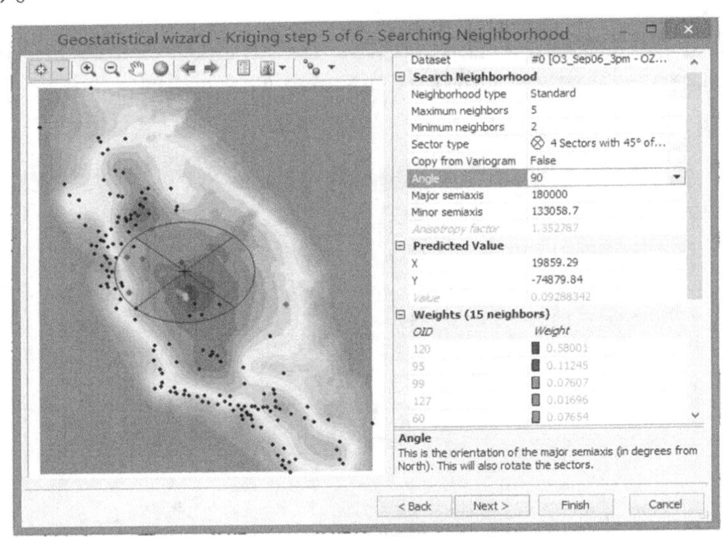

图 8-38 调整搜索方向参数

(3) 单击下一步。将显示“交叉验证”对话框。实际创建表面之前，将使用“交叉验证”对话框对参数执行诊断，以确定模型的优劣程度(图 8-39)。

4) 交叉验证

交叉验证的目的在于模型预测未知值的准确程度。根据预测误差计算得到的统计数据可用于诊断，以表明模型是否适于制定决策和生产地图。要判断模型的预测是否准确，需要保证预测具有无偏性，判定条件是平均预测误差接近于 0；标准误差是准确的，判定条件是均方根标准化预测误差接近于 1；预测与测量值的偏差不大，判定条件是

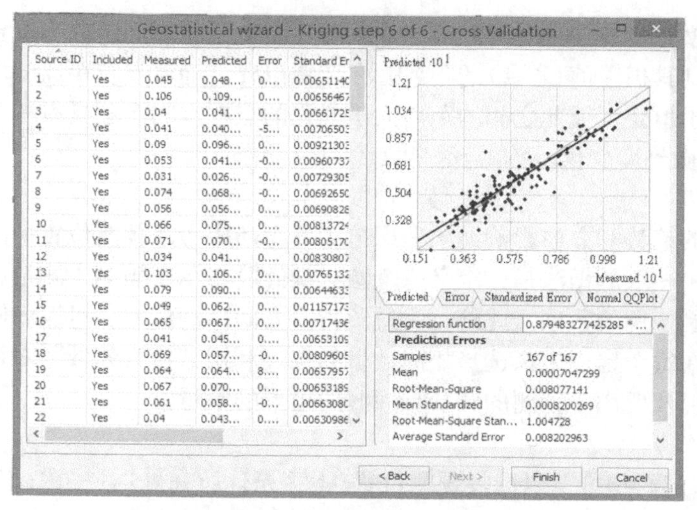

图 8-39　交叉验证结果界面

均方根误差和平均标准误差尽可能小。通过“交叉验证”对话框，还可以查看每个数据点的误差、标准化误差和 QQ 图的散点图。

步骤：

(1) 单击正态 QQ 图选项卡以显示 QQ 图。在“正态 QQ 图”选项卡中，将看到一些值位于线的略微偏上的位置，一些值位于线的略微偏下的位置，但大部分点都离直虚线非常近，这表明预测误差近似服从正态分布(图 8-40)。

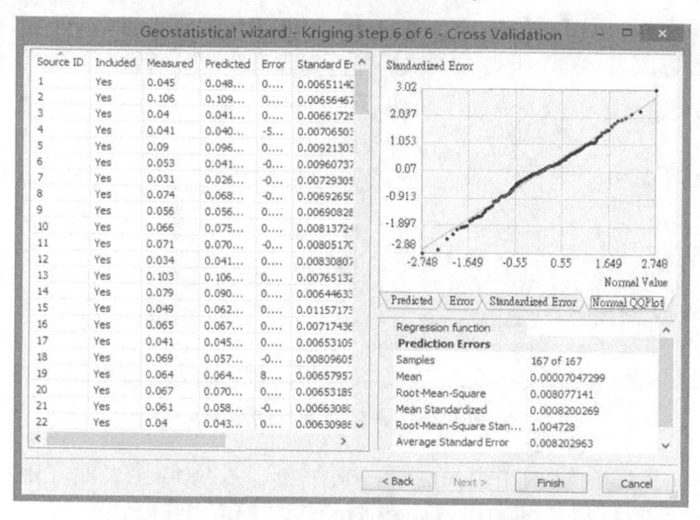

图 8-40　验证结果正态 QQ 图显示

(2) 单击导出结果表按钮保存点要素类，以便对结果作进一步分析。单击完成。方法报告对话框可提供要用于创建表面的模型的汇总信息(图 8-41)。

5) 绘制臭氧浓度图

步骤：

(1) 单击确定。预测的臭氧图将在 ArcMap 中显示为最上面的图层。默认情况下，该图层使用用于生成表面的插值方法的名称(如 Kriging)。

(2) 单击图层的名称，然后将名称更改为 Trend Removed。

(3) 扩展预测表面使其涵盖整个加利福尼亚，需右键单击 Trend Removed 图层，然后右键单击“属性”，再单击“范围”选项卡。在“将范围设置为”下，指定 ca_outline 的矩形范围，然后单击确定。

(4) 将 O3_Sep06_3pm 图层拖到内容列表的顶部，这样便可以看到插值表面上的点(图 8-42)。

图 8-41　方法报告对话框

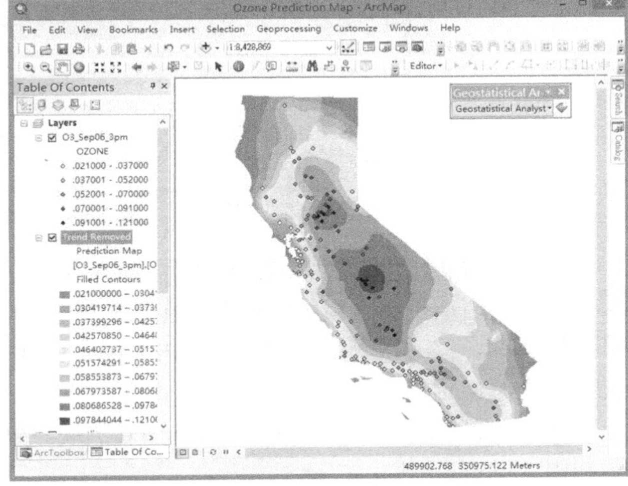

图 8-42　采样点与预测的臭氧图

(5) 右键单击所创建的 Trend Removed 图层，然后单击将输出更改为预测标准误差(图 8-43 和图 8-44)。

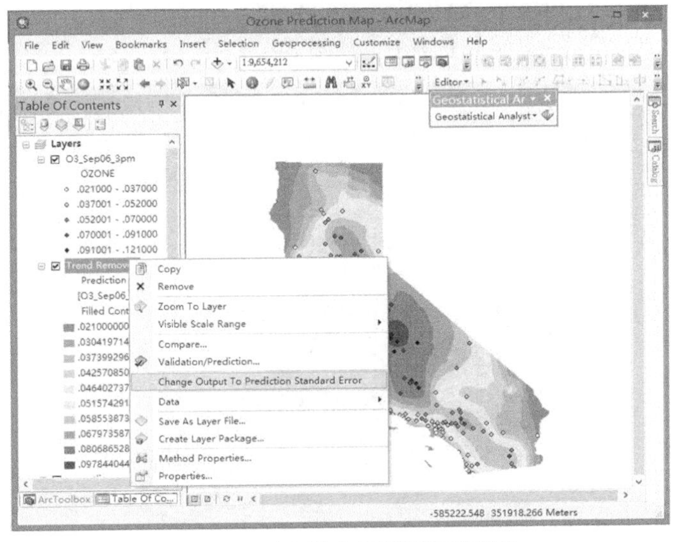

图 8-43　更改输出为预测标准误差

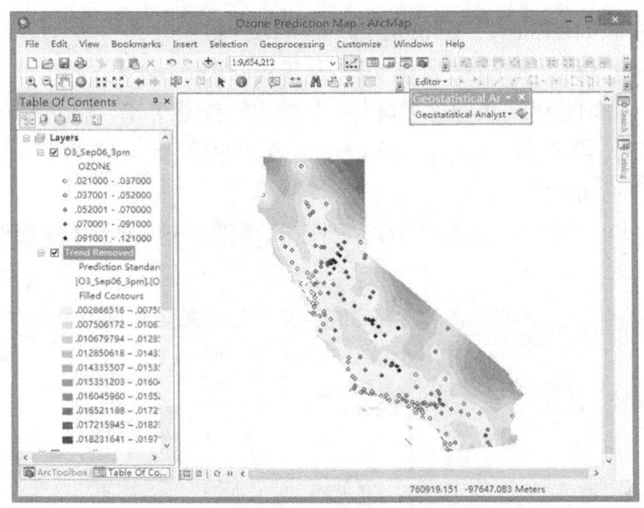

图 8-44　预测标准误差结果

预测标准误差可以对所创建表面中每个位置的不确定性进行量化。根据以往的经验，在数据服从正态分布的情况下，在95%的置信区间内，真实的臭氧值都将位于由±2倍预测标准误差的预测值形成的区间内。注意：在预测标准误差表面内，采样点附近的位置的误差通常很小。

(6)右键单击所创建的 Trend Removed 图层，然后单击将输出更改为预测以返回臭氧预测图。

(7)在“标准”工具条上，单击保存。

8.1.4　比较模型

(1)启动程序并打开 Ozone Prediction Map.mxd。

(2)右键单击趋势移除图层并选择比较(图 8-45)。

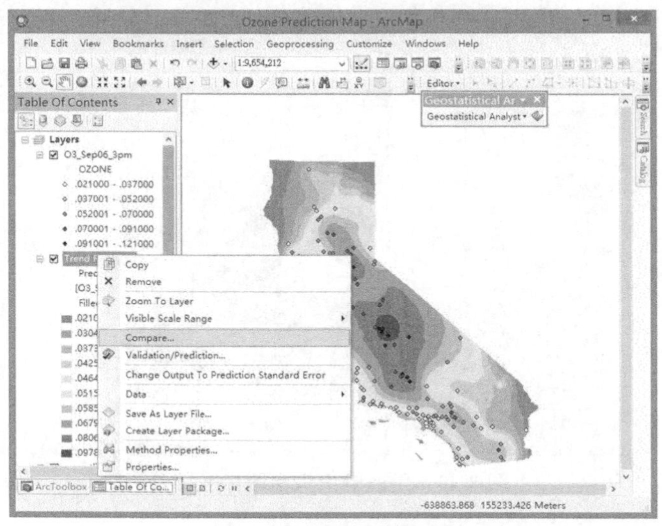

图 8-45　打开比较工具

(3) 显示交叉验证比较对话框，并自动比较“趋势移除”模型和“默认克里金”模型(因为“默认克里金”模型是内容列表中仅存的另一模型)(图 8-46)。

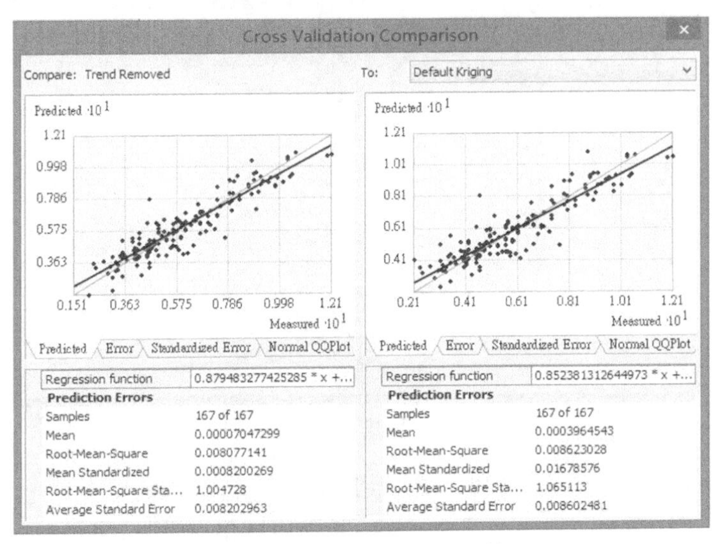

图 8-46　交叉验证比较对话框

比较两个模型的交叉验证统计数据。

选择最佳项应考虑：预测应具有无偏性，由尽可能接近 0 的平均值预测误差来指示；标准误差是准确的，由接近 1 的标准化均方根预测误差来指示；预测与测量值偏离不多，由尽可能小的均方根误差和平均标准误差来指示；也可以使用预测、误差、标准化误差和正态 QQ 图选项卡来查看每个模型性能的图形表示。根据这些条件来判断，“趋势移除”模型的性能要好于“默认克里金”模型。

(4) 关闭交叉验证比较对话框。右键单击“默认克里金”图层并单击移除。单击标准工具条上的保存。

8.2　Surfer 上机练习

背景：现有某地区 GDP 数据样点若干，需要通过内插生成该地区的 GDP 分布表面图，为后续研究提供合理的数据层面信息。

目的：掌握 Surfer 软件自带的各种网格化方法的原理及其基本操作技巧，并绘制相应等值线图。

要求：根据数据特征，利用 Surfer 软件的网格化插值方法进行等值线的绘制。

数据：GDP 采样数据(GDP.dbf)。

1) 查看数据

有了数据后，在画图之前，需要对数据初步了解，以便顺利做下面的工作。

(1) 点击文件→打开，弹出对话框，选择实验数据 GDP.dbf。

(2) 打开后看到，A 列是测点系统编号及名称，B、C 列是测点的人口、GDP 数据，D、E 是测点横、纵坐标，因此作等值线图需用的数据是 C、D、E 列(图 8-47)。

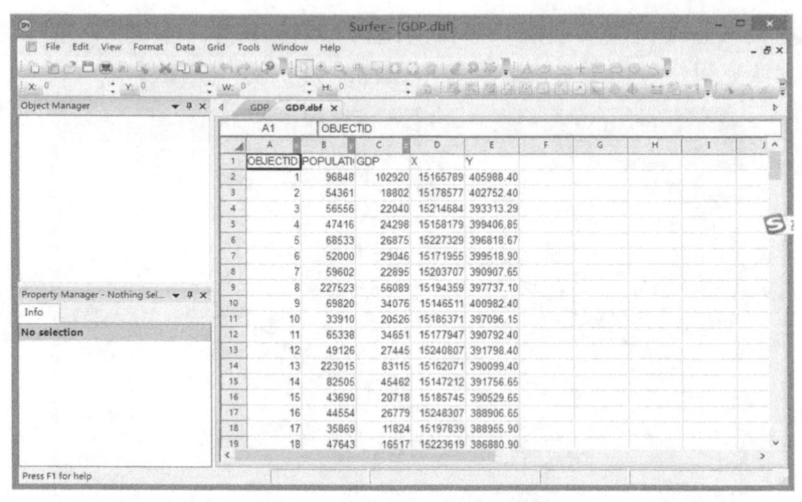

	A	B	C	D	E
1	OBJECTID	POPULATI	GDP	X	Y
2	1	96848	102920	15165789	405988.40
3	2	54361	18802	15178577	402752.40
4	3	56556	22040	15214684	393313.29
5	4	47416	24298	15158179	399406.85
6	5	68533	26875	15227329	396818.67
7	6	52000	29046	15171955	399518.90
8	7	59602	22895	15203707	390907.65
9	8	227523	56089	15194359	397737.10
10	9	69820	34076	15146511	400982.40
11	10	33910	20526	15185371	397096.15
12	11	65338	34651	15177947	390792.40
13	12	49126	27445	15240807	391798.40
14	13	223015	83115	15162071	390099.40
15	14	82505	45462	15147212	391756.65
16	15	43690	20718	15185745	390529.65
17	16	44554	26779	15248307	388906.65
18	17	35869	11824	15197839	388955.90
19	18	47643	16517	15223619	386880.90

图 8-47　加载 GDP 采样数据

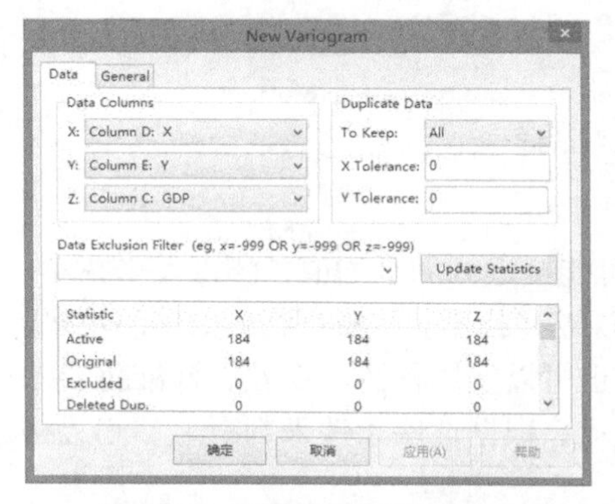

图 8-48　新建变异函数对话框

2）构建变异函数图

（1）点击网格→变异函数→新建变异函数，选中 GDP.dbf，构建变异函数图。

（2）数据列对应方式为 x→D，y→E，z→C。点击确定（图 8-48）。

（3）生成变异函数图（图 8-49）。

（4）点击左侧属性管理选项中的统计选项卡，查看 GDP 数据分布情况。可以看出，GDP 数据分布不满足正态分布，需要进行数据转换。关闭对话框（图 8-50）。

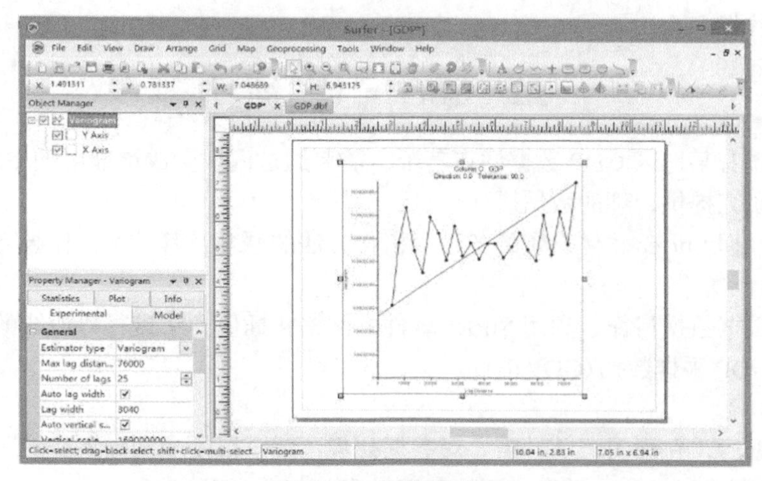

图 8-49　变异函数图

(5)点击 GDP.dbf 文件，并在工具栏中点击数据→转换。选择列转换，点击公式按钮，进行公式编辑，将 C 列进行对数转换，并将 F 列命名为 LNGDP。点击确定，并另存为 GDP.xls，保存数据(图 8-51)。

(6)新建变异函数图，查看数据统计信息，可以看出，GDP 数据经过对数变换后，基本满足正态分布要求(图 8-52)。

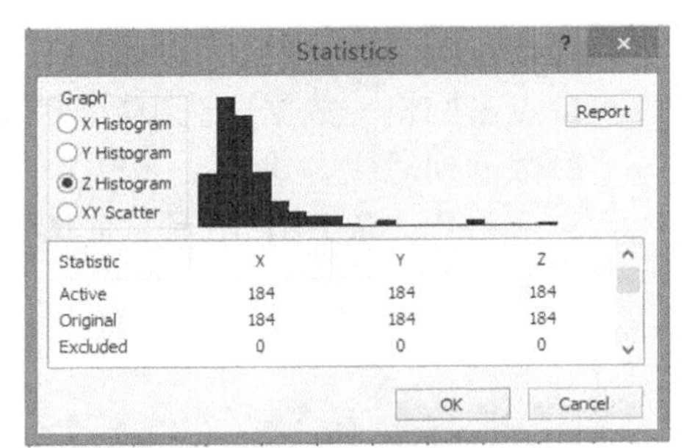

图 8-50 统计界面

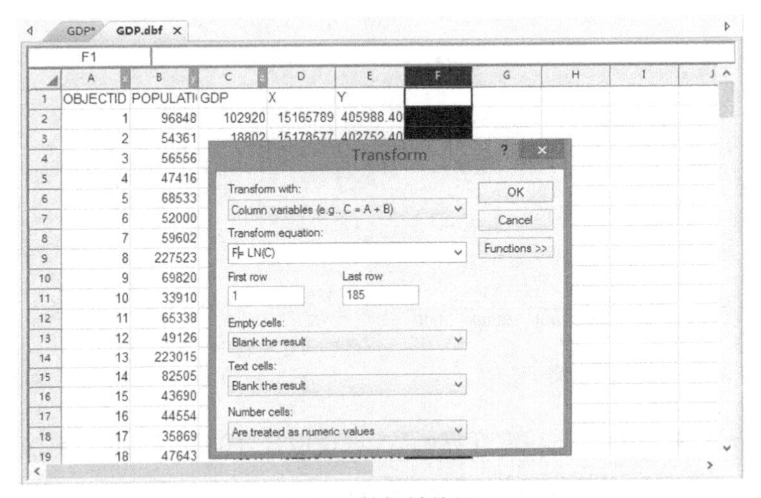

图 8-51 数据转换界面

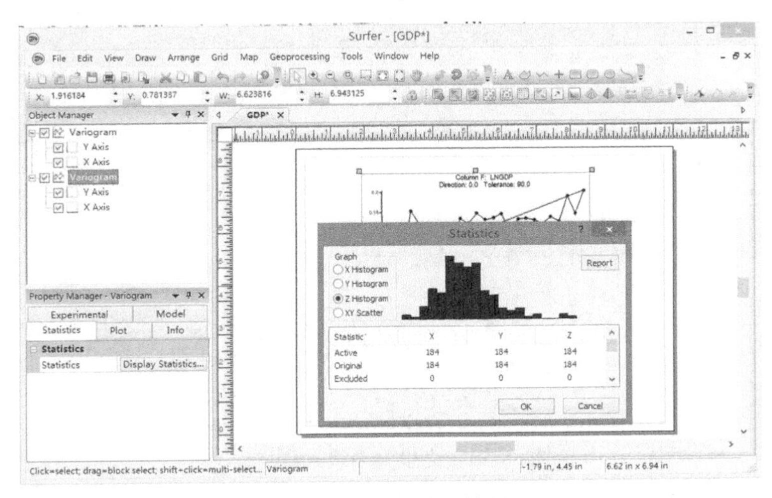

图 8-52 数据转换结果

(7)点击属性管理中的模型选项卡，添加一个线性模型或者在下拉选项中选择线性模型，点击“自动拟合”选项。可以看出，变异函数图明显呈线性关系，因此可以选择线性拟合模型对变异函数进行拟合，拟合后如图 8-53 所示。

3) 网格化数据

(1) 点击网格→数据，选中数据弹出网格化数据对话框，如图 8-54 所示。

(2) 数据列对应方式为 x→D，y→E，z→F 。

(3) 网格化方法共有 12 种，实验选择克里金插值法。

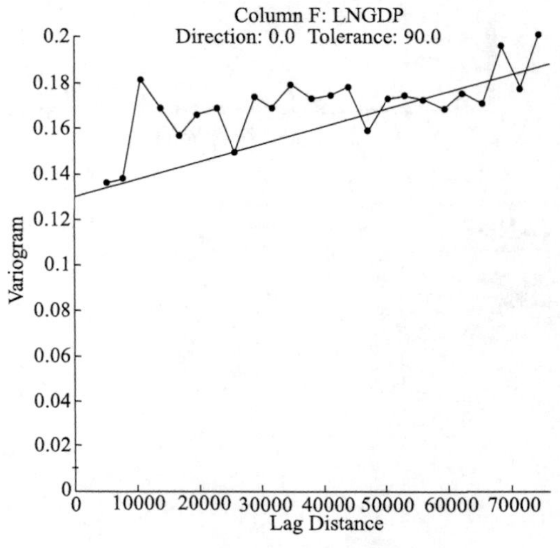

图 8-53　变异函数图

Grid Data - D:\i\GDP.xls
Data Columns (184 data points)
X: Column D: X　Filter Data...　OK
Y: Column E: Y　View Data　Cancel
Z: Column F: LNGDP　Statistics　Grid Report
Gridding Method
Kriging　Advanced Options...　Cross Validate...
Grid Line Geometry
Minimum　Maximum　Spacing　# of Nodes
X Direction: 15138641.01　15326315.02　1895.697071　100
Y Direction: 275053.8956　405988.3957　1897.601451　70
Grid Z Limits
Minimum: None
Maximum: None
Z Transform: Linear
Blank grid outside convex hull of data
Inflate convex hull by: 0
Output Grid File
D:\i\GDP.grd

图 8-54　网格化数据界面

(4) 在高级选项卡中，点击获取变异函数，选择拟合好的线性模型，点击确定(图 8-55)。

图 8-55　克里金高级选项界面

(5) 点击确定，生成 GDP.grd 格网文件。

4) 建立等值线图

点击地图→等值线图→新建等值线图，打开上述生成的格网文件，即得到等值线图，如图 8-56 所示。

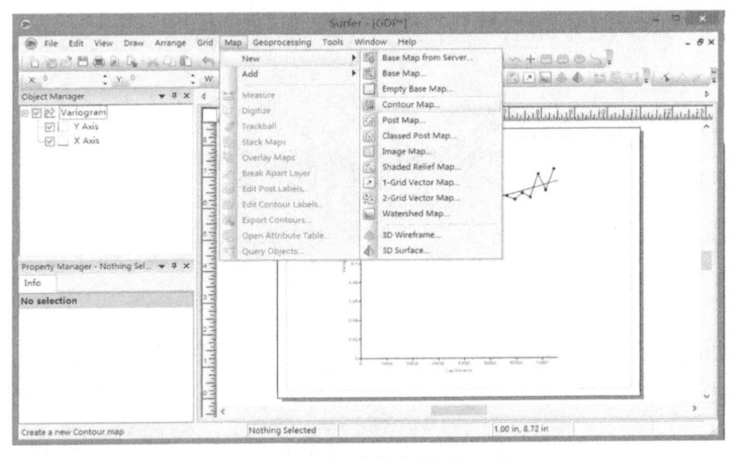

图 8-56　新建等值线图工具

5) 修改地图属性

(1) 双击等值线图，弹出属性管理对话框。

(2) 改变等级，根据数据范围特点选择合适的最大值、最小值和间距，最大值(12)、最小值(9)，间距设为 0.2，如图 8-57 所示。

(3) 添加等值线填充，在常规选项卡的填充等值线和颜色比例前画钩，如图 8-58 所示。在等级→填充项中，前景色下设置颜色谱。

(4) 编辑等值线标注，在标注选项中可以按需要设置标注的开始等级和跳过级数，以及标注的字体和格式(图 8-59)。

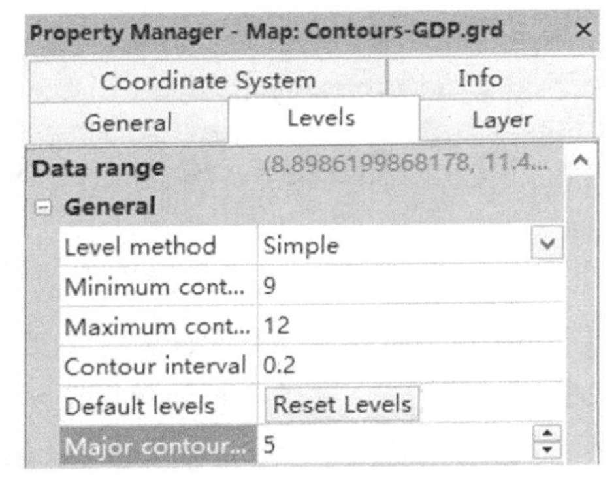

图 8-57　等值线图属性参数设置

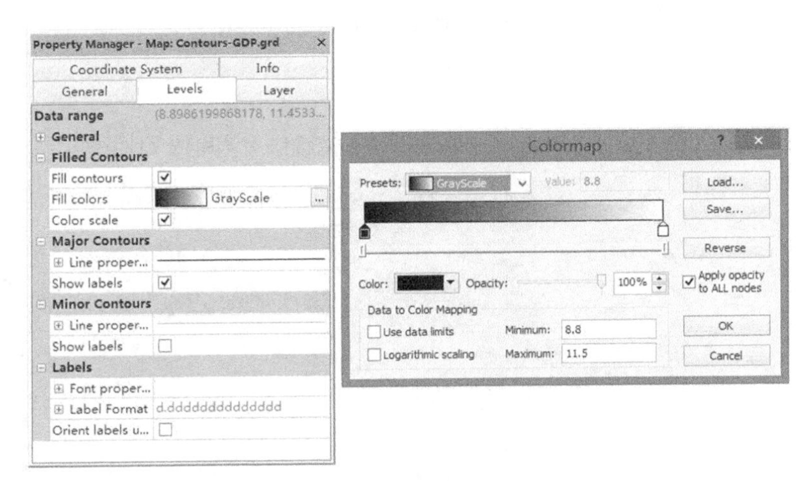

图 8-58　添加等值线填充

(5)生成等值线图(图 8-60)。

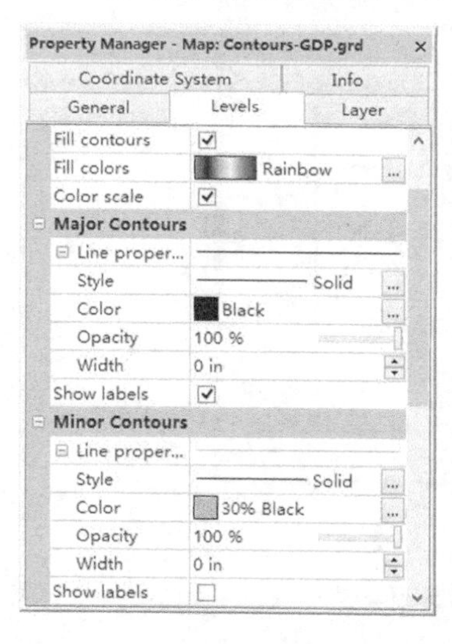

图 8-59　编辑等值线标注

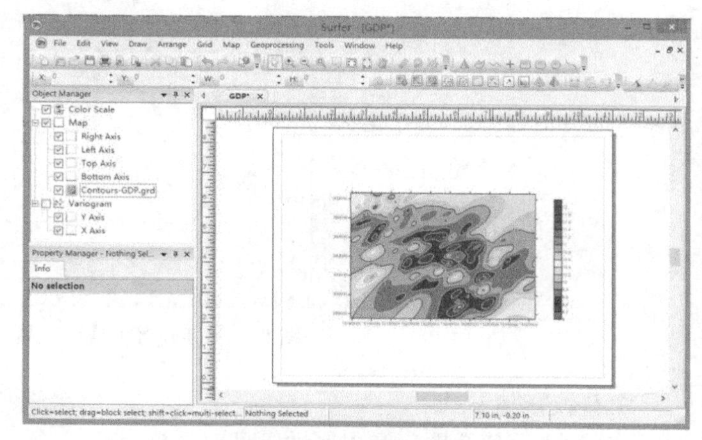

图 8-60　等值线图

(6)导出等值线图、编写报告。文件→导出将结果以图片形式保存。

8.3　IDRISI 上机练习

背景：现有美国马萨诸塞高程采样点若干，需要通过内插生成该地区的高程分布表面，为后续研究提供合理的数据层面信息。

目的：利用 IDRISI 软件地统计模块，进行数据空间相关性分析及插值。

要求：利用空间依赖器获取数据空间相关性，模型拟合获得变异函数模型参数，并通过克里金插值与模型获取该地区的高程分布表面。

数据：美国马萨诸塞高程采样点若干(elevation.vct)。

1)空间依赖性建模器

步骤：

(1)打开程序，点击 GIS 分析→表面分析→地统计→空间依赖性建模器(图 8-61)。

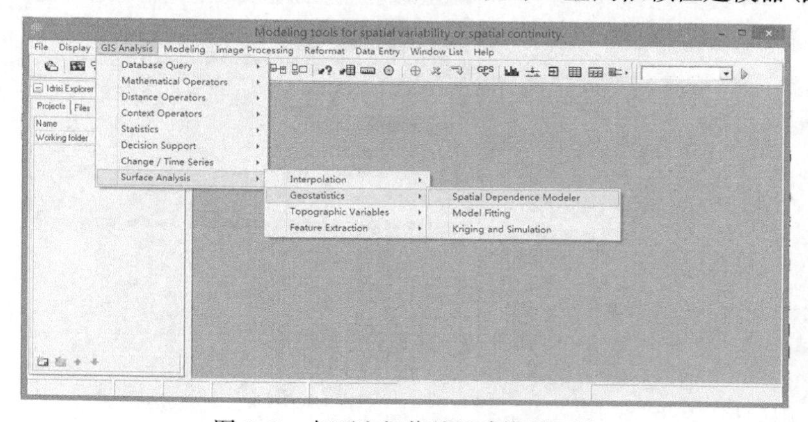

图 8-61　打开空间依赖性建模器工具

(2) 在变量窗口输入文件，选择 elevation.vct 文件。

(3) 点击 lags 步长设置按钮，将样本数目设置为 15，样本宽度设置为 45(图 8-62)。

(4) 点击制图按钮。可以看到在图形中央存在一个拉长的椭圆图案，角度大约为 45°，在该图案周围空间依赖性趋向均一下降。该均一性表面数据变化级别在各个方向大致相同。该椭圆图案也显示出在不同方向变化的范围不一致，表面数据的空间结构存在各向异性(图 8-63)。

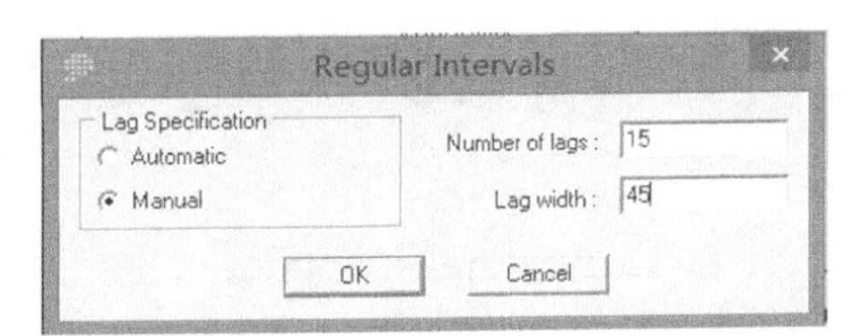

图 8-62　设置步长参数

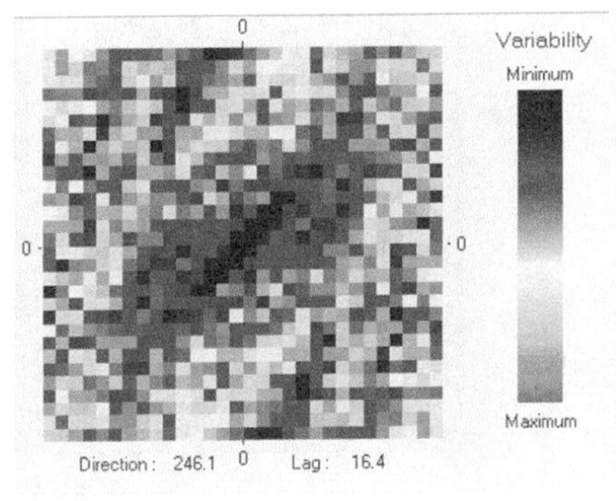

图 8-63　表面方差图

(5) 在显示类型中选择方向图选项，界面右下角显示如图 8-64 所示。

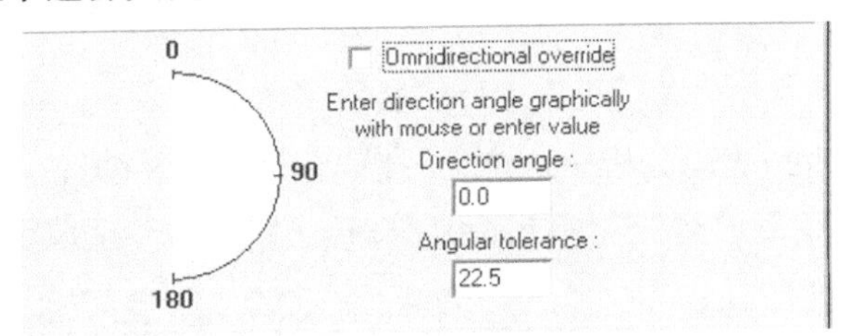

图 8-64　方向图参数设置界面

(6) 将方向角度设置为 42°，容差设置为 17°，点击制图按钮(图 8-65)。

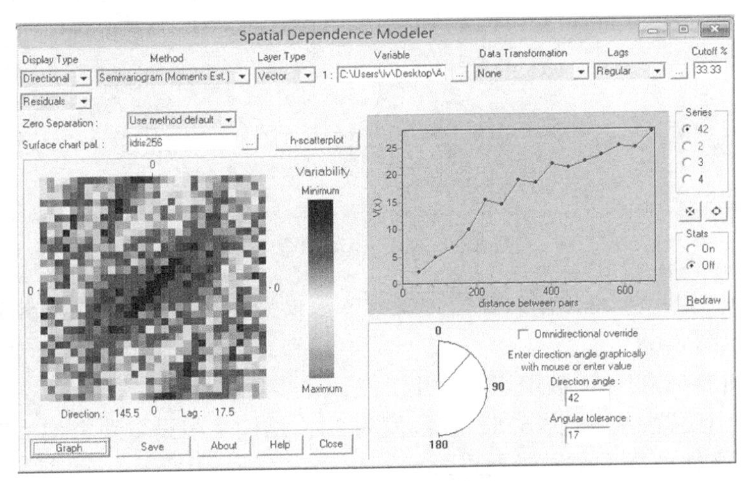

图 8-65　空间依赖性建模器界面

(7)点击重画按钮。将角度设置为 132°，容差为 22.5°，点击制图按钮。可以看到，两个方向几何在同一级别(V(x)大约 25 处)转化为常数(图 8-66)。

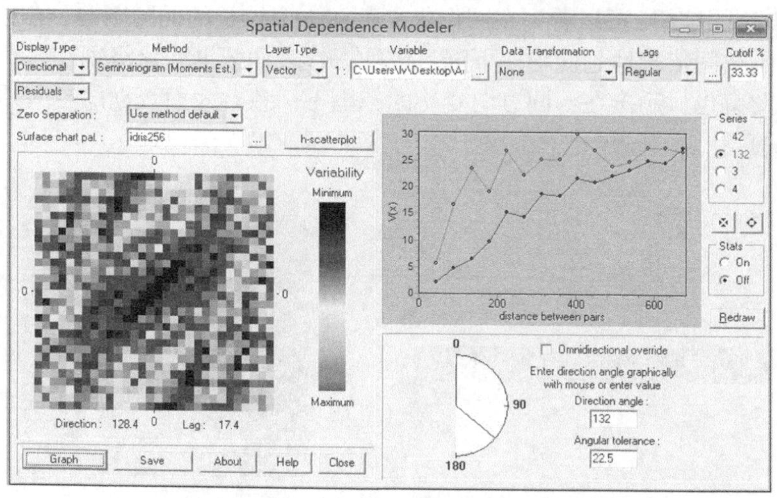

图 8-66　不同参数结果对照

(8)选择 42°方向选项，单击保存按钮，将其保存为 elevation-major 文件；选择 132 方向文件，将其保存为 elevation-minor 文件。这些文件将在后续模型拟合中使用。

2)模型拟合

步骤：

(1)点击 GIS 分析→表面分析→地统计→模型拟合(图 8-67)。

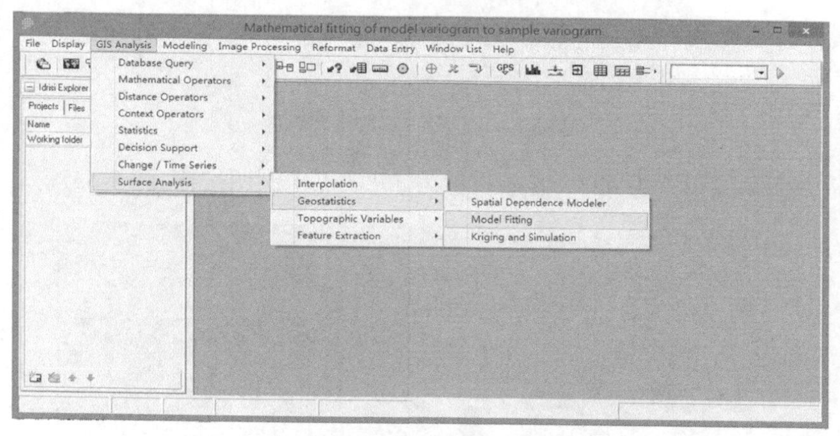

图 8-67　打开模型拟合工具

(2)选择 elevation-major 作为要拟合变异函数模型的文件。可以在右侧看到数据变异函数值点显示(图 8-68)。

(3)通过图 8-68 变异函数值点可看出，点云在步长为 625 左右变为常量约 24 的，因此，在结构 2 中设置，变程为 625，基台值为 24，结构 1 中设置块金值为 0。图 8-69 中显示的曲线较好地拟合了变异函数点云。

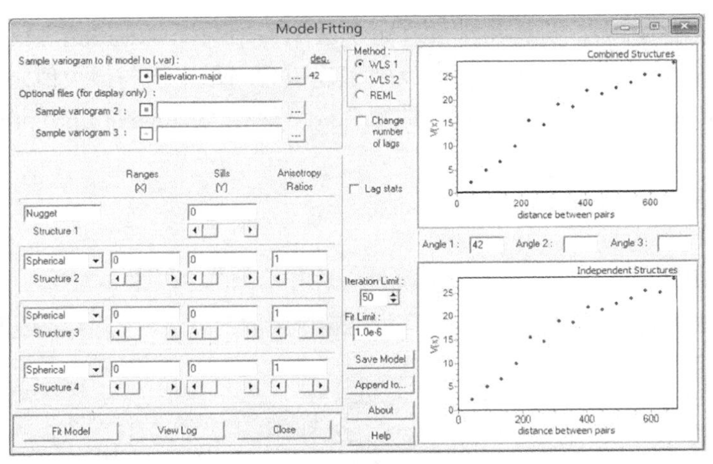

图 8-68　变异函数文件输入效果图

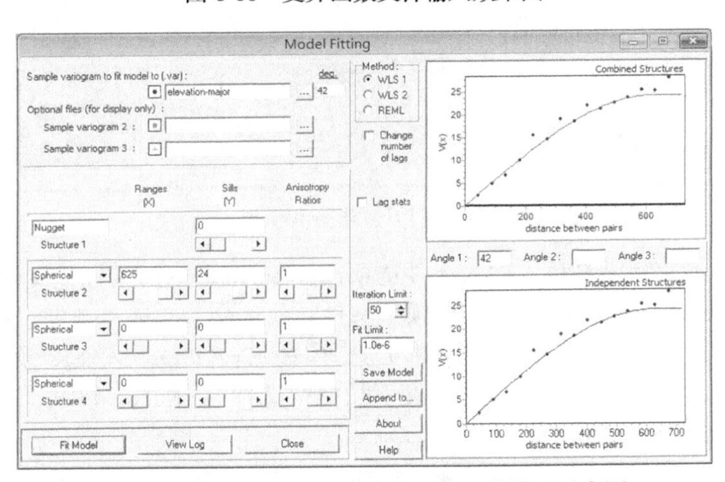

图 8-69　手工设置参数的变异函数结构模型示意图

(4)点击模型拟合按钮。模型中参数随着自动拟合更新(图 8-70)。

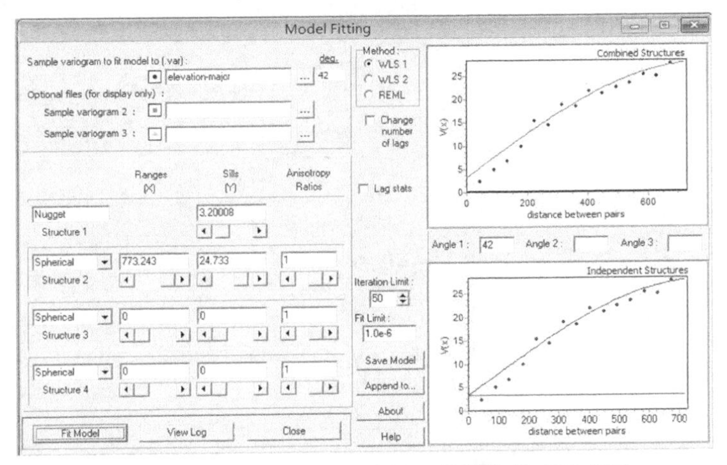

图 8-70　自动拟合更新的变异函数结构模型示意图

(5) 考虑数据存在各向异性，因此在可选数据框中选择 elevation-minor。同时，将结构 2 中的各向异性比率设置为 0.4，它反映了连贯方向最小值与最大值之比。

(6) 点击保存模型按钮，将设置好的拟合模型保存为 elevation-prd.prd 文件，用于后续插值使用。

3) 克里金及模拟

步骤：

(1) 点击 GIS 分析→表面分析→地统计→克里金和模拟(图 8-71)。

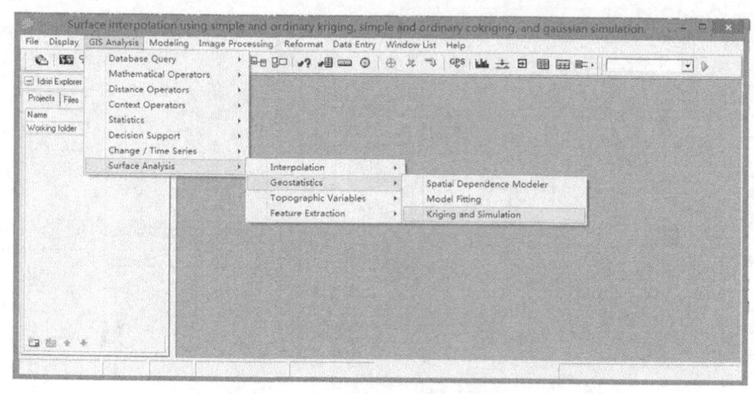

图 8-71　打开克里金和模拟工具

(2) 选择普通克里金插值，输入文件选项选择 elevation.vct 为插值文件。将模型模拟过程中生成的 elevation-prd.prd 作为源模型文件。勾选交叉验证复选框。在邻域设置中，勾选最大样本数 20。在区域掩膜文件处选择 ELEVATION-MASK 文件。输出文件 Prediction File 命名为 elevation-pre，在下拉框中选择 Variance File，设置输出文件为 elevation-var(图 8-72)。

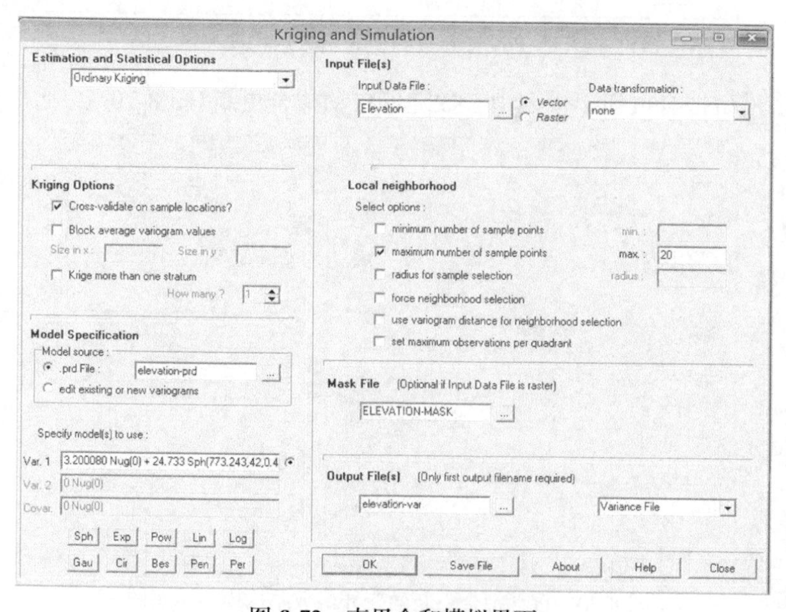

图 8-72　克里金和模拟界面

(3)点击确定，生成插值预测结果及方差分布图(图 8-73)。

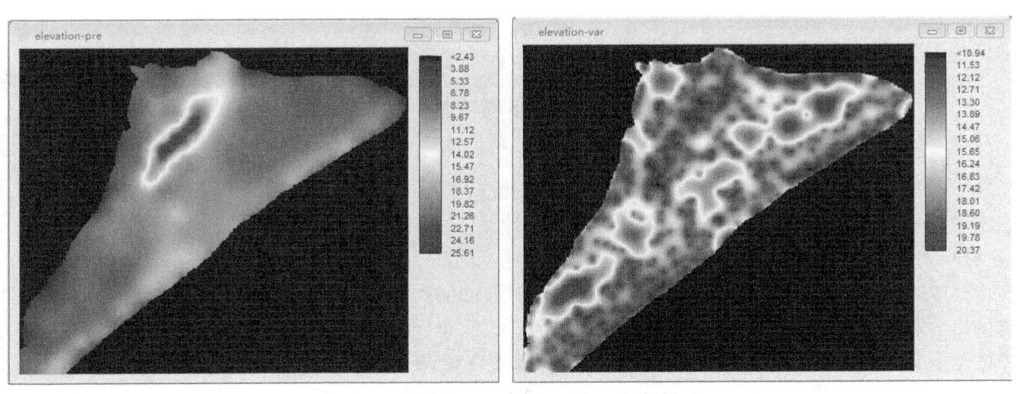

图 8-73 插值预测结果及方差分布图

主要参考文献

贲雪峰, 李征. 2013. 统计学. 北京: 清华大学出版社.

范玉妹, 汪飞星, 王萍, 等. 2009. 概率论与数理统计. 北京: 机械工业出版社.

冯益明. 2008. 空间统计学理论及其在林业中的应用. 北京: 中国林业出版社.

侯景儒. 1997. 中国地质统计学(空间信息统计学)发展的回顾与前景. 地质与勘探, 33(1): 53-58.

侯景儒, 尹镇南, 李维明, 等. 1998. 实用地质统计学. 北京: 地质出版社.

李德仁, 马洪超. 2001. 地球空间信息技术及其在国土资源调查中的应用. 国土资源情报, 2(4): 1-8.

李赋屏, 蔡劲宏, 任建国. 2005. 矿业软件在矿产储量评价中的应用. 桂林工学院学报, 25(1): 26-30.

李哈滨, 王政权, 王庆成. 1998. 空间异质性定量研究理论与方法. 应用生态学报, 9(6): 651-657.

李良军. 2006. 应用 Minesight 软件评估某钨矿资源. 有色冶金设计与研究, 27(6): 1-6.

李庆东, 战颂. 2013. 统计学概论. 大连: 东北财经大学出版社.

刘爱利, 王培法, 丁园圆. 2012. 地统计学概论. 北京: 科学出版社.

刘湘南, 黄方, 王平. 2008. GIS 空间分析原理与方法. 2 版. 北京: 科学出版社.

马洪超, 李德仁. 2001. 基于空间统计学的空间数据窗口大小的确定. 武汉大学学报(信息科学版), 26(1): 18-23.

梅杨. 2016. 时空克里格方法关键技术及其应用研究. 武汉: 华中农业大学硕士学位论文.

钱伯海, 孙秋碧. 1997. 改革开放推动财政理论的发展. 财政研究, (6): 15-19.

邱纯英, 吴筱萍. 2008. MineSight 软件在地质模型建立与储量计算中的应用. 开发应用, 07(31): 15-19.

阮红伟. 2014. 统计学. 北京: 北京大学出版社.

阮红伟, 张丕景. 2013. 统计学. 北京: 电子工业出版社.

孙碧秋. 1997. 统计学. 厦门: 厦门大学出版社.

孙洪泉. 1990. 地质统计学及其应用. 北京: 中国矿业大学出版社.

孙英君, 王劲峰, 柏延臣. 2004. 地统计学方法进展研究. 地球科学进展, 19(2): 268-274.

王仁铎, 胡光道. 1988. 线性地质统计学. 北京: 地质出版社.

王政权. 1999. 地质统计学及在生态学中的应用. 北京: 科学出版社.

魏义长, 赵东保, 李小根, 等. 2011. 地统计学在地理信息系统教学中的地位与作用. 测绘与空间地理信息, 34(3): 1-4.

吴思莹, 邢小博. 2013. 统计学原理. 北京: 北京大学出版社.

徐建华. 2002. 现代地理学中的数学方法. 2 版. 北京: 高等教育出版社.

杨可明, 崔希民, 马鑫程. 2010. 地理信息技术的本科生教学目标探讨. 测绘与空间地理信息, 33(5): 1-2, 7.

张仁铎. 2005. 空间变异理论及应用. 北京: 科学出版社.

ASTM. 1997a. Standard guide for general planning of waste sampling//Azara J, Baldini N C, Barszcewski E, et al. Standards on Environmental Sampling. 2nd ed. West Conshohocken, PA: American Society for Testing Materials.

ASTM. 1997b. Standard guide for sampling strategies for heterogeneous wastes//Azara N C, Baldini E, Barszcewski L, et al. Standards on Environmental Sampling. 2nd Ed. West Conshohocken, PA: American Society for Testing Materials.

Bertuzzi P, Bruckler L, Bay D, et al. 1994. Sampling strategies for soil water content to estimate evapotranspiration. Irrigation. Science, 14: 105-115.

Bian L, Walsh S J. 1993. Scale dependencies of vegetation and topography in a mountainous environment of montana. Professional Geographer, 45(1): 1-11.

Bilonick R A. 1979. Sampling of particulate materials: theory and practice. Technometrics, 26(3): 293-294.

Burrough P A. 1991. Sampling Designs for Quantifying Map Unit Composition. Madison: SSSA Special Publication.

Burrough P A. 1995. Spatial aspects of ecological data//Jongman R H G, Ter Braak C J F, van Tongeren O F R. Data Analysis in Community and Landscape Ecology. Cambridge: Cambridge University Press.

Cesare L D, Myers D E, Posa D. 2001. Estimating and modeling space–time correlation structures. Statistics & Probability Letters, 51(1): 9-14.

Chance B L, Rossman A J. 2005. Investigating Statistical Concepts, Applications, and Methods. New York: Duxbury Press.

Cliff A D, Ord J K, Haggett P. 1981. Spatial Processes: Models and Applications. London: Pion.

Dale M R T. 1999. Spatial Partern Analysis in Plant Ecology. Cambridge: Cambridge University Press.

David M. 1992. Teaching Statistics as a Respectable Subject. Washington, DC: The Mathematical Association of America.

Davis M W, David M. 1978. The numerical calculation of integrals of an isotropic variogram function on hypercubes. Mathematical Geology, 10: 311-314.

Flatman G T, Yfantis A A. 1984. Geostatistical strategy for soil sampling: the survey and the census. Environmental Monitoring and Assessment, 4: 335-349.

Fortin M J. 1999. Effects of sampling unit resolution on the estimation of spatial autocorrelation. Ecoscience, 6: 636-641.

Geary R C. 1954. The contiguity ratio and statistical mapping. Incorporated Statistician, 5(3): 115-146.

Giesler R, Lundstrom U. 1993. Soil solution chemistry: effects of bulking soil samples. Soil Science Society of America Journal, 57: 1283-1288.

Gilber R O, Doctor P D. 1985. Determining the number and size of soil aliquots for assessing particulate contaminant concentrations. Journal of Environmental Quality, 14: 286-292.

Gneiting T. 2002. Nonseparable, stationary covariance functions for space-time data. Amer Stat Asso, 97(458): 590-600.

Goodchild M F. 1986. Spatial Autocorrelation. Norwich: Geo Books.

Goodchild M F. 1992. Geographical data modeling. Computers & Geosciences, 18(4): 401-408.

Goovaerts P. 1997. Geostatistics for Natural Resources Evaluation. Oxford: Oxford University Press.

Goovaerts P. 1999. Geostatistics in soil science: state-of-the-art and perspectives. Geoderma, 89(1-2): 1-45.

Griffith D A. 1988. Advanced Spatial Statistics. New York: Kluwer Academic Publishers.

Horton I. 2006. Beginning Visual C+ +2005. Indianapolis: Wiley Publishing, Inc.

Isaaks E H, Srivastava R M. 1989. An Introduction to Applied Geostatistics. New York: Oxford University Press.

Johnson C E, Johnson A H, Huntington T G. 1990. Sample size requirements for the determination of changes in soil nutrient polls. Soil Science, 150: 637-644.

Journel A G, Huijbregts C J. 1978. Mining Geostatistics. London: Academic Press.

Kamgar A, Hopmans J W, Wallender W W, et al. 1993. Plot size and sample number for neutron probe measurements in small field trials. Soil Science, 156: 213-224.

Kitchen N R, Havlin J L, Westfall D G. 1990. Soil sampling under no~till banded phosphorus. Soil Science Society of America Journal, 54: 1661-1665.

Lame F P J, Defize P R. 1993. Sampling of contaminated soil: Sampling error in relation to sample size and segregation. Environmental Science and Technology, 27: 2035-2044.

Lee R. 1973. Population in preindustrial England: an econometric analysis. Quarterly Journal of Economics, 87(4): 581-607.

Lee W R. 1973. Statistics for the Social Sciences. Holt: Rinehart and Winston.

Legendre P. 1993. Spatial autocorrelation: trouble or new paradigm? Ecology, 74(6): 1659-1673.

Legendre P, Fortin M J. 1989. Spatial pattern and ecological analysis. Vegetatio, 80(2): 107-138.

Lockman R B, Molly M G. 1984. Seasonal variations in soil test results. Communications in Soil Science and Plant Analysis,15: 741-757.

Ma C. 2003. Families of spatio-temporal stationary covariance modes. Journal of Statistical Planning & Inference, 116(2): 489-501.

Mahler R L. 1990. Soil sampling field that have received banded fertilizer applications. Communications in Soil Science and Plant Analysis, 21: 1793-1802.

Matheron G. 1962. Traite' de ge' ostatistique applique' e. Journal of Clinical Pharmacology & New Drugs, 12(11): 449-452.

Matheron G. 1963. Principles of geostatistics. Economic Geology, 58: 1246-1266.

McCuen R H, Snyder W M. 1986. Hydrologic Modeling: Statistical Methods and Applications. Englewood Cliffs, New Jersey: Prentice Hall.

Mejía J M, Rodríguez-Iturbe I. 1974. On the synthesis of random field sampling from the spectrum: an application to the generation of hydrologic spatial processes. Water Resources Research, 10(4): 705-711.

Moran P A P. 1948. The interpretation of statistical maps. Journal of the Royal Statistical Society Series B, 10: 243-251.

Moran P A. 1950. Notes on continuous stochastic phenomena. Biometrika, 37(1-2): 17-23.

Moses, L E. 1986. Think and Explain with Statistics. New Jersey: Addison-Wesley Pub.

Oliver M A, Frogbrook Z, Webster R, et al. 1997. A rational strategy for determining the number of cores for bulked sampling of soil//Stafford J V. Precision Agriculture'97. Volume 1: Spatial variability in soil and crop. Oxford, UK: BIOS Sci. Publ. Ltd.

Phillips J D. 1986. Measuring complexity of environmental gradients. Vegetatio, 64(2-3): 95-102.

Porcu E, Gregori P, Mateu J. 2006. Nonseparable stationary anisotropic space-time covariance functions. Stochastic Environmental Research and Risk Assessment, 21: 113-122.

Porcu E, Mateu J, Zini A, et al. 2007. Modelling spatio-temporal data: a new va-riogram and covariance structure proposal. Statistics & Probability Letters, 77(1): 83-89.

Qi Y, Wu J. 1996. Effects of changing spatial resolution on the results of landscape pattern analysis using spatial autocorrelation indices. Landscape Ecology, 11: 39-49.

Robertson G P, Gross K L. 1994. Assessing the heterogeneity of belowground resources: quantifying pattern and scale//Caldwell M M, Pearey R W. Exploitation of Environmental Heterogeneity by Plants: Ecophysiological Processes Above-and-Belowground. San Diego: Academic Press.

Rouhani S, Hall T J. 1989. Space-Time Kriging of Groundwater Data. New York: Springer.

Rouhani S, Wackernagel H. 1990. Multivariate geostatistical approach to space-time data analysis. Water Resources Research, 26(4): 585-591.

Russo D. 1984. Design of an optimal sampling network for estimating the variogram. Soil Science Society of America Journal, 48: 708-716.

Skopp J, Kachman S D, Hergert G W. 1995. Comparison of procedures for estimating sample numbers. Communications in Soil Science and Plant Analysis, 26: 2559-2568.

Smith F B. 1938. Soil science society of America. Journal of Geology, 5(2): 176.

Starr J L, Parkin T B, Meisinger J J. 1995. Influence of sample size on chemical and physical soil measurements. Soil Science Society of America Journal, 59: 713-719.

Thompson S K. 1997. Spatial sampling//Lake J V, Bock G R, Goode J A. Recision Agriculture: Spatial and Temporal Variability of Environmental Quality. Chichester, UK: John Wiley and Sons.

Tyler D D, Howard D D. 1991. Soil sampling patterns for assessing no~tillage fertilization techniques. Journal of Fertilizer Issues, 8: 52-56.

Upton G J G, Fingleton B. 1985. Spatial Data Analysis by Example. Volume 1: Point Pattern and Quantitative Data. Chichester: Wiley.

Upton G J G, Fingleton B. 1989. Spatial Data Analysis by Example. Volume 2: Categorical and Directional Data. Chichester: Wiley.

Watson G S, Journel A G, Huijbregts C J. 1980. Mining geostatistics. Journal of the American Statistical Association, 75(369): 245.

Weber C R, Homer T W. 1957. Estimates of cost and optimum plot size and shape for measuring yield and chemical characters in soybeans. Agronomy Journal, 49: 444-449.

Webster R, Burgess T M. 1984. Sampling and bulking strategies for estimating soil properties in small regions. Journal of Soil Science, 35: 127-140.

Wollenhaupt N C, Mulla D J, Crawford C A. 1997. Soil sampling and interpolation techniques for mapping spatial variability of soil properties//Piece F J, Sadler E J. The State of Site Specific Management for Agriculture. American Society of Agronomy in Madison, WI.

Wollenhaupt N C, Wolkowski R P, Clayton M K. 1994. Mapping soil test phosphorus and potassium for variable rate fertilizer application. Journal of Production Agriculture, 7: 441-448.

Zhang R, Warrick A W, Myers D E. 1990. Variance as a function of sample support size. Mathematical Geology, 22(1): 107-121.